JN296949

金属ナノ粒子インクの配線技術
―インクジェット技術を中心に―

Wiring Technology of Metallic Nano Particle Ink
―Ink-jet Technology―

監修：菅沼克昭

シーエムシー出版

はじめに

　2000年に公表された米国大統領のナノテクノロジー戦略はたちまちの内に世界中へ波及し、今日に至ってもナノテク技術開発への大きな開発投資が続けられている。ナノテクの分野は広く、ユビキタスの他に、バイオ、構造材料、計測など、幾つかの新規産業領域での画期的な技術のブレークスルーが期待されている。それらの中でもユビキタス、即ち、新たな情報機器市場への期待は大きく、その規模は2010年に20兆円に達するものと予測されている。ユビキタス世界の実現には、高集積化された高機能で小型・薄型の情報機器の開発、あるいは情報とともに安心・安全を主たる目的とする車情報通信機器の開発などで、ナノテクノロジーが活躍すべき技術領域が欠かせない。それらには、半導体の微細加工技術の更なる開発と同時に、その微細加工を生かし支える信頼性の高いパッケージを製造するための実装技術の革新的なステップアップが必要とされる。すなわち、今後の実装へ期待されるキーワードは、高集積小型・薄型、高速通信、高信頼性、さらに環境調和性を主たるものとするだろう。

　我が国においては、ナノテクノロジー戦略の分野を「ナノテクノロジー・材料」と呼称している。これは、材料開発およびその加工技術開発が重要な技術位置に据えられることを端的に示すものである。材料技術は日本の十八番でもあるが、ナノテクノロジーの実現にはこの材料開発が欠かせない。材料技術は、日本が世界をリードしているとの自負もある。実際に、日本のナノ材料の開発は国内外の注目を集めている。その実装技術に寄与するナノテク技術展開の中で最も期待されているのが、金属ナノ粒子の合成と、それをペースト化して用いる微細配線・接続技術である。ナノ粒子のペースト化と各種印刷技術、特にインクジェットに代表される新しい印刷技術との組み合わせが注目されるところだが、これらの技術融合は、微細化、環境調和性、オンデマンドなど、微細配線の世界へ新たな技術革新をもたらそうとしている。両者の技術融合は、とかく出口が見えないナノテク技術開発投資とは一線を画し、実現が間近なものとして大きな期待が寄せられている。

　ナノ材料の実装分野での利用形態の提案が次々と為され、またそれぞれでナノの持つ効果は徐々に明らかになりつつあるが、現状は、ようやくナノ材料の特性が理解され始めたところとも言える。ナノテク技術の例に漏れず、技術の端緒が開かれたところからそれを実用化するまで到るには、幾つかのロードブロックを越えねばならない。そのための技術的なブレークスルーが必要である。特にこれからの実装では、機器の信頼性を保証することで付加価値を付与することにも重点が置かれ、ナノ材料で「どのような優れた特性が得られるか」と同時に、「なぜそうなっ

たのか」を理解しないと実用化への踏み切りは難しい．残念なことに，まだまだナノ領域でどのような現象が生じ接続が為されているかは理解に達していないし，ましてや，その信頼性は未だに霧の中にある．この面では，今よりも一層の技術開発の努力と，これを成し遂げるための産官学の結束が是非とも欲しい．海外に目を向けると，米国ばかりでなく欧州や中国でさえ，ナノ粒子応用技術への投資は我が国を越えるほどで，高度な解析能力や技術開発力が力を発揮する領域での開発競争は日に日に激化している．我が国発のこれらのナノテクノロジー実装技術が，海外との激しい技術開発の競争をくぐり抜けて，いち早くデファクト技術として確立できることを願い，今後，一層の実のある技術開発が為されることを期待したい．

　このような背景の中で，本著では，特に金属ナノ粒子とインクジェット技術の配線技術に注目し，技術の現状を中心に各分野のエキスパートにご執筆頂いた．本書が多くの研究者にご参照頂かれ，この新しい分野の扉を開こうとする方々の一助となれば幸いである．

2006年2月

大阪大学　産業科学研究所

菅沼克昭

普及版の刊行にあたって

本書は2006年に『金属ナノ粒子ペーストのインクジェット微細配線』として刊行されました。普及版の刊行にあたり，内容は当時のままであり加筆・訂正などの手は加えておりませんので，ご了承ください。

2011年6月

シーエムシー出版　編集部

執筆者一覧(執筆順)

菅沼 克昭	(現)大阪大学　産業科学研究所　教授
米澤 徹	東京大学　大学院理学系研究科　化学専攻　助教授
	(現)北海道大学　大学院工学研究院　材料科学部門　教授
小田 正明	(現)㈱アルバック　千葉超材料研究所　理事
松葉 頼重	ハリマ化成㈱　筑波研究所　取締役；執行役員　所長
中許 昌美	(現)(地独)大阪市立工業研究所　理事
吉田 幸雄	(現)大研化学工業㈱　電子材料事業部　取締役事業部長
田中 雅美	日本ペイント㈱　ファインケミカル事業本部FP部　事業推進G部長
	(現)日本ペイント㈱　調達本部　調達1部　グローバル担当マネージャー
本多 俊之	藤倉化成㈱　電子材料事業部　技術開発部　部長
	(現)藤倉化成㈱　品質保証部　部長
畑 克彦	(現)バンドー化学㈱　R&Dセンター　センター長
岩田 在博	(現)(地独)山口県産業技術センター　企業支援部　材料技術グループ　専門研究員
戸嶋 直樹	(現)山口東京理科大学　工学部　教授；先進材料研究所　所長
小日向 茂	住友金属鉱山㈱　技術本部　青梅研究所　主任研究員
林 大和	(現)東北大学　大学院工学研究科　応用化学専攻　分子システム化学講座　極限材料創製化学分野　准教授
齋藤 文良	(現)東北大学　多元物質科学研究所　教授
橋本 等	㈲産業技術総合研究所　中部センター　サステナブルマテリアル研究部門　グループ長
	(現)㈲産業技術総合研究所　東北センター　東北産学官連携センター　総括主幹

酒井　真理	(現)セイコーエプソン㈱　生産技術センター　グループリーダー
町田　　治	(現)㈱リコー　GJ開発本部　技術戦略センター　シニアスペシャリスト
山口　修一	(現)㈱マイクロジェット　代表取締役
村田　和広	(現)㈱産業技術総合研究所　ナノシステム研究部門　スーパーインクジェット技術グループ　グループ長
小口　寿彦	(現)森村ケミカル㈱　技術部　本部長
池田　慎吾	甲南大学　理工学部　博士研究員
	(現)(地独)大阪市立工業研究所　電子材料研究部　研究員
赤松　謙祐	(現)甲南大学　フロンティアサイエンス学部　生命化学科　教授
縄舟　秀美	(現)甲南大学　フロンティアサイエンス学部　教授
久米　　篤	マイクロ・テック㈱　技術開発部　課長　プロセス技術担当
富山　和照	武蔵エンジニアリング㈱　総合企画室　室長
廣瀬　明夫	(現)大阪大学　大学院工学研究科　マテリアル生産科学専攻　教授
井上　雅博	大阪大学　産業科学研究所　産業科学ナノテクノロジーセンター　助手
大塚　寛治	(現)明星大学　名誉教授；特別顧問
津久井　勤	東海大学　工学部　電気電子工学科　非常勤講師（元　教授）
	(現)リサーチラボ・ツクイ　代表

(つづく)

大宮 正毅	(現) 慶應義塾大学 理工学部 機械工学科 准教授
岸本 喜久雄	東京工業大学 大学院理工学研究科 教授
金 槿銖	(現) 大阪大学 産業科学研究所 助教
森田 正道	(現) ダイキン工業㈱ 化学研究開発センター 主任研究員
安武 重和	九州大学 大学院工学府 物質創造工学専攻
高原 淳	九州大学 先導物質化学研究所 分子集積化学部門 教授
岡田 裕之	富山大学 工学部 電気電子システム工学科 助教授
	(現) 富山大学 大学院理工学研究部 教授
佐藤 竜一	富山大学 工学部 電気電子システム工学科
柳 順也	富山大学 工学部 電気電子システム工学科
柴田 幹	富山大学 工学部 電気電子システム工学科 技官
中 茂樹	(現) 富山大学 大学院理工学研究部 准教授
女川 博義	(現) 富山大学名誉教授
宮林 毅	ブラザー工業㈱ パーソナルアンドホームカンパニー開発部 部長
井上 豊和	ブラザー工業㈱ 技術開発部 課長
角本 英俊	研究成果活用プラザ東海 研究員
竹村 仁志	研究成果活用プラザ東海 研究員
下田 達也	(現) 北陸先端科学技術大学院大学 マテリアルサイエンス研究科 教授
畑田 賢造	(現) ㈱アトムニクス研究所 代表取締役

執筆者の所属表記は，注記以外は2006年当時のものを使用しております．

目　　次

【第1編　金属ナノ粒子の合成と配線用ペースト化】

第1章　金属ナノ粒子合成の歴史と概要　　　菅沼克昭……3

第2章　金属ナノ粒子の種類，合成法の分類と基本的な物性　　米澤　徹

1　はじめに………………………………… 7
2　金属ナノ粒子の種類…………………… 8
3　金属ナノ粒子の合成法………………… 9
　3.1　ガス中蒸発法……………………… 9
　3.2　アトマイズ法……………………… 10
　3.3　化学還元法………………………… 11
3.4　そのほかの方法……………………… 13
4　金属ナノ粒子の物性ならびに応用例… 15
　4.1　光学特性…………………………… 15
　4.2　触媒作用…………………………… 16
　4.3　導電性ペースト・導電性インク… 16
5　おわりに………………………………… 17

第3章　各社金属ナノ粒子の合成法とペースト特性

1　ガス中蒸発法による独立分散ナノ粒子インク生成とその特性……小田正明… 20
　1.1　はじめに…………………………… 20
　1.2　金属ナノ粒子作製法……………… 20
　1.3　金属薄膜の作製法………………… 21
　1.4　独立分散金属ナノ粒子の生成…… 22
　1.5　ナノメタルインクによる膜形成… 23
　　1.5.1　膜の概要……………………… 23
　　1.5.2　電気抵抗と密着性…………… 24
　1.6　ナノメタルインクを使用したPDPテストパネル試作……………………… 25
2　ナノペーストの設計と応用
…………………………………松葉頼重… 28
　2.1　はじめに…………………………… 28
　2.2　ナノペーストの設計基準と一般特性……………………………………… 28
　　2.2.1　導電性ペーストの問題点…… 28
　　2.2.2　ナノペーストの設計基準…… 29
　　2.2.3　ナノペーストの一般特性…… 29
　　2.2.4　銅ナノペーストへのアプローチ………………………………… 32
　2.3　インクジェットによるパターン形成………………………………………… 32
　　2.3.1　産業用インクジェット装置の

I

	印刷品質 ………………… 32	
2.3.2	インクジェットによる基板試作 ……………………………… 33	
2.4	今後の課題 ………………… 34	
3	金属錯体の熱分解法による金属ナノ粒子ペースト……**中許昌美，吉田幸雄**… 36	
3.1	はじめに ………………… 36	
3.2	金属錯体の熱分解法による金属ナノ粒子の合成 …………………… 36	
3.3	金属ナノ粒子ペースト ………… 38	
3.3.1	金ナノ粒子ペースト ………… 38	
3.3.2	銀ナノ粒子ペースト ………… 38	
3.3.3	銀-パラジウム合金銀ナノ粒子ペースト ……………………… 40	
3.4	まとめ ……………………… 41	
4	金属コロイド ………**田中雅美**… 43	
5	藤倉化成のナノ粒子利用導電性ペースト ………………**本多俊之**… 48	
5.1	はじめに …………………… 48	
5.2	導電性ペースト材料の導電性 …… 48	
5.3	高導電性実現への取り組み …… 50	
5.4	ナノドータイトの成膜原理 ……… 50	
5.4.1	酸化銀微粒子 ……………… 51	
5.4.2	有機銀化合物からのナノ粒子 ……………………………… 52	
5.4.3	併用型 …………………… 53	
5.5	ナノドータイトの特長 ………… 54	
5.6	プロトタイプの配合 …………… 54	
5.7	おわりに …………………… 54	
6	低温焼成ナノ粒子 ………**畑　克彦**… 56	
6.1	はじめに …………………… 56	
6.2	低温焼成に影響を及ぼす因子について ……………………………… 56	
6.2.1	粒子径の影響 ……………… 56	
6.2.2	残留有機物の影響 …………… 57	
6.2.3	保護剤の影響 ……………… 57	
6.3	銀ナノ粒子の焼成プロセスについて ……………………………… 57	
6.4	当社の銀ナノ粒子の特長について ……………………………… 58	
7	合金ナノ粒子…**岩田在博，戸嶋直樹**… 62	
7.1	はじめに …………………… 62	
7.2	合金ナノ粒子の合成とキャラクタリゼーション ………………… 62	
7.3	配線用合金ナノ粒子 …………… 64	
7.3.1	合成 ……………………… 64	
7.3.2	物性 ……………………… 65	
7.3.3	評価 ……………………… 66	
7.4	おわりに …………………… 68	
8	小さな配位子に保護された金属ナノ粒子 ………………**米澤　徹**… 70	
8.1	はじめに …………………… 70	
8.2	小さな配位子とは ……………… 70	
8.3	チオコリンブロミド保護金ナノ粒子 ……………………………… 71	
8.4	チオコリンブロミド保護銀ナノ粒子 ……………………………… 72	
8.5	アリルメルカプタン保護金ナノ粒子 ……………………………… 73	
8.6	まとめ ……………………… 74	
9	はんだ代替導電性接着剤の開発 ………………………**小日向　茂**… 75	
9.1	緒言 ………………………… 75	
9.2	導電性接着剤の組成・特性概要 … 75	

9.3 導電性接着剤の熱・周波数特性 … 77
　9.3.1 高熱伝導性 …………………… 77
　9.3.2 高周波数特性 ………………… 79
9.4 導電性接着剤の特性の解析 ……… 80
　9.4.1 導電性接着剤の電気伝導の解析 …………………………………… 80
　9.4.2 導電性接着剤の高周波数伝導の特性解析 ……………………… 82
9.5 ナノ金属粒子を用いた高機能導電性接着剤の取り組み …………… 86
9.6 おわりに …………………………… 88
10 ソノケミカル法 ………… 林　大和… 90
10.1 はじめに …………………………… 90
10.2 超音波と超音波化学反応（ソノケミカル反応） ………………………… 90
10.3 金属ナノ材料に関するソノケミカル反応 ……………………………… 92
10.4 ナノも含む材料のエコ・デザイン …………………………………… 93
10.5 超音波反応場を用いた貴金属ナノ粒子のエコ・ファブリケーション ……………………………………… 93
10.6 超音波の固-液二相不均一反応 …………………………………… 96
10.7 貴金属酸化物とアルコールと超音波 ……………………………… 96
10.8 おわりに …………………………… 97
11 メカノケミカル法による金属ナノ粒子の合成 ……… 齋藤文良，橋本　等… 99
11.1 はじめに …………………………… 99
11.2 反応機構 …………………………… 99
　11.2.1 MAの場合 ……………………… 99
　11.2.2 MCの場合 ……………………… 100

【第2編　ナノ粒子微細配線技術】

第1章　インクジェット印刷技術

1 インクジェット印刷技術概要
………………………… 酒井真理… 107
　1.1 はじめに …………………………… 107
　1.2 インクジェット方式の分類 ……… 107
　　1.2.1 ピエゾ方式インクジェットヘッド ……………………………… 109
　　1.2.2 バブル方式インクジェットヘッド ……………………………… 111
　1.3 インク液滴の変調と微小化技術 … 112
　1.4 おわりに …………………………… 113
2 各種のインクジェット印刷技術 …… 114

2.1 独立分散ナノ粒子インクを用いたインクジェット印刷技術
　………………………… 小田正明… 114
　2.1.1 はじめに …………………………… 114
　2.1.2 インクジェット法の特徴 ……… 114
　2.1.3 ライトレックス社インクジェット装置の特徴 …………………… 115
　2.1.4 ライトレックス社インクジェット装置の種類 …………………… 117
　2.1.5 基板の表面処理 ………………… 119
2.2 回路配線用インクジェットプリント

　　　　ヘッド及び配線技術…町田　治…122
　　2.2.1　はじめに……………………122
　　2.2.2　インクジェットプリントヘッ
　　　　　ド…………………………122
　　2.2.3　インクジェットによる配線技
　　　　　術…………………………123
　　2.2.4　インクジェット印刷装置……125
　　2.2.5　今後の展開…………………125
　2.3　インクジェット印刷に影響を及ぼす
　　　要因とインクジェット印刷装置
　　　　　………………山口修一…127
　　2.3.1　はじめに……………………127
　　2.3.2　ドット，ラインの形状に影響
　　　　　を及ぼす要因……………127
　　2.3.3　おわりに……………………133
　2.4　スーパーインクジェット
　　　　　………………村田和広…135

2.4.1　はじめに……………………135
2.4.2　背景…………………………135
2.4.3　基板上での液体の振る舞い
　　　（一般的なインクジェット液
　　　滴の場合）………………136
2.4.4　超微細液滴の特徴……………137
2.4.5　材料…………………………138
2.4.6　超微細配線…………………139
2.4.7　課題…………………………141
2.4.8　おわりに……………………141
2.5　PIJ法による印刷配線技術
　　　　　………………小口寿彦…143
2.5.1　金属コロイド液とインクジェ
　　　ット………………………143
2.5.2　金属コロイドインクを用いた
　　　インクジェット配線回路……143
2.5.3　PIJ法による配線回路………145

第2章　その他の印刷配線技術と応用

1　インクジェット法を利用する樹脂表面
　　への銅微細配線
　　……池田慎吾，赤松謙祐，縄舟秀美…150
　1.1　はじめに………………………150
　1.2　ポリイミド樹脂の部位選択的表面
　　　改質………………………………151
　1.3　湿式還元による銅薄膜の形成……154
　1.4　中性無電解めっきによる増膜……156
2　スクリーン印刷微細配線…久米　篤…158
　2.1　はじめに…………………………158
　2.2　スクリーン印刷法について………158
　　2.2.1　基本原理………………………158

　　2.2.2　高精度印刷に要求される印刷
　　　　　機の特徴について…………159
　2.3　微細配線印刷……………………160
　　2.3.1　銀ペーストを用いたグリーン
　　　　　シート基板上への微細配線印
　　　　　刷…………………………161
　　2.3.2　フィルム基板上への微細配線
　　　　　印刷………………………162
　2.4　まとめ……………………………164
3　金属ナノ粒子ペーストの高精細塗布
　　　　　………………富山和照…165
　3.1　はじめに…………………………165

3.2　接着剤の定量吐出における問題点 … 165
　3.2.1　吐出量の再現性 ……………… 165
　3.2.2　液ダレの防止 ………………… 167
　3.2.3　自動化における問題点 ……… 168
　3.2.4　供給圧力の変動 ……………… 169
　3.2.5　粘度変化 ……………………… 171
　3.2.6　脱泡 …………………………… 171
　3.2.7　周辺機器の影響 ……………… 172
　3.2.8　メカニカルディスペンサ …… 173
3.3　接着剤の塗布形状における問題点 … 174
　3.3.1　クリアランスの影響 ………… 174
　3.3.2　液切れ ………………………… 174
　3.3.3　描画システム ………………… 175
4　レーザーパターニング微細配線
　……………………………小口寿彦 … 176
4.1　背景 ………………………………… 176

4.2　基板 ………………………………… 176
4.3　金属コロイドインキ ……………… 178
4.4　PFS配線回路の作製 ……………… 179
4.5　レーザーパターニング配線回路の
　　 応用と展望 ………………………… 180
5　高温はんだ代替応用 ……… 廣瀬明夫 … 183
5.1　はじめに …………………………… 183
5.2　有機-銀複合ナノ粒子の熱分析 … 183
5.3　有機-銀複合ナノ粒子を用いた銅
　　 の接合 ……………………………… 184
5.4　各種金属との接合性 ……………… 187
5.5　接合強度に及ぼす接合パラメータ
　　 の影響 ……………………………… 188
5.6　高温対応鉛フリー実装への適用の
　　 可能性 ……………………………… 190
5.7　おわりに …………………………… 190

【第3編　ナノ粒子と配線特性評価方法】

第1章　ペーストキュアの熱分析法　　井上雅博

1　はじめに ……………………………… 195
2　導電性ペーストのキュアプロセスの熱
　　分析 ………………………………… 195
3　反応率（転化率）の見積 …………… 197

4　熱分析による速度論解析 …………… 198
5　導電性ペーストのキュアプロセスの速
　　度論解析法 ………………………… 200
6　おわりに ……………………………… 202

第2章　高周波信号伝送の要点と特性評価法　　大塚寛治

1　はじめに ……………………………… 204
2　広帯域の実装技術 …………………… 205
3　接合部の高速伝送構造 ……………… 210

4　高速信号伝送で問題となる直流抵抗 … 213
5　おわりに ……………………………… 215

第3章　イオンマイグレーション試験法　　津久井　勤

1　イオンマイグレーションによる絶縁劣化
　　とは ………………………………… 216
　1.1　イオンマイグレーション（以下単
　　　にマイグレーションと呼称）とは
　　　………………………………………… 216
　1.2　マイグレーションの発生原理 …… 216
2　マイグレーションによる絶縁劣化の例
　　………………………………………… 219
　2.1　プリント配線板における絶縁劣化 … 219
　　2.1.1　導体地肌が露出している場合
　　　……………………………………… 220
　　2.1.2　絶縁層で被覆されている場合
　　　……………………………………… 220
　2.2　マイグレーションの発生パターン … 221
　2.3　金属の種類とマイグレーションの
　　　発生のしやすさ …………………… 221
3　マイグレーションによる寿命特性 …… 222
　3.1　HAST（Highly Accelerated
　　　Temperature and Humidity
　　　Stress Test）による寿命評価 …… 223
4　関連規格と評価装置 …………………… 224
　4.1　関連規格 …………………………… 224
　4.2　評価装置とその取り扱い ………… 224
　　4.2.1　環境槽の取り扱い …………… 225
　　4.2.2　絶縁抵抗測定端子 …………… 225
5　まとめ ………………………………… 225

第4章　マルチステージピール試験法による薄膜界面付着強度評価
大宮正毅，岸本喜久雄

1　はじめに ……………………………… 227
2　薄膜の界面付着強度評価法 ………… 227
3　ピール試験法 ………………………… 229
4　マルチステージピール試験法 ……… 229
5　銅薄膜の界面付着強度評価 ………… 232
　5.1　試験片 ……………………………… 232
　5.2　マルチステージピール試験法によ
　　　る銅薄膜の付着強度評価 ………… 233
6　おわりに ……………………………… 235

第5章　微細組織観察法　　金　槿銖

1　はじめに ……………………………… 237
2　金属ナノ粒子ペーストの初期組織観察 … 238
3　焼成過程の組織観察 ………………… 239
4　レーザー顕微鏡による配線状態の定量化 … 240
5　微細組織観察から得られる配線特性 … 240

【第4編　応用技術】

第1章　フッ素系パターン化単分子膜を基板に用いた超微細薄膜作製技術
森田正道，安武重和，高原　淳

1　序論 …………………………… 245
2　化学気相吸着と真空紫外リソグラフィーによる2成分系パターン基板の調製…… 246
3　高分子薄膜の位置選択的製膜………… 247
4　金属ナノインクによる超微細金属配線 … 249

第2章　インクジェット印刷有機デバイス
岡田裕之，佐藤竜一，柳　順也，柴田　幹，中　茂樹，女川博義，宮林　毅，井上豊和，角本英俊，竹村仁志

1　はじめに …………………… 254
2　IJP法を用いた自己整合有機EL素子 … 255
　2.1　自己整合プロセスの概略 ………… 255
　2.2　ボトムエミッション型自己整合有機EL素子 …………………… 257
　2.3　トップエミッション型自己整合有機EL素子 …………………… 260
3　IJP法を用いた自己整合ペンタセン有機トランジスタ …………………… 262
　3.1　実験 ………………………… 263
　3.2　ペンタセンの溶液化 …………… 264
　3.3　トランジスタ特性 ……………… 266
4　まとめ ……………………… 267

第3章　インクジェット法による金属配線ならびに液体プロセスによるナノ配線
下田達也

1　インクジェット技術の工業応用について ……………………………… 269
2　マイクロ液体プロセスによる微細薄膜の形成 ………………………… 270
3　金属配線技術の現状 …………… 273
4　インクジェット直描による金属配線技術 …………………………… 273
　4.1　PDPディスプレイのバス配線への応用 …………………………… 273
　4.2　フレキシブル多層配線基板への応用 …………………………… 274
　4.3　セラミックス多層配線基板への応用 …………………………… 275
　4.4　ICボンディングへの応用 ……… 277
5　より微細化へ向けて …………… 278
　5.1　液体パターニングによる微細化 … 278
　5.2　微小流れによる微細化 ………… 280
6　最後に ……………………… 280

第4章 SiP　　畑田賢造

1 SiPの構造 …………………… 282
  1.1 構成例1 ………………… 282
  1.2 構成例2 ………………… 283
  1.3 構成例3 ………………… 283
2 SiPの製作プロセス ………… 284
3 SiPの展望 …………………… 287
  3.1 受動部品の描画 ……………… 288
  3.2 ナノペーストの低温化とCuナノペースト材料 …………………… 288
  3.3 ナノペーストの描画方式の選択 … 289
  3.4 新たな描画方式 ……………… 289

第1編　金属ナノ粒子の合成と配線用ペースト化

第1章　金属ナノ粒子合成の歴史と概要

菅沼克昭*

　金属のナノ粒子が盛んに研究され始めたのは1970年代である。今からすると30年以上も前になる。その時期は、透過型電子顕微鏡（TEM）などの材料を直視観察する解析技術が、ようやくナノレベルに到達し、これらのツールを駆使して、ナノ材料を開発するよりは、新しい解析の対象として持てはやされていたものである。当時はまだ、ナノ粒子の材料としての実用性が全く未知であり、ほとんど顧みられていなかったと言えるだろう。ただ、材料が次第にサイズを小さくしてナノレベルに到達することで、バルクでは考えられない様々な特性が予測されるようになってきた。

　ナノ材料が、一躍世界の注目を集めたのは、フラーレン、それに続くナノチューブの発見であろう。フラーレンは、1985年にクロトーやスモーリーらが発見したもので、サッカーボールの形をした数十個の炭素原子の集合体である[1]。一方、ナノチューブは、日本人研究者の飯島らにより1991年に発見されたもので、太さは数nmから十nm程度で数百nm程度の長さで中空の繊維状になる[2]。工業的にはナノチューブの方が魅力があり、最近ではこちらの方が多くの研究が為されている。これらの炭素ナノ材料は、ある条件が揃うことで導電性を発現することも知られている。即ち、ナノチューブで言えば「原子の巻き方」あるいは「カイラリティー」である。しかし、反対に言うと、巻き方をそろえぬ限り導電性材料には使えないことになる。期待される反面で実用化が遅々として進まない炭素ナノ材料であるが、現状レベルの技術では、配線材料としては障害となる課題が多すぎると言えるだろう。

　一方で、最も期待されるナノ材料は、金属系のナノ粒子である。一般に結晶を持つ材料は、周りを同種の原子で囲まれている方がエネルギー的には低く安定になる。反対に隣に原子が存在しない表面などでは、結合のために伸ばした原子の手が結合相手を見つけられず不安定な状態になる。即ち、表面に存在する原子はエネルギー的にバルク中よりも高い状態になるので、金属粉末は内部のエネルギーに対して表面積の割合が大きくなると不安定になる。図1は、金属粒子のサイズをナノレベルまで小さくすることで表面積が全体の体積に占める割合が増大し、急激に不安定になることを理論的に予測したものである[3]。図は金の例を示しているが、バルクの金は融点

---

*　Katsuaki Suganuma　大阪大学　産業科学研究所　教授

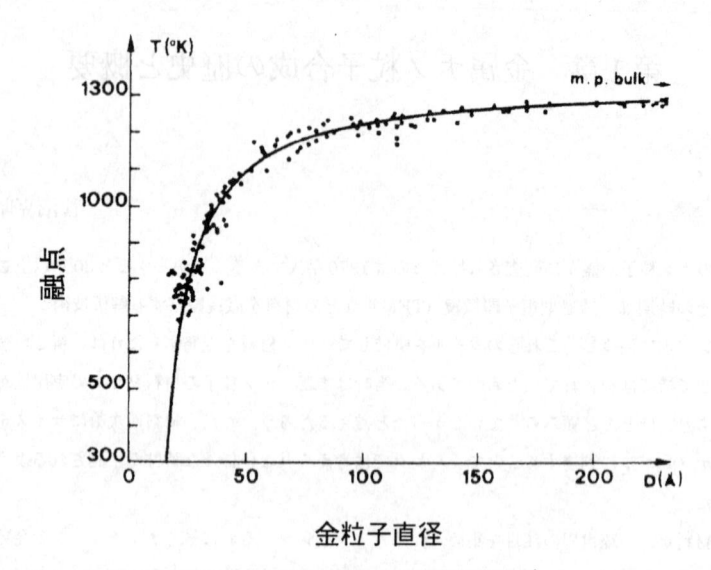

金属ナノ粒子ペーストのインクジェット微細配線

図1 金ナノ粒子の融点実測値と計算値の比較[1]

が1336K（1063℃）であるのが，粒子径が10nmを切るレベルになると急激に融点降下して，室温近辺においても溶解することになる。これが，元来融点が高く原子の拡散も容易でない低温で，金属のナノ粒子同士が金属結合を生じることができる所以である。

一方，ナノ粒子は，表面が非常に活性であることから酸化しやすく，ニッケルや銅などの元素は表面が簡単に酸化してしまう問題を抱えている。貴金属である金や白金は大気中でも酸化は進まないが，ナノ粒子になると表面エネルギーの寄与を低い方へ向けようと，自然とナノ粒子同士が結合して凝集してしまい，結局ナノ粒子が粗大化して本来の特性を失ってしまう。このナノ粒子の酸化や凝集を防ぐために開発された技術が，金属ナノ粒子の表面を保護する保護膜の形成技術である。つまり，高分子などによる表面保護膜形成で，ナノ粒子間の凝集を防いでいる。そうは言うものの，1980年から1990年代は，金属ナノ粒子の実用化はターゲットが定まらないままに遅々として進まなかった。一方で，セラミックスのナノ粒子を化学的に合成する手法は早い時期に確立され，塗料やセラミックス電子部品の原料には欠かせない存在に成長した。

金属ナノ粒子が配線材料として注目を集め始めたのは，1990年の後半に入ってからである。インクジェットを初めとする各種印刷技術が急展開して，ナノ粒子の応用分野としてオンデマンド微細配線技術として注目を集めたのである。ただし，導電性の粒子をペースト化して配線材料にすることは，実は非常に早い時期から検討されていた。少なくとも1950年代にはオフセット

第1章 金属ナノ粒子合成の歴史と概要

印刷による配線形成が試みられていた。現在，金属ナノ粒子の合成方法は多岐に渡り開発されているが，形態も粒状に限らず針状に延びたもの，ナノ粒子が連なって長鎖を形成するもの，あるいはナノ粒子を故意に凝集させたもの，コアシェル型に2種類以上の金属で構成するものなど，様々な形状，サイズ，性質のものが提案されている。

今日，金属ナノ粒子の実装分野での利用の中で最も興味深いものは，導電性に着目した金属ナノ粒子を用いたペーストである。ペーストをインクジェットで配線形成へ応用する技術は，既に1980年代から期待されていたようである。これが，この数年のナノテクノロジー・ブームが追い風にもなり，インクジェット印刷技術の成熟とともに，そのナノサイズの不安定性を逆に利用した低温配線形成が脚光を浴びたことになる。金属ナノ粒子の合成研究が始まった当初は，ナノ粒子合成には超高真空中での金属の蒸発－凝集クラスター形成を利用する方法が主流であったが，より簡易性や量産性が求められた結果，様々な液相中での還元反応や熱分解法が開発されて今日の各種ナノ粒子合成法が提案されている。図2には，筆者の研究室で合成した，独立分散銀ナノ粒子のTEM像を示す。簡単な合成法で5nm程度の粒径の均一な銀粒子が得られるが，このようなナノ粒子合成法の確立も大きな期待を生む後押しをすることになる。実際に得られたナノ粒子は，通常の大きさの粒子では期待できない200℃以下の温度範囲でも金属間の結合を形成し，配線材料としての低抵抗値を与えてくれる。

金属ナノ粒子の種類，合成法は，後章で紹介されるように極めて多岐に渡るものになるが，現

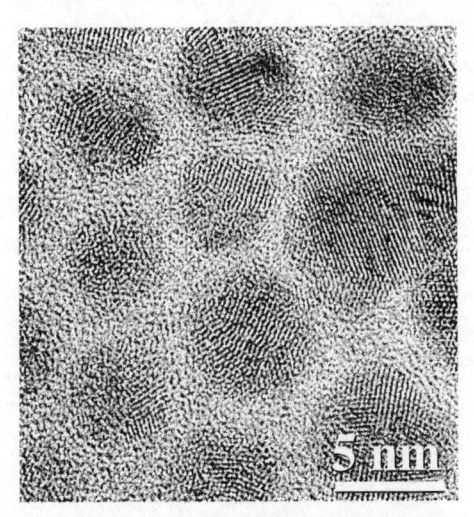

図2　還元法で合成した独立分散銀ナノ粒子のTEM像

在配線材料として完成度の高いものは銀ナノ粒子であり，やはり貴金属の金などがこれに続く。電気的な性質や安定性，価格を考慮すれば，銅のナノ粒子を是非実現したいところであるが，酸化されやすいことから開発が難しい。昨今ようやく銅ナノ粒子の合成が報告され始めたが，まだ，キュア条件や特性などは全く情報が無く，今後の開発努力に期待が大きいと言える。

文　　献

1) H.W. Kroto, R.E. Smalley, *Nature*, **318**, 162 (1985)
2) S.Iijima, *Nature*, **354**, 56 (1991)
3) Ph. Buffat and J.-P. Borel, Size effect on the melting temperature of gold particles, *Phys.Rev.A*, **13**, 2287-2298 (1976)

第2章 金属ナノ粒子の種類,合成法の分類と基本的な物性

米澤 徹*

1 はじめに

　金属ナノ粒子の調製は,150年近く前のファラデーの金ハイドロゾルの製法から長く研究されている[1]。そして,触媒[2],電子顕微鏡の染色剤[3],イムノアッセイ[4]などへ広く応用されてきているが,最近はことにナノ材料としての利用という観点での研究が広く行われるようになってきている。

　金属ナノ粒子は日本では非常に古くから研究がされている。すでに大きな国家プロジェクトが2つ行われ,国としても非常に注目している分野であることが見受けられる。1つめは,1981年から開始されたERATO・林超微粒子プロジェクトである。このころ,超微粒子と呼ばれていたナノ粒子は,1960年代に発表されたガス中蒸発法によるナノ粒子製造と久保効果に代表される量子サイズ効果の検証を行うことを主目的としていたように見受けられる。その成果は,化学総説の1冊にまとめられている[5]。このときの超微粒子プロジェクトは,1nmから100nm程度の物質粒子を研究対象としている。これより小さなものはこの研究以前よりクラスターと呼ばれ,原子1個1個を変化させてその物理現象の追求が行われてきた。

　一方,より大きなサブミクロンレベルの粒子は,19世紀にGrahamらをはじめ[6],物理化学の一分野であるコロイド科学者が広く研究を重ねてきた分野である。液中での微粒子の振る舞いは大変興味深く,物理化学者を魅了し,日本でも研究が盛んに行われてきた。それは,原子1個1個の挙動というよりは,微細粉の振る舞い,動きに関する研究であった。

　この両者が最近ぐっと近づいて,さまざまな研究が広く行われるようになってきた[7〜11]。そこには,こうした粒子を直接みることのできる電子顕微鏡やSPM(走査プローブ顕微鏡)の高度な進歩が関わっていることは間違いない。さらに,放射光などの強力なX線にアクセスできる可能性が増し,ナノの領域での微細構造を簡単に知ることができるようになってきた。こうした,ナノの世界の分析技術の革新的進歩によって,ナノ粒子,特に金属ナノ粒子はナノテクノロジーの基幹材料のひとつとなった。その特性はさまざまで,高い比表面積を利用した触媒特性はもちろんのこと,単電子トランジスタ材料に代表される電子特性・ナノエレクトロニクス特性,表面

＊ Tetsu Yonezawa　東京大学　大学院理学系研究科　化学専攻　助教授

に存在する原子の不安定性が顕著に現れたナノ粒子の融点降下現象，合金化によるそれらの特性向上，プラズモン吸収に代表されるナノ粒子のサイズ・形状に依存する特異な光学特性，高密度記録への応用が注目されるナノ粒子の磁気特性，さらには，こうしたナノ粒子を均一・大表面積に配列させることによって新しい材料を創製するなど新しい検討もなされてきている。

しかし，こうしたナノ粒子の研究においても，今後，さらに材料として世の中に評価されるようになるには，安全性の評価がきわめて重要である。最近，そうした研究・評価がなされるようになってきている。我々はこうした安全性・毒性評価の結果にも常に注目しておく必要がある。

本章では，現在知られているさまざまな金属ナノ粒子の種類とその製法についてまとめることにする。各論については，それぞれの研究者が別の章で詳細に述べているので，ここではそれらを一通りサーベイし，読者の選択の一助になることを期待する。

2　金属ナノ粒子の種類

金属ナノ粒子は，主にその合成・製造法によって分類されることが多い。金属ナノ粒子の製法は2つに大きく分類される。一つは，物理法と呼ばれる方法であり，もうひとつは化学法と呼ばれる方法である。物理法は，一般にバルク金属を粉砕してナノ粒子を製造する方法（粉砕法）であり，化学法は金属原子を発生させてその凝集を制御して作成する手法（凝集法）である。図1にその大きな分類で分けたときのナノ粒子の合成模式図を示した。化学法は大きく湿式法と乾式法に分類される。化学法の乾式法には，ガス中蒸発法などが含まれる。

図2にいくつかの金属粉・ナノ粒子の作成法と応用との関係の例を示した[12]。化学還元法（湿式法）は，粒子径などの制御が容易で大量合成が可能であるため，導電ペーストなどへの応用展開が大きく期待される分野であって，本書でも様々な手法が取り上げられているところである。

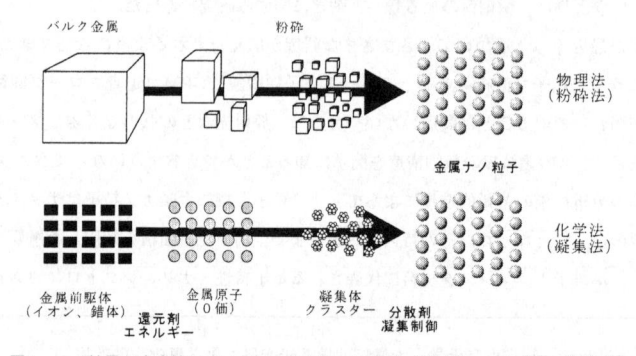

図1　ナノ粒子の合成法について2つに大別。物理法（粉砕法）と化学法（凝集法）

第2章 金属ナノ粒子の種類，合成法の分類と基本的な物性

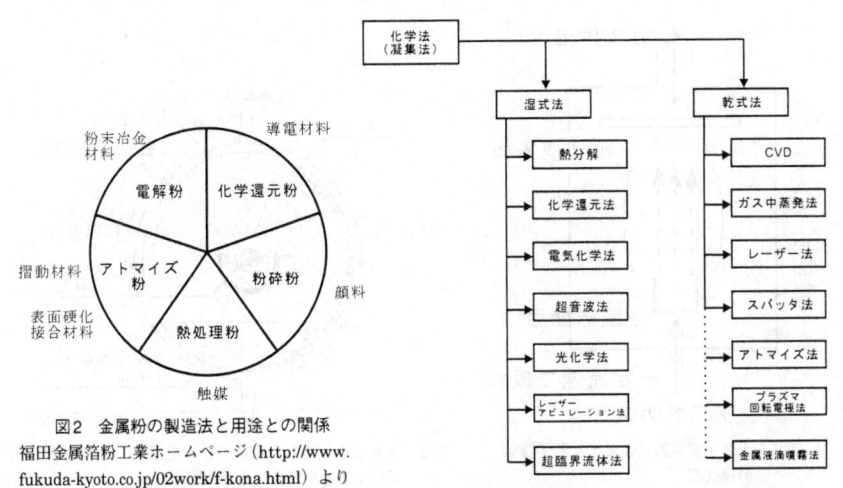

図2 金属粉の製造法と用途との関係
福田金属箔粉工業ホームページ（http://www.fukuda-kyoto.co.jp/02work/f-kona.html）より引用

図3 化学法・凝集法によるナノ粒子の製法分類

アトマイズ法は，金属を溶解させて液滴として急冷して作製する方法であるため，非常に大量に作れる利点があるものの，表面酸化の問題や，あまり小さいものができないという点がある。しかしながら今後はさらに進歩が期待される手法であるといえる。ここに触れたもののほかにも，金属を溶融して不活性ガス中に滴下するような手法もあり，容易で大量に金属粉を生産できる方法として期待される。

以下では，主に化学法についてその製法を簡単にまとめる。図3に化学法をさらに詳細に分類した。化学法は，上にも述べたとおり何らかの方法で金属原子を取り出してその凝集を制御することによりナノ粒子を生成させる方法であるが，それらにも液中で行う湿式の方法と，空気中もしくは減圧雰囲気中で行う乾式法があることが図3からも分かる。

3節にさまざまな合成法の詳細についてまとめた。個々の事例の詳細については，他の筆者らが第4章でまとめて記述しているのでそちらを参照していただきたい。

3 金属ナノ粒子の合成法

3.1 ガス中蒸発法

ガス中蒸発法についての模式図を図4に示す。ガス中蒸発法は，圧力の低い条件で少量の純粋ガスをフローさせた中で金属を加熱して金属原子を蒸発させ，一方向に飛ばしている間に原子を凝集させてクラスター化し，捕捉板上にナノ粒子を捕らえる方法である。純粋ガス中で行われる

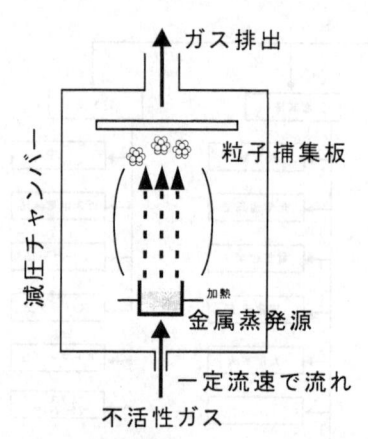

金属ナノ粒子ペーストのインクジェット微細配線

図4 ガス中蒸発法によるナノ粒子調製の模式図

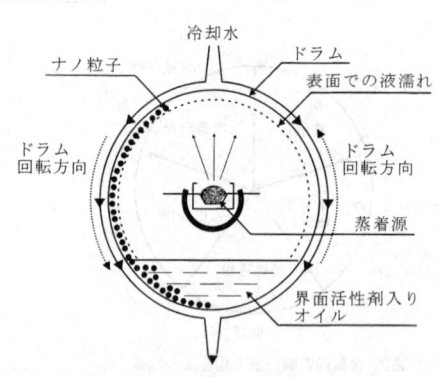

図5 蒸発法を利用し，回転ドラムを用いてナノ粒子を回収する連続調製装置の模式図[13]

ため，コンタミネーションも起こりにくく純度が高く，原子数で大きさを制御したナノ粒子を得ることができる。金属蒸発のためにエネルギーを要し，大型装置を用いなければならないことが欠点とされるが，清浄表面を得ることができるこの手法は現在でも極めて重要な手法である。キャリアガスの選択とそのフロー速度などによってナノ粒子の大きさ，形状を制御できる。

本手法の発展形ともいえる装置が最近発表された。真空中で金属を加熱して蒸発させる手法は同じであるが，ドラム中で行うことが新しい。ドラムを回転させて，ドラム内面に付いた捕捉用の油のなかにナノ粒子を取り込み，液中に取り出せる（図5）[13]。回転し続けることで，蒸発した金属を効率よくすべて取り出すことができる。

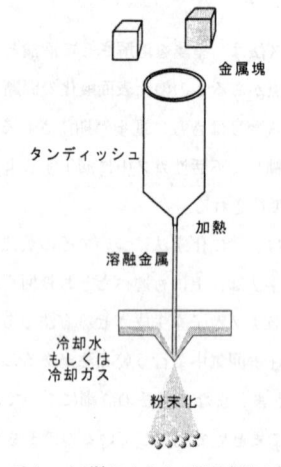

図6 アトマイズ法によるナノ粒子製造の模式図

3.2 アトマイズ法

アトマイズ法は図6に示すような手法で，金属を溶融したものを液滴として飛ばし，空気や水

第2章　金属ナノ粒子の種類，合成法の分類と基本的な物性

などをあてることで急冷して粒子を得る手法である。ミクロンからサブミクロンレベルの粒子を大量に合成できる手法として広く使用されている。溶融金属から直接製造する手法であるので，粉の成分を制御するのが極めて容易である。詳しく述べると，金属や合金を過熱してダンディッシュ内で溶融し，その底にあるノズルから溶けた金属を出して流れを形成する。その流れに空気もしくは水を吹き付けることによって，その吹き付け流体のエネルギーで落ちてくる溶融金属を急冷し，粉末化する方法である。こうして得られる粉末は，均一に溶融した金属・合金の液滴を瞬間的に凝固させるために，一般的には均一な微細組織を得ることが可能であるとされ，場合によってはアモルファスのものが得られる。そして，一定の流れから粉をつくるので，粒子間の大きさのばらつきや合金の場合の組成のばらつきを抑えることが可能である。最近はこの液滴の大きさを制御する技術も進歩し，さらに小さいものを得るための研究も盛んに行われている。

3.3　化学還元法

近年ナノテクノロジーの発展から，ナノ粒子の応用検討が極めて盛んになってきているが，その中でも大量生産を目標とする場合には，湿式法である化学還元法が有利である。低濃度溶液から最近では比較的高濃度にナノ粒子を製造できる可能性が極めて高くなってきている。

表1に化学還元法において使用される還元剤についてまとめた。いくつか代表的なものについて解説したい。

まず，アスコルビン酸やクエン酸などの有機酸は貴金属の還元剤として使用される。これは，随分古くから使用されている還元法で，金ハイドロゾルの調製法としてよく知られており，バイオ系への応用には欠かせない技術となってきている。還元剤として使用された有機酸がナノ粒子表面に吸着し，表面電位を負として安定な分散を確保する（図7）。高濃度のナノ粒子分散液を得にくい点や粒子径の制御など難しい点があるが，配位化合物などを表面に有さない点などでよく利用されている手法であるといえる。Turkevichらは，クエン酸を利用して対応する金属イオンを還元して，保護剤を必要とせずに，金，白金，さらに合金ナノ粒子を報告している[14, 15]。

表1　化学還元法で使用される還元剤などの例

ガス	水素，ジボラン
液体	アルコール，エチレングリコール ホルムアルデヒド，アミノアルコール
一般的に加熱をするもの	クエン酸，リンゴ酸，アスコルビン酸，ヒドラジン
一般的に常温で用いるもの	水素化ホウ素ナトリウム，リン，チオール
エネルギー	光，γ線 超音波，マイクロ波
その他	電気化学的手法，超臨界流体法

金属ナノ粒子ペーストのインクジェット微細配線

アルコールは非常に良く使用される還元剤である。エタノール・メタノールなどのアルコールを含む金属塩溶液を加熱することで、金属イオンを0価に還元することができる[16, 17]。アルコールにはα水素があることが必要で、その結果、アルコールはアルデヒドもしくはケトンに酸化される（図8）。殆どの貴金属イオンはこの手法で還元されナノ粒子となる。用いたアルコールはそのまま分散媒として用いられる。もちろん、合金化も可能である。たとえば、白金・パラジウム[18]、金・白金[19]、金・パラジウム[20]などの合金系が報告されている[21, 22]。

一方、前周期の遷移金属の還元に多く用いられる方法としては、さらに沸点の高いアルコールであるポリオール（エチレングリコールなど）を用いて還元する手法である。これによって、銅、ニッケルなどのナノ粒子は製造可能である[23, 24]。加熱して、100℃付近で水分を除去することが必要な場合がある。この方法も、大量に安価に調製できる手法として極めて重要である。

還元剤として水素化ホウ素ナトリウムを使う方法が最近極めて広く行われるようになってきた。これは、1994年にBrustらが最初に報告したチオールによって保護された金ナノ粒子の合成によって紹介された方法で、安定で単分散なナノ粒子が得られることから極めて広く用いられている[25]。常温で金属イオン溶液と保護剤となるチオールなどの金属配位化合物とを混合すると、金属イオンと配位化合物がそのときに配位する。オルガノゾルを調製したい場合には、相転移試薬として、4級アンモニウム塩や3級アンモニウムを添加し、イオンの段階で有機溶媒中に相転移させて、還元する。水素化ホウ素ナトリウムは比較的激しい還元剤であるから、加温を要せず、場合によっては、粒子径を制御するために温度を下げて還

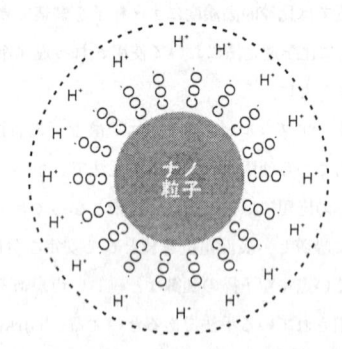

図7　クエン酸で還元して得られるナノ粒子の模式図
　　　酸が表面に吸着し、分散性能を発揮している

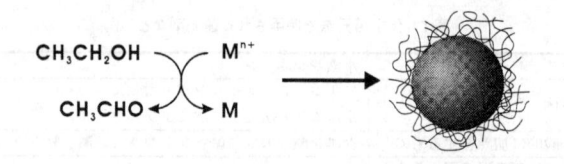

$$M^{n+} + \frac{n}{2} CH_3CH_2OH \longrightarrow M^0 + \frac{n}{2} CH_3CHO + nH^+$$

図8　アルコール還元法によるナノ粒子調製

第2章 金属ナノ粒子の種類,合成法の分類と基本的な物性

元を行うこともある。多くの遷移金属がこの方法で還元が可能であり極めて有効な方法である。例えば,小宮山らは,ポリビニルピロリドンを保護剤として,硫酸銅から水素化ホウ素ナトリウムを添加して銅ナノ粒子を得ている[26]。

チオールを還元剤として利用する例も報告されている。上で述べたように,チオールは金などの金属表面に配位して単分子膜を形成できる。特に金-S結合は強固で安定であることが知られている。一方,チオールは容易に酸化され,ジスルフィドとなることも知られており,過剰なチオールの存在下では,金属イオンを還元して,そのチオールで表面を保護した金属ナノ粒子を与えることができる。温和な還元法であり,過剰なチオールがあるために微細なナノ粒子を調製するために適切な方法として利用される[27]。

ヒドラジンも塩基性の化合物で良く用いられる還元剤である。比較的温和なものと知られているが,前周期遷移金属のナノ粒子を作ることができる。例えば,Ni-EDTA錯体を原料としてヒドラジンを添加することによって,ニッケルナノ粒子を作ることが可能である[28]。

水素ガスやジボランガスなどの還元性ガスもナノ粒子作製に利用することができる。バブリングでももちろん還元可能であるが,1気圧の条件下で金属イオン溶液を撹拌することで液中にガスを取り込み還元することができる[29]。ガスであるから,還元剤の残渣を考える必要がなく,クリーンな方法として使用される。ジボランガスは錯体化学でよく用いられるガスであるが,Schmidらはこのガスを用いてAu_{55}ナノ粒子を調製できた[30]。そのほか,一酸化炭素も還元性ガスとして利用される。

そのほかの化学還元剤としては,ホルムアルデヒド,ヒドロキシアミン,アミノアルコール,トリメチルアミンボラン,チオシアネート,リンなどが用いられている。

3.4 そのほかの方法

電気化学的手法は図9に示すような手法である。単純にナノ粒子を作りたい金属の電極を陽極とし,白金もしくはカーボン電極を陰極として回路を構成する。このとき,陽極の金属が酸化され陰極近傍で電子を受け取り還元されて金属イオンに戻るが,そのときに保護剤があると電極上などにデポジットされず,ナノ粒子が形成される[31]。図9のように複数の金属を陽極に用いることによって容易に合金ナノ粒子を作ることも可能である[32]。

錯体を利用して熱分解する方法も多く試されている。例えば,磁性微粒子として名高いFePt合金ナノ粒子の報告では,鉄カルボニル錯体やアセチルアセトナート錯体を利用した熱分解法がとられている[33]。また,大量合成法としては,金(I)-チオレート錯体(図10)[34]やAg-カルボン酸(図11)[35]の加熱分解による大量合成法が知られている。この手法では,分解温度が粒子径を決める大きな要因となっているため,一定温度の維持,昇温速度などの制御が粒子径制御

13

のときに肝要である。本手法によるナノ粒子は導電性ペーストに応用されている。

超音波を金属イオン溶液に照射することでナノ粒子を調製する手法も有効である[36]。超音波照射によって溶液内に局所的に高温・高圧（数千度，数百気圧）のキャビティができ，そのエネル

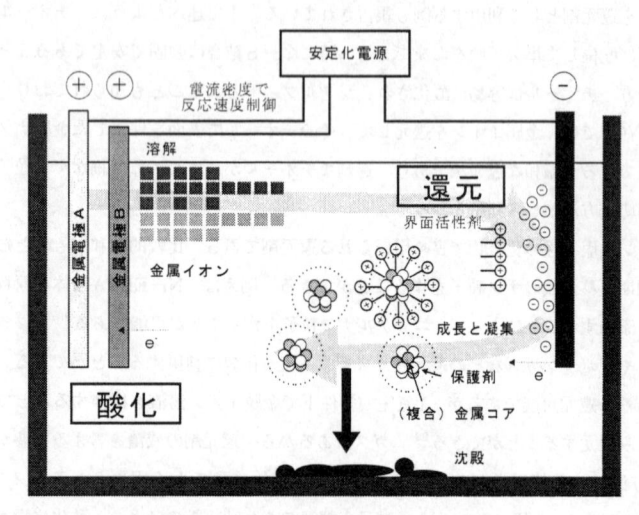

図9 電気化学法による金属ナノ粒子調製の模式図[32]

$[(C_nH_{2n+1})(CH_3)_3N][Au(I)(SC_{12}H_{25})_2]$

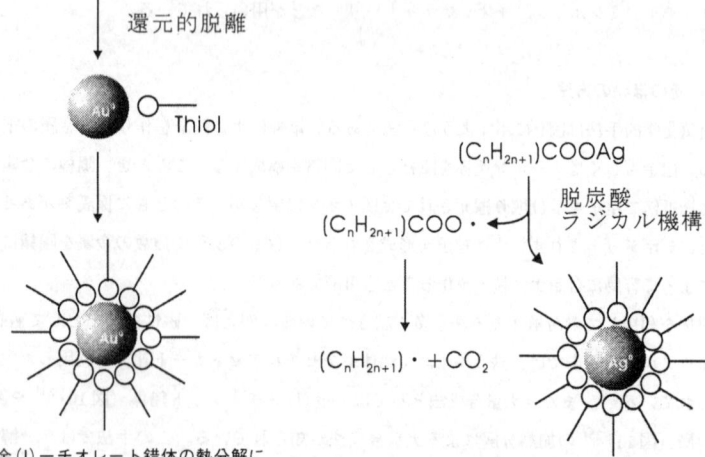

↓ 還元的脱離

(Au⁰ ─ Thiol)

↓

図10 金(I)-チオレート錯体の熱分解による金ナノ粒子の調製

$(C_nH_{2n+1})COOAg$

↓ 脱炭酸ラジカル機構

$(C_nH_{2n+1})COO\cdot$

↓

$(C_nH_{2n+1})\cdot + CO_2$

図11 カルボン酸銀の熱分解による銀ナノ粒子の調製

第2章　金属ナノ粒子の種類，合成法の分類と基本的な物性

$$H_2O \xrightarrow{\gamma 線照射} \text{ラジカル類発生} \quad e_s^-, H_3O^+, H^\cdot, H_2, OH^\cdot, H_2O_2 \quad (1)$$

$$e_s^- + M^{m+} \xrightarrow{還元} M^{(m-1)+} \quad (2)$$

$$M^+ \xrightarrow{還元} M^0 \quad (3)$$

$$nM^0 \rightarrow M_2 \rightarrow ....M.... \xrightarrow{凝集} M_{agg} \quad (4)$$

図12　γ線照射によってナノ粒子を調製するときの反応式

ギーによって金属イオンが還元されナノ粒子が調製される。貴金属の還元には多く用いられ，そのケミカルな反応場で還元性ラジカルが発生して金属イオンが還元されると理解されている。還元助剤として系内に有機物などを添加することもある。

　光照射やγ線照射によってもナノ粒子を調製することは可能である。光照射法は基本的に写真と同じ考え方である。貴金属イオンの水溶液を脱気し，ハロゲンランプを照射することによって，金属ナノ粒子を発生させる。こうした光還元法では，高分子や界面活性剤の存在下に安定な金属ナノ粒子ができる。光照射による還元は，金属塩の配位分子からのLMCT遷移による吸光が利用されている[37, 38]。ロジウムの場合には紫外光の照射が必要であることも知られている[39]。さらにγ線では，図12に示すように溶媒からラジカルを発生させ還元に利用している。貴金属はもちろんのこと，前周期遷移金属の還元も可能である[40, 41]。

　超臨界流体法も最近検討が行われている。

4　金属ナノ粒子の物性ならびに応用例

4.1　光学特性

　金，銀，銅のいわゆるcoinage metalのナノ粒子は，可視光領域に大きなプラズモン吸収と呼ばれる吸収を示し，綺麗な色を出す。金は赤～紫色，銀は黄～オレンジ，銅も赤色である。こうした金属ナノ粒子のプラズモン吸収のスペクトルは，粒子の大きさや凝集形態によって波長が変化することが知られている。金のプラズモン吸収の場合，20nmぐらいの直径を持つナノ粒子であれば，520nm付近に大きなプラズモン吸収を示し，ワインレッドのような赤色を示すことが知られている。この赤色は退色しにくいため，色材として有望である[42]。実際，ステンドグラス

金属ナノ粒子ペーストのインクジェット微細配線

や切子細工などの赤色ガラスは金ナノ粒子がガラス内にあることで色を出している。凝集すると長波長の吸収を持つため、紫色から青色となることが分かっている。この吸収波長と吸光度の変化をバイオセンシング材料として応用展開しており、イムノクロマトとして広く利用されている[4]。しかしながら、小さな金ナノ粒子は殆どプラズモン吸収を示さず、分散液は茶色となってしまう。一方、銀ナノ粒子は小さな粒子径でも420nm付近に大きなプラズモン吸収を示し、黄色となる。こちらも色材としての検討も盛んである。色材としての利用においては、安定性を高めるために、顔料分散剤として利用される高分子によって保護され、極めて安定に塗膜に保持されるように設計されている。しかし、ナノ粒子同士が近づきすぎると、プラズモン吸収の色ではなく、金属としての色を示すようになるため、粒子濃度について注意する必要がある。

4.2 触媒作用

こうした金属ナノ粒子のうち、特に白金族のものについては、触媒作用が大きく期待できる。高分子に保護されたナノ粒子は、一つの高分子が多点で微粒子表面に吸着して保護するため、極めて高い安定性を有している。PVP保護パラジウムナノ粒子は高い水素化触媒能を示すことが知られている。また、合金化することによって、さらに高い活性・選択性を示すナノ粒子も設計合成されている[43]。例えば、パラジウムと白金の組み合わせで、ポリビニルピロリドンを保護剤としてアルコール還元法でナノ粒子を調製したとき、パラジウムがシェル、白金がコアのコアーシェル構造をとることが示されている（図13）[18, 44]。こうした特殊構造形成もナノ粒子の特徴として挙げられる。

4.3 導電性ペースト・導電性インク

簡便でコストがかからない回路形成手法として、金属ナノ粒子を利用した導電性ペースト・導電性インクの開発が盛んである。高密度に樹脂中に分散した金属粒子同士を接触させてそこを経由して電流を流す。現在ナノ粒子ペースト・インクの原料としては、金、銀がメインターゲットであるが、大きな粒子では銅、ニッケル、カーボンなどが使用されている。特に安定性と高い導電性、そしてコストとのバランスを考えると、銀の研究が多く行われている。

このためには、均一性が高く低コストなナノ粒子の調製だけでなく、ペースト化・インク化に関する研究が極

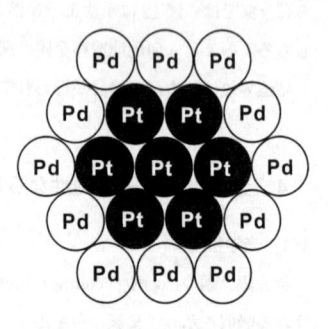

パラジウムシェルー白金コア
バイメタリック

図13 アルコール還元法によって調製されたパラジウム・白金（シェル・コア）ナノ粒子の模式図

第2章 金属ナノ粒子の種類，合成法の分類と基本的な物性

めて重要であるといえる。ナノ粒子の安定性とインク・ペーストとしての経時変化について詳細に検討する必要がある。

一方，銀の欠点としては，マイグレーションといわれる腐食形態が大きな問題となってきている。その対策には合金化がもっとも簡便な手法として取り入れられている[45]。例えば，よりマイグレーション速度が遅い銅を表面に拡散させる手法や，貴な金属との合金化などがその対策として採用されている。

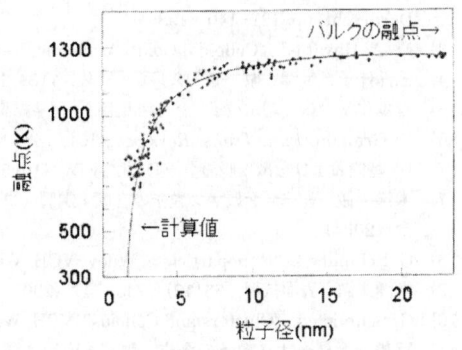

図14 金ナノ粒子の粒子径と融点との関係

最近では，本書でも取り扱われるように，ナノテクノロジーの進展によって，高分子上での電子回路の作製をインクジェットで行えるようになってきている。金属のナノ化によって，バルクよりも表面に存在する原子の数が増えてきて，ナノ粒子が不安定になり融点が下がってくるといわれている。特に金の場合にはすでに融点と大きさの関係がグラフ化されている（図14）[46]。このとき，焼結が上手く行き，有機分が粒子界面から無くなれば，高い導電性を期待できる。

5 おわりに

本章では，金属ナノ粒子の製法についてまとめた。さまざまな手法が応用目的に応じて選択されて利用されている。化学還元法はバッチ法が多く，大量合成に対して難しい点もあるが，低コストな手法として注目されており，今後も伸びていく手法であると思われる。さらに安価な大量生産のための，フロー法による調製法も検討が始まっており，今後，新しいナノ粒子調製技術が現れてくる可能性も高く，注目していかねばならない分野であろう。

文　献

1) M. Faraday, *Philos. Trans. R. Soc. London*, **147**, 145 (1857) M. Kerker, *J. Colloid Interface Sci.*, **112**, 302 (1986)
2) H. Hirai and N. Toshima, in "Tailored Metal Catalysts", Y. Iwasawa ed., D. Reidel Pub.,

Dordrecht, pp. 121-140 (1986)
3) M. A. Hayat ed., "Colloidal Gold", Academic Press, New York (1991)
4) 三浦佳子. 米澤 徹. ドージンニュース. 113. 1-8 (2005)
5) 日本化学会編「超微粒子—科学と応用」. 化学総説48. 学会出版センター (1985)
6) T. Graham, Phil. Trans. Roy. Soc., 151, 183-190 (1861) 日本化学会編「コロイド科学 I 基礎および分散・吸着」. 東京化学同人 (1995)
7) 米澤 徹 監修「金属ナノ粒子の合成・調製. コントロール技術と応用展開」. 技術情報協会 (2004)
8) G. Schmid ed., "Nanoparticles", Wiley-VCH, Weinheim (2004)
9) 米澤 徹. 表面技術. 56(12). 743-747 (2005)
10) G. Schmid ed., "Clusters and Colloids", VCH, Weinheim (1994)
11) 特集「金属系ナノ粒子の合成. 調製. 応用展開」. マテリアルステージ. 3(11). 1-67 (2004)
12) 福田金属箔粉工業ホームページ：http://www.fukuda-kyoto.co.jp/02work/f-kona.html
13) ナノネットホームページ：http://www.nanonet.go.jp/japanese/mailmag/2005/094a.html
14) J. Turkevich, P. C. Stevenson, and J. Hillier, Disc. Faraday Soc., 11, 55 (1951)
15) K. Aika, L. L. Ban, I. Okura, S. Namba, and J. Turkevich, J. Res. Inst. Catal. Hokkaido Univ., 24, 54 (1976)
16) H. Hirai, H. Chawanya, and N. Toshima, Bull. Chem. Soc. Jpn., 58(2), 682-687 (1985)
17) 戸嶋直樹.「金属ナノ粒子」. 川口春馬監修「微粒子・粉体の最先端技術」. シーエムシー出版. pp. 58-70 (2000)
18) N. Toshima, M. Harada, T. Yonezawa, K. Kushihashi, and K. Asakura, J. Phys. Chem., 95(20), 7448-7453 (1991)
19) T. Yonezawa and N. Toshima, J. Mol. Catal., 83, 167-181 (1993)
20) N. Toshima, M. Harada, Y. Yamazaki, and K. Asakura, J. Phys. Chem., 96(24), 9927-9933 (1992)
21) N. Toshima and T. Yonezawa, New J. Chem., 22(11), 1179-1201 (1998)
22) T. Yonezawa, "Well-dispersed Bimetallic Nanoparticles", in "Morphology Control of Materials and Nanoparticles", Y. Waseda and A. Muramatsu eds., Springer, pp. 85-112 (2004)
23) N. Toshima and Y. Wang, Chem. Lett., 1993(9), 1611-1614
24) P. Lu, T. Teranishi, K. Asakura, M. Miyake, and N. Toshima, J. Phys. Chem. B, 103(44), 9673-9682 (1999)
25) M. Brust, J. Fink, D. Bethell, D. J. Schiffrin, and R. Whyman, J. Chem. Soc., Chem. Commun., 1994, 801-802
26) H. Hirai, H. Wakabayashi, and M. Komiyama, Bull. Chem. Soc. Jpn., 59(2), 367-372 (1986)
27) Y. Negishi and T. Tsukuda, J. Am. Chem. Soc., 125(14), 4046-4047 (2003)
28) R. S. Sapieszko and E. Matijević, Corrosion, 36(10), 522-530 (1980)
29) T. Yonezawa, T. Tominaga, and D. Richard, J. Chem. Soc. Dalton Trans., 1996(5), 783-

第2章 金属ナノ粒子の種類,合成法の分類と基本的な物性

789
30) G. Schmid, R. Pfeil, R. Böse, F. Bandermann, S. Meyer, G. H. M. Calis, and W. A. van der Velden, *Chem. Ber.*, **114**(11), 3634-3642 (1981)
31) M. T. Reetz and W. Helbig, *J. Am. Chem. Soc.*, **116**(16), 7401-7402 (1994)
32) M. T. Reetz, W. Helbig, and S. A. Quaiser, *Chem. Mater.*, **7**(12), 2227-2228 (1995)
33) S. H. Sun, C. B. Murray, D. Weller, L. Folks, and A. Moser, *Science*, **287**(5460), 1989-1992 (2000)
34) M. Nakamoto, M. Yamamoto, and M. Fukuzumi, *J. Chem. Soc., Chem. Commun.*, **2002**(15), 1622-1623
35) K. Abe, T. Hanada, Y. Yoshida, N. Tanigaki, H. Takiguchi, H. Nagasawa, M. Nakamoto, T. Yamaguchi, and K. Yase, *Thin Solid Films*, **327-329**, 524-527 (1998)
36) 興津健二,前田泰昭.化学と工業.**57**.819 (2004)
37) A. W. Adamson, W. L. Waltz, E. Zinato, D. W. Watts, P. D. Fleischauer, and R. D. Lindholm, *Chem. Rev.*, **68**(5), 541-585 (1968)
38) N. Toshima and T. Takahashi, *Bull. Chem. Soc. Jpn.*, **65**(2), 400-409 (1992)
39) M. Ohtaki and N. Toshima, *Chem. Lett.*, **1990**(4), 489-492
40) J. Belloni, *Curr. Opin. Colloid Interface Sci.*, **1**(2), 184-196 (1996)
41) A. Henglein, *J. Phys. Chem. B*, **104**(6), 1206-1211 (2000)
42) 小林敏勝.「表面プラズモンを利用したコーティング用色材への応用」.米澤 徹 監修 「金属ナノ粒子の合成・調製.コントロール技術と応用展開」,技術情報協会.pp. 341-351 (2004)
43) N. Toshima, T. Yonezawa, and K. Kushihashi, *J. Chem. Soc., Faraday Trans.*, **89**(14), 2537-2543 (1993)
44) T. Yonezawa and N. Toshima, *J. Chem. Soc., Faraday Trans.*, **91**(22), 4111-4119 (1995)
45) 宮田恵守.表面技術.**57**(1).36-41 (2006)
46) P.-A. Buffat and J. P. Boel, *Phys. Rev. A*, **13**(6), 2287-2298 (1976)

第3章　各社金属ナノ粒子の合成法とペースト特性

1　ガス中蒸発法による独立分散ナノ粒子インク生成とその特性

小田正明*

1.1　はじめに

電子機器の小型化，高機能化に伴い，配線や電極形成に使用される材料として，サイズが百ナノメーター以下のナノ粒子が注目されている。ナノ粒子になるとその焼結温度が200℃以下と，その金属の融点に比べ大幅に下がることが知られているが，ナノ粒子は活性であるために，粒子同士が融着した凝集体を形成していることが多い。このために，微細配線，微細ホールへの埋込などの電子機器に必要とされる用途への展開がおこなわれてこなかったのが実情である。本稿では電子機器の配線や電極の膜形成への応用を念頭においたガス中蒸発法による独立分散金属ナノ粒子インクの生成について述べる。

1.2　金属ナノ粒子作製法

金属ナノ粒子を作製する方法には表1に示すように，化学的な反応を利用する方法と物理的方法との二種類があり，われわれが開発をおこなっているガス中蒸発法は物理的方法の中の一つである。ガス中蒸発法は文字通り，ガス雰囲気中で金属を蒸発させ，ナノ粒子を作製する方法である。この蒸発源としては，アーク加熱，レーザー加熱，抵抗加熱など，数多くの方法を使用することができる。生成される粒子の種類に応じてこれらの蒸発源を適宜選択する。

ガス中蒸発法によるナノ粒子は他の方法に比べ，次に挙げるような特徴をもっている。①高純度の不活性ガス中での凝縮現象により生成されるために高純度である。②準熱平衡状態での粒子生成であるために結晶性がよい。③粒径分布がシャープである。これらに加え，ガス中蒸発法の粒子生成途中で粒子が衝突して凝集を起こす前に，個々の粒子表面に溶剤被覆膜を形成し，個々の粒子が凝集することなく溶剤中で完全に独立分散している独立分散ナノ粒子を生成することが可能となった[16]。この独立分散ナノ粒子からなるナノ粒子分散液は構成粒子が10nm以下と小さく，また，添加物は分子量の小さい低分子からなっているので低温で分解しやすく，250℃程度で焼成が可能である。また，アルカリ，イオウなどの不純物を一切含まないために，信頼性が不可欠の電子材料として，より高純度膜の形成に適している。

＊　Masaaki Oda　㈱アルバック・コーポレートセンター　ナノパーティクル応用開発部　部長

第3章　各社金属ナノ粒子の合成法とペースト特性

表1　ナノ粒子作製法

	製 法 名	原 理・特 徴
物理的方法	ガス中蒸発法[1〜4]	不活性ガス中で金属を蒸発させ、ガスとの衝突により冷却・凝縮させナノ粒子を生成する方法。蒸発源として誘導加熱、抵抗加熱、また高融点物質にはレーザー加熱、アーク加熱、電子ビーム加熱等がある。またハイブリットプラズマ法は、プラズマガンと、高周波誘導加熱を組合せ、高温プラズマを発生させ、原料粉を導入、気化させる方法で、化合物超微粒子生成に適している。
	スパッタリング法[5]	蒸発源としてスパッター現象を利用する。高融点物質、及び化合物等の粒子生成に適している。
	金属蒸気合成法[6]	真空下（10^{-3}torr以下）で、金属を加熱し、蒸発した金属原子を有機溶剤と共に有機溶剤の凝固点以下に冷却した基板上に共蒸着させ、ナノ粒子を得る。
	流動油上真空蒸発法[7]	オイル上に金属を真空蒸着させる。5nm以下という極めて粒径の小さな粒子が得られる。
化学的方法（液相）	コロイド法[8]	高分子界面活性剤を共存させ、アルコール中で貴金属塩を還流条件下で還元すると、高分子に被覆された金属ナノ粒子がコロイド状で析出する。
	アルコキシド法[9]	金属アルコキシドの加水分解により酸化物ナノ粒子を得る。化学量論的に組成のはっきりしたナノ粒子が得られる。$BaTiO_3$、SiO_2、ZrO_2等
	共 沈 法[10]	金属塩の混合溶液に沈澱剤を加え沈澱粒子を得る。
	均一沈澱法[11]	金属塩溶液中で沈澱物を連続的に徐々に生成させ沈澱剤の局部的不均一をなくし、沈澱剤等の不純物含有量の少ない高純度粒子が得られる。
化学的方法（気相）	有機金属化合物の熱分解法[12]	金属カルボニル化合物 $\{Fe_2(CO)_8, Co_2(CO)_8\}$ 等の熱分解反応により金属ナノ粒子を得る。炭化水素ガスを使用するとカーボンのナノ微粒子が得られる。
	金属塩化物のH_2中還元法[13] O_2中酸化法 NH_3中窒化法	金属塩化物をH_2気流中で還元し金属粒子を得る。Fe、Cu TiO_2、ZnO AlN
	酸化物・含水酸化物の水素中還元法[14]	α-FeOOHを水素気流中で数百度に加熱して還元する。現在市販されている磁気テープ用の金属ナノ粒子は大半がこの方法による。
	溶媒蒸発法[15]	金属塩溶液をノズルよりスプレーし熱風乾燥させる。

1.3　金属薄膜の作製法

　膜形成法には表2に示すように，真空処理プロセスとメッキ，ペースト塗布法などの大気焼成プロセスがある。真空プロセスによるものは高品質の膜形成が可能であるが，処理コストが高くなるという難点がある。これに比べ，塗布法はより安価となる。塗布法には従来からの厚膜ペースト法，有機金属化合物ペースト法がある。
　しかしながら，厚膜ペーストにおいて粒子は1ミクロン〜サブミクロン程度であるため1ミク

金属ナノ粒子ペーストのインクジェット微細配線

表2　金属薄膜の作製法

	塗布法			真空法
	独立分散ナノ粒子分散液	厚膜ペースト	有機金属化合物ペースト	真空蒸着
粒子サイズ	≦10nm	≒1μm	Atomic	Atomic
金属含有量	70～80wt％(Au)	80～90wt％(Au)	20～30wt％(Au)	
膜厚	≧0.05μm	≧5μm	≧0.1μm	≧0.01μm
線幅	≧1μm	≧10μm	≧1μm	≧0.5μm
コーティング法	スクリーン印刷, インクジェット印刷, スピンコート, ディップコート			真空蒸着
パターンニング	スクリーン印刷, インクジェット印刷, フォトプロセス			フォトプロセス
プロセス	塗布-乾燥-焼成			真空バッチ
焼成温度	≧150℃	≧550℃		
コスト	低			高

ロン程度の薄膜形成には不適であること，また，添加物および粒径の関係で焼成温度が550℃以上と高いという難点がある．また，有機金属化合物ペーストにおいて金属原子は粒子を形成せずに有機化合物となっているためにサブミクロン厚の薄膜化には問題がないが，例えば，金のような高比重のものでも含有金属量が30wt％以上にあげられないため，実用的に使われる1ミクロン以上の膜厚を達成するためには2～3回の塗布，焼成を繰り返すことが必要となる．また，焼成温度も550℃以上と高く，アルカリ，イオウなどの不純物を百ppmオーダーで含むという難点がある．

これらに代わり，高純度のナノ粒子を凝集させることなく均一，高濃度で分散させることができれば，サブミクロン以下から1ミクロン以上で高純度の金属薄膜が低温焼成プロセスで可能と予想される．

1.4　独立分散金属ナノ粒子の生成

ガス中蒸発法により生成され，溶剤中に凝集がなく独立分散している独立分散ナノ粒子について述べる．独立分散ナノ粒子は抵抗加熱，または誘導加熱法を蒸発源とするガス中蒸発法によって生成される．蒸発室のルツボから蒸発した金属原子は雰囲気のガス分子と衝突し，冷却されて凝縮し，ナノ粒子となる．ルツボ近傍では粒子は孤立状態にあり，遠ざかるにつれて粒子は衝突を繰り返し二次凝集を形成することが分かっている．凝集体がなく，独立分散状態で粒子を回収するためにプロセスの改良をおこなった．孤立状態にある粒子に有機溶剤の蒸気を供給すると有機溶剤の蒸気は粒子表面に付着し，表面を覆う．このため，粒子同士が衝突しても二次凝集を起こさない．このようにして粒子表面が被覆されたナノ粒子はガス流と共に運ばれて，冷却部に付着し，最終的に粒子が溶剤中に分散された分散液（独立分散ナノ粒子インク）の状態で回収される．装置の改良をおこない，銀の場合に月産の固形分重量として約500kgの製造（固形分濃度

第3章 各社金属ナノ粒子の合成法とペースト特性

60wt％のインクとして800kg）が可能となっている。

この分散液にアルコール等の極性溶剤を加え沈降させ，洗浄することにより，膜形成用のインクとして新しい溶剤（トルエン，キシレン，及び直鎖の飽和炭化水素であるテトラデカン等の弱極性溶剤）に再分散させることが可能である。これをナノメタルインクと呼んでいる。

1.5 ナノメタルインクによる膜形成

1.5.1 膜の概要

ナノメタルインク中のナノ粒子はその表面が特殊な被覆剤で覆われているために，凝集することなく溶剤中に安定に分散している。このナノメタルインクはたとえば金で70wt％，銀及び銅で60wt％まで濃縮してもインクジェット吐出可能な15mPa·s以下の粘度を保っている。また，これに数種類の有機物を添加することにより，分散安定性を損なわずに粘度を20000mPa·sまで大きくすることも可能である[16]。一般の凝集した金ナノ粒子と独立分散金ナノ粒子のTEM像を写真1に示す。銀，銅，パラジウム，インジューム，錫，及びITOでも同様に独立分散しているTEM像が得られている。この銀ナノ粒子分散液をガラス上に塗布し，二種類の条件で焼成し作製した薄膜の断面SEM像を写真2に示す。大気中雰囲気の条件では粒成長がみられる。分解された有機物が酸素により除去された結果と考えられる。膜厚制御は分散液の金属濃度及び塗厚によっておこなう。

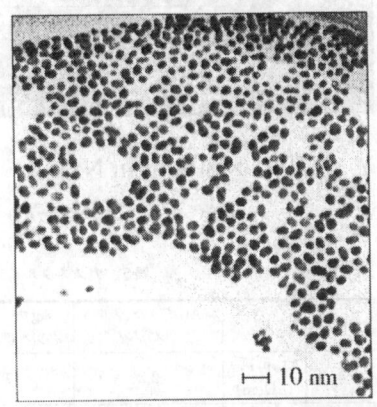

(a) 一般的な金ナノ粒子　　(b) 独立分散金ナノ粒子

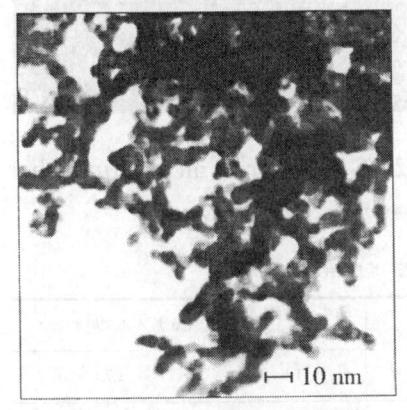

表面活性が高く常温でも容易　　特殊な表面被覆剤によって融着
に焼結が進行　　　　　　　　　（焼結）を抑制

写真1　金属ナノ粒子のTEM像

1.5.2 電気抵抗と密着性

金，銀，及び銅のナノメタルインクから作製した膜の比抵抗値を表3に示す。焼成条件によっては比抵抗値はバルクの1.3倍以内を示しており，ほぼ完全な金属薄膜である。銀ナノメタルインクに色々な形で銅を加えて作製した膜のガラス基板に対する密着力を表4に示す。密着力はセバスチャン法[注]を用いて評価した。銀以外に他の添加元素を加えていないものをタイプ1，有機金属の形で加えたものをタイプ2，銅のナノ粒子を加えたものをタイプ3とする。タイプ2，3では共に3kgf/mm^{2}以上の密着力を示す。基板との密着力を向上させる方法としては，これ以外に，別のメタルインクを用いて金属酸化物層を下地に形成する方法，有機プライマー層を形成する方法，及び下地表面をプラズマ等で荒らしたアンカー効果による方法がある。Mnを用いた金属酸化物層による例を表5に示す。銅添加の場合とは違って，二層を形成する必要があるが，銀の比抵抗値は3μΩcm以下を保ち，5kgf/mm^{2}以上の密着力を示している。

真空蒸着法，スパッタ法等で形成されている数μm厚以下の薄膜用途にスピンコート法，ディッ

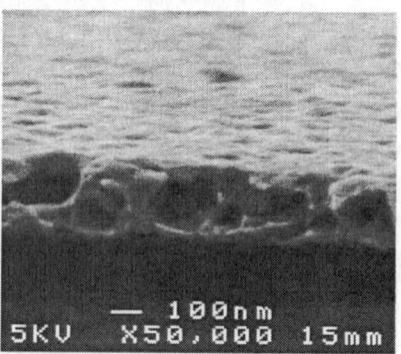

写真2　銀ナノメタルインクにより二種類の条件で形成された膜のSEM像

表3　ナノメタルインク膜の焼成条件，比抵抗値

		Auナノメタルインク	Agナノメタルインク標準タイプ	Agナノメタルインク低温焼成タイプ	Cuナノメタルインク
バルク	比抵抗(μΩcm)	2.2	1.6	1.6	1.7
Type 1	比抵抗(μΩcm)	11	2	10	2.8
	焼成条件	大気中300℃×30min	大気中220℃×30min	大気中150℃×60min	0.1torr air 350℃×1min ＋10^{-6}torr 400℃×20min

第3章 各社金属ナノ粒子の合成法とペースト特性

表4 Agナノメタルインク膜のスライドガラス上の密着性

	焼成条件	基板	密着力（kgf/mm²） 測定：セバスチャン法	剥離部位
Agナノメタルインク Type1	大気中 350℃ × 60min	スライドガラス	0.96 0.66 0.46	基板と膜界面
Ag Type2 有機金属Cu添加 Cu 10wt%		スライドガラス	5.91 6.65 4.72	膜と接着剤界面
Ag Type3 ナノ粒子Cu添加 Cu 5wt%		スライドガラス	4.86 4.96 3.87	膜と接着剤界面
Ag Type3 ナノ粒子Cu添加 Cu 10wt%		スライドガラス	6.25 6.44 4.72	膜と接着剤界面

表5 Agナノメタルインク膜の密着性，下地：無アルカリガラス，ITO

	下地	Mn層 大気中 200℃×30min	密着力 (kgf/mm²) 測定：セバスチャン法	剥離部位
Agナノメタルインク Type1 大気中 220℃ ×30min	無アルカリガラス	Mn層無し	0.8	ガラス基板と膜界面
		Mn層有り	≧6.1	膜と接着剤界面
	ITO/ 無アルカリガラス	Mn層無し	1.1	ガラス基板と膜界面
		Mn層有り	≧5.9	膜と接着剤界面

プコート法，あるいはインクジェット法により従来からの真空プロセス成膜法を置き換えるためのインクとして適用できるものである。

1.6 ナノメタルインクを使用したPDPテストパネル試作

現状は真空バッチプロセスであるスパッタ法により形成されているプラズマディスプレーパネル（PDP）の電極部をセイコーエプソン㈱，富士通研究所との共同開発でインクジェット法により形成した試作パネルについて述べる[17]。

固形分濃度60wt%で分散溶剤にテトラデカンを使用した銀ナノメタルインクを使い，対角10インチのテストパネルの前面板のバス電極を形成した。写真3にそのSEM写真を示す。パターニングされたITO膜上に形成されている。ITO形成を含め，その他の部分は従来の製造工程によっている。形成されたバス電極は幅50ミクロン，焼成後の厚み2ミクロン，比抵抗値は$2\mu\Omega$cmである。ITO膜上に撥液処理を施し，数回の重ね塗りをして厚み2ミクロンが得られている。180個のノズルを持つヘッドを使うことにより，約60秒の印刷時間でバス配線が形成されている。大型基板に対してはこのヘッドをプリンターに多数個を搭載使用することによりタクトタイ

金属ナノ粒子ペーストのインクジェット微細配線

ムの短縮が可能となる。

　写真4に，点灯しているテストパネルの外観を示す。欠陥もなく点灯している。パネル上の点灯していない部分の縦横のラインは各点灯セクションの間の境界部である。写真5には白信号を入れたダイナミックオペレーションでの点灯状況の拡大写真を示す。

注）セバスチャン法：密着力を測定したい膜上にエポキシ接着剤を使用して約3mm径のアルミロッドを接着させて，硬化後，このロッドを膜面に対し直角に引っ張ることにより基板と膜との密着力を測定する方法

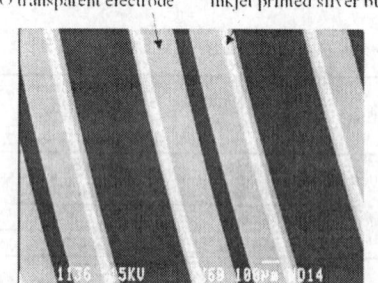

写真3　ITO透明電極上にインクジェット印刷により形成した銀バス電極のSEM写真
セイコーエプソン，アルバックコーポレートセンター，富士通研究所のデータ

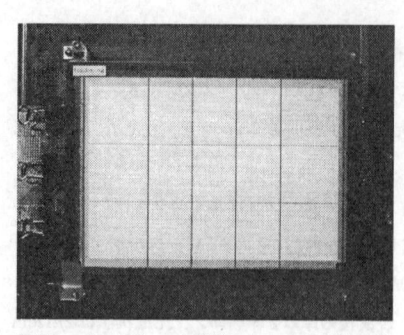

写真4　インクジェット印刷によってバス電極を形成したPDPテストパネルを180Vの電圧で全面点灯させた状態の表面写真
セイコーエプソン，アルバックコーポレートセンター，富士通研究所のデータ

写真5　PDPテストパネルで表示させた時の拡大写真
セイコーエプソン，アルバックコーポレートセンター，富士通研究所のデータ

第3章　各社金属ナノ粒子の合成法とペースト特性

文　　献

1) 八谷繁樹：応用物理．**41**．p.604（1972）
2) S. Iwama：*Jpn.J.Appl.Phys.*, **12**, p.1531（1973）
3) 宇田雅広：金属学会講演概要集．No.88．p.185（1981）
4) 吉田豊信：*J.Appl.Phys.*. **54**．p.640（1983）
5) 八谷繁樹：粉体粉末冶金協会要旨集，p.168（1985）spr.
6) K. Matsuo and K.J.Klabunde：*J.Catal.*, **73**, p.216（1982）
7) S. Yatsuya：*Jpn.J.Appl.Phys.*, **13**, p.749（1974）
8) 平井英史："高分子錯体触媒（高分子錯体―機能と応用）第2巻．高分子錯体研究会編．学会出版センター
9) 尾崎義治：工業材料．**29**．p.85（1981）
10) 山村博：窯協．**94**．p.545（1986）
11) M.D.Sacks：*Am.Ceram.Soc.Bull.*, **63**, p.301（1984）
12) J.R.Thomas：*J.Appl.Phys.*, **37**, p.2914（1966）
13) C.R.Veale："Fine Power, Preparation, Properties and Uses", Applied Science Publishers Ltd., p.20（1972）
14) 橋本：化学工学．**48**．p.38（1984）
15) D.M.Roy：*Am.Ceram.Soc.Bull.*, **56**, p.1023（1977）
16) T. Suzuki and M.Oda, Proceedings of IMC 1996, Omiya, April 24, p.37（1996）
17) M. Furusawa and et al.：2002 SID International Symposium Digest of Technical Papers, pp.753

2 ナノペーストの設計と応用

松葉頼重*

2.1 はじめに

インクジェットによるダイレクト・パターニング技術は，従来の手間のかかるマスク製作を不要にし，設計データからのインスタント配線形成を実現する。また，必要な場所に必要な量の材料供給だけで済むため，環境対応技術としても大いに注目されている。このような「リキッド・ワイヤリング技術」を実現するためには，装置とインク材との精密なマッチングが要求される。幸いなことに，ここ数年「プリンタブル・エレクトロニクス」への関心が高まる中で，材料だけでなく装置側の革新も目覚ましく，試作レベルではトライアルできる状況にもなってきた。

ここでは，弊社が開発した導電性インク「ナノペースト」の一般特性について解説し，インクジェット工法への適用事例を紹介したい。

2.2 ナノペーストの設計基準と一般特性

2.2.1 導電性ペーストの問題点

図1に一般的な導電性ペーストの材料構成と構造を示す。導電性ペーストに求められる特性としては，理想的には加熱硬化後に得られる配線が金属と同じ電気的・機械的特性を持つことである。そのためには，金属粒子間および金属粒子と電極間は拡散接合し，基板と配線間は接着接合することが望ましい。しかし，熱硬化性樹脂をマトリクス成分とする一般の樹脂ペーストでは，硬化層の機械的強度や耐湿性は向上できても，金属間は単に物理的な接触のままであり，樹脂側に応力緩和が起こると抵抗値が急上昇する等の不具合が生じる。これは従来の導電性ペーストに共通した本質的な問題点であり[1]，樹脂組成の工夫だけで解決策を見出すことはむずかしい。

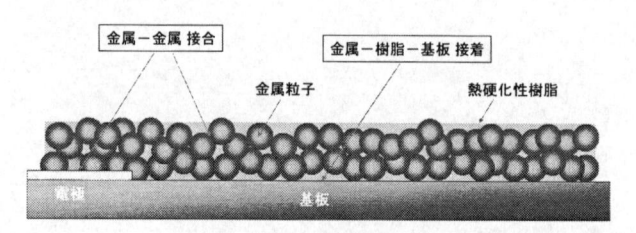

図1 導電性ペーストの基本構造

---

* Yorishige Matsuba　ハリマ化成㈱　筑波研究所　取締役　兼執行役員　所長

第3章 各社金属ナノ粒子の合成法とペースト特性

2.2.2 ナノペーストの設計基準

金属がナノサイズまで小さくなると,手の平にのせた氷のように表面が融けた状態となる。たとえば,直径2nmの金ナノ粒子の融点は室温付近にまで低下する[2]。そして,この融けた表面を糊として金属ナノ粒子間を融着させ,ミクロ構造の金属焼結体をつくることができる。しかし,金属ナノ粒子の有するこのような性質は,保存時あるいは印刷時には凝集のない安定分散状態を維持できなければ発現できない。凝結したナノ粒子はすでにナノ粒子ではないからである。

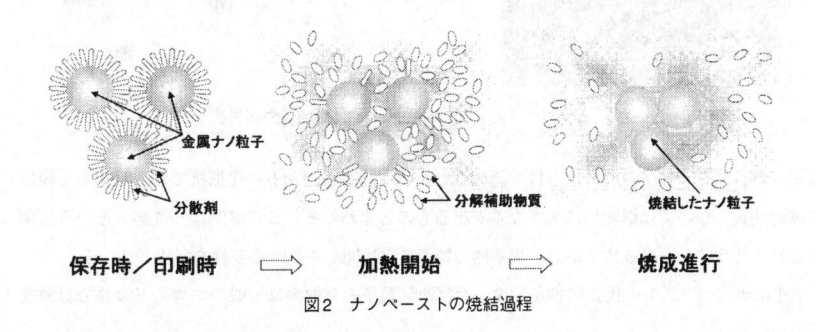

図2にナノペーストの焼結過程を模式的に示す。一般に,表面修飾された金属ナノ粒子の焼結過程は,分散剤の熱分解および蒸散速度に支配される。一般に,分散剤分子は界面活性を持たせるために何らかの官能基を有しており,加熱時に化学反応によって界面活性能を失わせる設計が可能である。一定温度以上でナノ粒子表面から活性を失った分散剤が剥離すると,前述の融点降下現象により隣接ナノ粒子間で自発的な融合が進むようになる。樹脂成分は熱分解により系外に排出されるため,焼結層中にはほとんど残留しない。ナノペーストの場合,ハンドリング時の安定性と加熱時の均質な焼結性を実用的にバランスさせた分散剤を独自に処方している[3]。

2.2.3 ナノペーストの一般特性

図3は銀ナノペーストの硬化特性を示したものであるが,230℃40分の加熱焼成により,比抵抗値は3μΩ·cmと銀バルク(1.6μΩ·cm)に近いレベルにまで低下する。図中の写真は,銀ナノペーストを焼成後剥離したものである。このように金属の光沢と屈曲性を持った銀フィルムが得られる(膜厚:約5μm)。したがって,ナノペーストを微細印刷することで,各種基板上に金属配線をダイレクトに形成することができる。この場合,回路基板としての信頼性は焼成膜の機械的強度に依存するため,内部構造には特に注意を払わなければならない。

図4に銀ナノペーストの内部構造への焼成条件の影響を示す。最高温度は両者とも240℃であるが,昇温プロファイルに多少の違いがある。左側の例では,粒成長が50nm程度に抑制された結果,比較的緻密な構造となっている。一方,右側では銀原子が激しく拡散した様子が観察され,

図2 ナノペーストの焼結過程

図3 銀ナノペーストの硬化特性

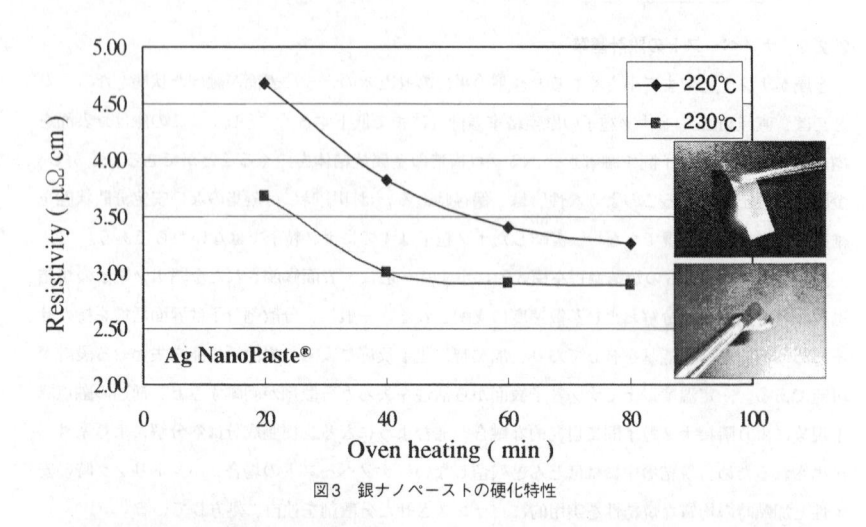

図4 銀ナノペーストの焼結構造に与える温度条件の影響

ボイドが目立ち，粒子の痕跡はもはや認められない。同じ$3\mu\Omega\cdot cm$の比抵抗でも，おそらく膜の機械的性質，ひいては信頼性に大きな差が出るものと思われる。この事例は「焼結」という言葉を安易に使うことへの戒めであり，構造的な特徴に常に関心を払う必要性を示唆している。

表1にナノペーストの代表特性を示す。金属ナノ粒子の分散系は一般のコロイドよりも分散安

第3章 各社金属ナノ粒子の合成法とペースト特性

表1 ナノペーストの代表特性

品名		ナノペースト (Nano Paste)			
金属種		銀		銅 (参考)	金
型番		NPS-J	NPS	NPC-J	NPG-J
塗布工法		インクジェット	スクリーン印刷	インクジェット	インクジェット
硬化前特性	外観	濃紺色液体	濃紺色ペースト	暗褐色液体	暗褐色液体
	金属粒子	銀ナノ粒子 (平均径3～7nm)		銅ナノ粒子 (平均径3～7nm)	金ナノ粒子 (平均径3～6nm)
	金属含有量	57～62wt%	76～81wt%	40～60wt%	30～50wt%
	バインダー	特殊樹脂		特殊樹脂	特殊樹脂
	溶剤・希釈剤	テトラデカン	デカノール	テトラデカン	AFソルベント
	洗浄剤	トルエン, キシレン, ヘキサン		トルエン, キシレン, ヘキサン	トルエン, キシレン, ヘキサン
	粘度	5～20mPa·s	100～200Pa·s	5～20mPa·s	10～20mPa·s
	比重	1.6～1.8	N.A.	1.3～1.6	1.5～1.8
	用途	回路形成		回路形成	金めっき代替
	印刷対象	ポリイミド, 液晶ポリマー, 銅, ニッケル他		ポリイミド, 液晶ポリマー他	ポリイミド, 銅, ニッケル他
	硬化条件	210～220℃, 1hr 温度設定した恒温大気炉へ投入	220～230℃, 1hr	250～280℃, 30min 特殊焼成炉へ投入	230～250℃, 1hr 温度設定した恒温大気炉へ投入
	保管	納入後10℃以下, 2ヶ月		納入後10℃以下, 2ヶ月	納入後10℃以下, 2ヶ月
	可使時間	24時間 (室温)		24時間 (室温)	24時間 (室温)
	荷姿	各種容器		各種容器	各種容器
硬化後特性	外観	銀光沢固体		銅光沢固体	金光沢固体
	抵抗率	3μΩ·cm		5μΩ·cm	7μΩ·cm
	形成厚み	～5μm	～7μm	～5μm	～1μm
	金属含有量	99wt%以上		99wt%以上	99wt%以上
	硬化後の体積率	10～16vol%	24～30vol%	10～20vol%	8～12vol%
	耐熱温度	300℃		300℃	300℃
	吸水率	N.A.		N.A.	N.A.
	接合可能電極	金, 銅, ニッケル他		銅, ニッケル他	銅, ニッケル他

定性が良好で，粘度調整は金属濃度を変化させることにより自由に行える。すなわち，高粘性が要求されるスクリーン印刷から低粘性のインクジェットまで印刷方式のすべてをカバーできる。現在上市しているインクは金と銀であるが，銅も実用化の目処が立っている。スクリーン印刷用のNPSでは，1回の塗布と焼成によって厚さ$7\mu m$程度の成膜が可能である。インクジェット用のNPS-Jとの基本的な違いは，溶剤種，金属含有量による粘性の差だけで，この中間の粘性領域のインクも自由に調製することができる。金ナノペーストは主にめっき代替分野への展開を想定し，インクジェット用のNPG-Jのみをラインナップしている。いずれの製品も溶剤分散タイプであるため，硬化後に80vol%程度の体積収縮を生じる。したがってビア穴埋め等の充填用として使用するには，塗布と硬化の工程を繰り返す必要がある。

これらのインクでは80wt%以上の高い金属濃度が可能であり，コロイド分散系としても良好な安定性を有している。基本スペックとして重要なのは，①低温焼成，②低抵抗値，③高密着性，④低体積収縮率，⑤高信頼性，⑥微細印刷性，⑦低コストの7項目である。これらの項目の同時

金属ナノ粒子ペーストのインクジェット微細配線

2.2.4 銅ナノペーストへのアプローチ

　金属ナノ粒子の特徴である融点降下現象は，酸化を受けにくい銀や金については研究事例が多いが，銅については信頼できるデータはあまりみられない。銅ナノ粒子の酸化過程がバルクと大きく異なるのは，室温付近での酸化進行の遅延である[4]。その結果，銅インクは室温でハンドリングする限りにおいては，非常に薄い酸化皮膜のまま利用することができる。

　このような薄い酸化膜を有する銅ナノ粒子を高濃度で溶剤中に分散したのが「銅ナノペースト」である[5]。酸化膜を除去する処方を組み込むことによって，銅ナノ粒子は容易に焼結し，低抵抗の銅薄膜を形成する。図5に示すように，250℃以上の温度ではわずか15分で比抵抗は$20\mu\Omega\cdot cm$以下にまで低下する。より低温側で緻密な内部構造の焼成を実現することが銅の課題であり，そのための方法論は多様である。どのアプローチが合理的かを判断するためには，得られる配線の性能と信頼性を実用的な観点から検証する必要がある。これらは現在進行中である。

2.3 インクジェットによるパターン形成

2.3.1 産業用インクジェット装置の印刷品質

　ナノペーストは，スクリーン印刷，フレキソ印刷，ディスペンス等，現在利用できるほとんどの印刷方式に適合するが，ナノサイズ粒子の特徴を最大限に生かせるのはやはりインクジェット印刷であろう。ここ数年のインクジェット関連の特許動向をみると，ヘッド構造や装置技術と並んで回路配線に関する出願が目立っている。また，MEMSツールとしての可能性を示唆する研

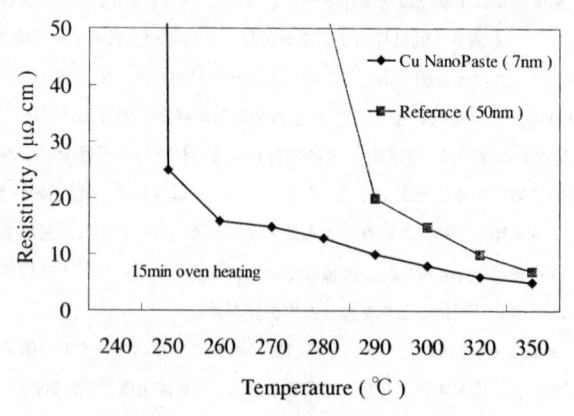

図5　銅ナノペーストの比抵抗と焼成温度との関係

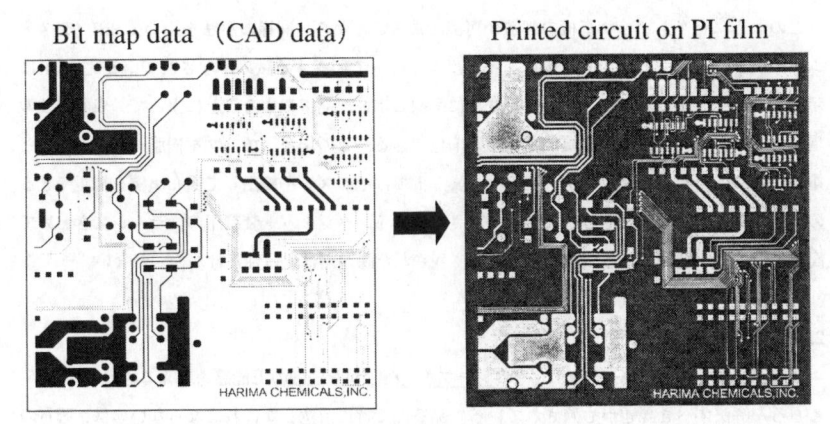

第3章　各社金属ナノ粒子の合成法とペースト特性

図6　銀ナノペーストによるインクジェット印刷
（CADデータとの比較）

究も現れるようになってきた[6]。

　インクジェット印刷では，基材の撥液処理とステージ加熱とのバランスが重要である。さらに配線形成では，マイクロバルジの発生を防ぐため，塗布のアルゴリズムにも留意しなければならない。これらのパラメータをうまく調整すれば，一般の産業用ヘッドでも50～70μmの解像度を実現できる。また，産総研で開発されたスーパーインクジェット技術を用いれば，上記のような特別な工夫なしで3μm以下の解像度を達成することができる[7]。

　インクジェットによる配線描画が実現すると，図6に示すようにCADデータからダイレクトに配線形成ができるようになる。煩雑な薬品処理が必要な従来のフォトリソ工程と較べて，必要な装置はインクジェット装置と加熱焼成炉だけのシンプルな構成となり，文字通りデスクトップでの回路基板の製造が可能となる。ほとんどすべての印刷工法がマスクを必要とするのに対して，インクジェットの持つこの「マスクレス」は最大の特徴であろう。設計変更を実基板に即反映できるため，回路設計・開発のための標準ツールとしての実用化がまずは期待される。

2.3.2　インクジェットによる基板試作

　図7に銀ナノペーストのインクジェット塗布により試作した5層ビルドアップ基板の外観と内層部の写真を示す。絶縁層は配線層の上に液状のポリイミドを塗布することで形成しており，基板全体の厚みは100μmに満たない超薄型となっている。配線の厚みは約5μm，絶縁層は15μmで，層内および層間の十分な絶縁性が確認されている。この印刷例にあるように，ベタ部と細線が混在するパターンはスクリーン印刷では一般に両立させることがむずかしく，インクジェット工法の良好なパターン追従性，言い換えればダイナミックレンジの広さを実証している。

金属ナノ粒子ペーストのインクジェット微細配線

　このようにビルドアップ基板の製造が可能であることから，同様の手法を用いてSiP（システム・イン・パッケージ）の多層配線をインクジェットで形成する試みがなされている[8]。図8に示すように，樹脂モールドされたチップ上に配線および部品搭載することによって，表面実装の場合と比較して同じ機能を大幅にコンパクト化できる。この場合，チップを樹脂モールドすると電極位置に狂いが生じやすいが，インクジェットではそのズレを検出して塗布座標を補正できるので，プロセス管理の厳密さも大きく軽減される。インクジェット装置用のステージにきわめて高精度のものが利用できる現状を考えると，残された課題点は生産性だけかもしれない。

2.4　今後の課題

　金属ナノ粒子による構造形成は，そのシンプルな概念から一種の万能感を与えるものであるが，もちろん解決すべき課題点も残されている。品質面で特に留意しなければならないのは，膜質のコントロールである。バルク金属に匹敵する高信頼性の焼成膜の形成方法についてさらに知見を深める必要があろう。膜質への影響因子にはインク処方と焼成プロセスの両方が関わっている。

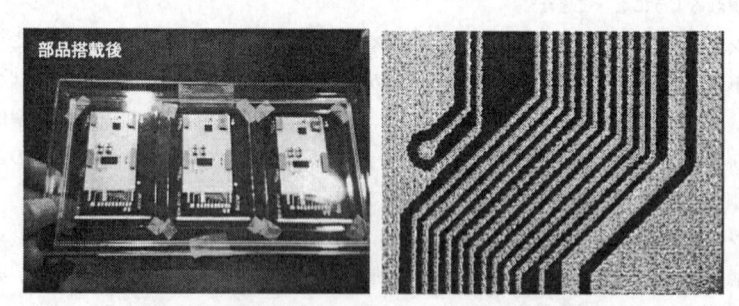

図7　銀ナノペーストで試作した多層基板モジュール（左）と内層部（右）

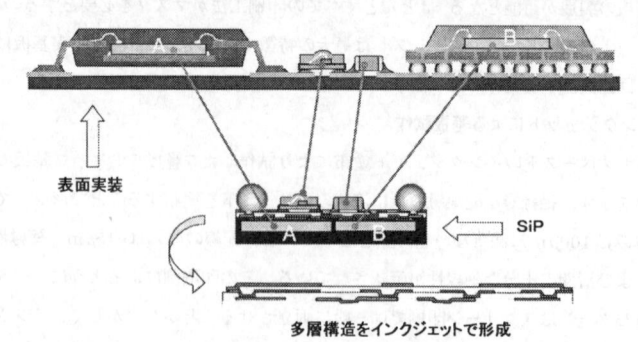

図8　SiP化によるコンパクト実装の実現

34

第3章 各社金属ナノ粒子の合成法とペースト特性

インクジェットの生産性ばかりが話題となることが多いが,同時に焼成プロセスの簡素化,短時間化も議論されなければならない。

今後はあらゆる材料がプリンタブルなインク化の対象になるものと思われる。材料系の多様化・高度化によって,インクジェット工法にさらなる革新がもたらされることを期待したい。

文　献

1) 菅沼克昭編著,"ここまできた導電性接着剤技術",工業調査会（2003）
2) Ph. Buffat *et al.*, *Phys. Rev. A*, **13**, No.6, pp.2287-2298（1976）
3) 松葉頼重,エレクトロニクス実装学会誌,**6**,No.2,pp.130-135（2003）
4) C. H. Chen *et al.*, *J. Phys. Chem. B*, **109**, No.44, pp.20669-20672（2005）
5) 松葉頼重ら,第45回銅及び銅合金技術研究会講演大会講演概要集,pp.25-26（2005）
6) S. B. Fuller *et al.*, *J. Microelectromechanical Systems*, **11**, No. 1, pp.54-60（2002）
7) 村田和広,エレクトロニクス実装学会誌,**7**,No.6,pp.487-490（2004）
8) 小田正明,電子材料,No.1,pp.55-59（2005）

3 金属錯体の熱分解法による金属ナノ粒子ペースト

中許昌美[*1], 吉田幸雄[*2]

3.1 はじめに

数〜数十nmサイズの金属ナノ粒子を主成分とする金属ナノ粒子ペーストの特長は、バルクの金属よりもはるかに低い300℃以下の焼成温度で、ポリイミドのようなプラスチック製基材に電子回路を形成することができること、また、スクリーン印刷で従来の導電ペーストで限界とされていた50μmよりも微細な20〜30μm程度のライン幅やライン間のピッチ（ライン／スペース）のパターン形成ができることである。さらにインクジェット印刷法との融合で、より微細な回路形成も可能であり、金属ナノ粒子ペーストは新しい材料として期待されている。

われわれは金属錯体の熱分解法およびアミン還元併用の熱分解で、金属ナノ粒子を大量製造できるプロセス[1,2]を開発し、金、白金、銀、パラジウム等各種貴金属ナノ粒子[3]、さらには金-銀、銀-パラジウム等の合金ナノ粒子のペースト化[4,5]に取り組んできた。

3.2 金属錯体の熱分解法による金属ナノ粒子の合成

われわれが開発した金属ナノ粒子の大量合成法の特徴について、金ナノ粒子を例にして説明する。金(I)錯体 $[R(CH_3)_3N][Au(SC_{12}H_{25})_2]$（$R=C_{12}H_{25}$, $C_{14}H_{29}$, $C_{18}H_{37}$）を熱分解すると、粒子径が5nm〜50nmに分布する平均粒子径26nmの球状の金ナノ粒子が得られる[1]。この合成プロセスでは、スキーム1aに示すようにチオレート配位子の還元的脱離作用によって金の還元が起こり、ジスルフィド $C_{12}H_{25}SSC_{12}H_{25}$ が生成する。液体のジスルフィドは溶媒として働くとともに、長鎖のアルキル鎖の効果で生成する金の粒子成長を抑制する効果も示す。一方、対カチオンには $(CH_3)_3N$ 部分が気体として脱離する仕組みにしてあり、残りの長鎖のアルキル基が生成する金粒子の保護基として作用する。その結果、熱的プロセスにもかかわらず、平均粒子径26nmの金ナノ粒子が得られる。この系では生成する金ナノ粒子の粒子径分布が幅広いものであったが、還元剤としても保護剤としても機能するアミンを共存させて反応を行うと、スキーム1bの反応機構によって前駆体の配位子からチオレート、スルフィド、他種のアミンを生成し、それらが全て金コアに対して保護作用を及ぼすことで、粒子径が7.5nmに制御された単分散の金ナノ粒子（図1）が得られる[2]。このほかにも、金(I)錯体 $[Au(C_{13}H_{27}CO_2)(PPh_3)]$ を熱分解すると、カーボキシレートとホスフィンで保護された平均粒子径23nmの単分散の金ナノ粒子をほぼ定量的に得ることができる[6]。このように前駆体の金属錯体に還元剤や保護剤になるパー

[*1] Masami Nakamoto 大阪市立工業研究所 電子材料課 研究主幹
[*2] Yukio Yoshida 大研化学工業㈱ 製造技術部 部長

第3章　各社金属ナノ粒子の合成法とペースト特性

(a)
$$\left[R-N\begin{array}{c}Me\\Me\\Me\end{array} \right] \left[C_{12}H_{25}S-Au-SC_{12}H_{25} \right] \xrightarrow{\Delta} \text{Au} + NMe_3 + C_{12}H_{25}S-SC_{12}H_{25}$$

trimethylamine　　　*disulfide*　　　　　　　Au nanoparticles stabilized
　　　　　　　　　　　　　　　　　　　　　　　by alkyl groups

(b)
$$\left[R-N\begin{array}{c}Me\\Me\\Me\end{array} \right] \left[\begin{array}{c}sulfide\\C_{12}H_{25}S\end{array} - Au - \begin{array}{c}thiol\\SC_{12}H_{25}\end{array} \right] \xrightarrow[\Delta]{amine} \text{Au}$$

tertiary amine　　　　　　　　　　　　　　　Au nanoparticles stabilized
　　　　　　　　　　　　　　　　　　　　　　　by tertiary amines, sulfides,
　　　　　　　　　　　　　　　　　　　　　　　and thiols

スキーム1　金(Ⅰ)錯体の熱分解と金ナノ粒子の生成機構

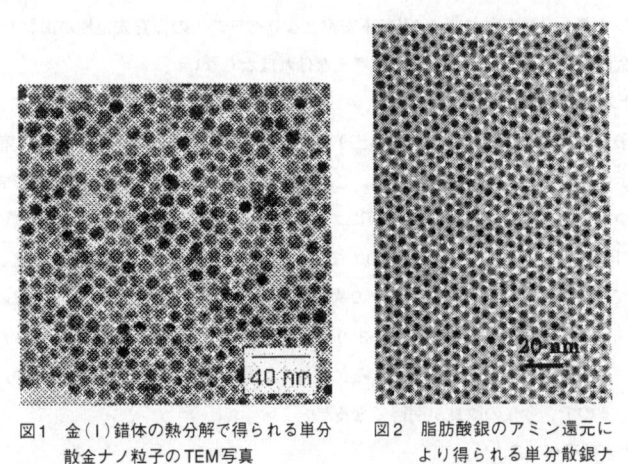

図1　金(Ⅰ)錯体の熱分解で得られる単分散金ナノ粒子のTEM写真

図2　脂肪酸銀のアミン還元により得られる単分散銀ナノ粒子のTEM写真

ツを組み込み，あるいは反応系に適当な反応試剤を共存させることによって，金属ナノ粒子を合理的に合成することができる。

　銀ナノ粒子については，脂肪酸銀の熱分解を200℃，5時間行うことにより，平均粒子径が5nmの単分散の銀ナノ粒子が容易に合成できる[7]。一方，脂肪酸銀をトリエチルアミンで還元すると，系中で熱的に不安定なアミン付加体が形成されるため，80℃，2時間という非常に温和な条件下で図2に示すような平均粒子径4.4±0.2nmの単分散の銀ナノ粒子が収率よく得られる[8]。

金属ナノ粒子ペーストのインクジェット微細配線

脂溶性の有機保護層の代わりに水溶性の保護基を導入することで，水溶性の銀ナノ粒子も直接合成できる手法[11]も開発した。

さらに金属錯体の熱分解法やアミン還元併用の熱分解の手法は，合金ナノ粒子の大量合成にも適用できる。脂肪酸銀と金(I)錯体 [$Au(C_{13}H_{27}CO_2)(PPh_3)$] を任意の比率で混合し，アミン中で熱分解することにより，仕込み比を反映した合金組成で，かつ，カーボキシレートで保護された金-銀合金ナノ粒子を合成できる[9]。同様にして，最近，銀-パラジウム合金ナノ粒子の合成プロセスも開発した[5]。

3.3 金属ナノ粒子ペースト

導電膜を形成するための金属ナノ粒子は，焼成する際に有機の保護層が脱離し，粒子が融合・融着して薄膜化する。プラスチック基材への回路形成を考えれば，より低温側で焼結現象を起こさせ，バルクの金属銀に匹敵する比抵抗の導電膜を形成できることが必要である。しかし，低温焼結を重視しすぎた設計をすれば，室温で不安定となりペーストの保存安定性が損なわれるので，それ相応の金属ナノ粒子ペーストの設計を考えなければならない。

3.3.1 金ナノ粒子ペースト

金ナノ粒子 Au-NP01（平均粒子径 7.84 ± 1.89 nm）により，ペースト中の金含有率が80.2％の高濃度金ナノ粒子ペーストが調合できる。この金ナノ粒子ペーストによる導電膜形成のための焼成条件について検討した。アルミナ基板にスクリーン印刷法で回路パターン（線幅1mm×全長50cm）を印刷し，300℃，400℃，500℃でそれぞれ30分焼成して導電膜を形成した。膜厚は3～4μmで，400℃以上の焼成でバルクの約4倍程度の比抵抗（約9$\mu\Omega$cm）を示した。一方，ポリイミドフィルムに適用可能な焼成条件300℃，30分では比抵抗30.8$\mu\Omega$cmであった。実際にポリイミドフィルムに膜形成を試みたところ，アルミナ基板と同等の比抵抗と比較的良好な密着性を示しているので，今後の改良が期待できる[5]。

3.3.2 銀ナノ粒子ペースト

銀ナノ粒子はその合成法や有機保護基の種類によって，平均粒子径が4nmから最大30nm程度のものまで種々選択することができる。例えば平均粒子径8.8nmの銀ナノ粒子は銀含有率が通常90％以上と高いことが特長であるが，有機保護基によって有機溶媒に対する良好な分散性を示すので，金属含有率50～90％のペーストに自由に調合することができる[4]。粘度は樹脂などの配合等によって変わるが，スクリーン印刷用であれば，200～600Pa・sのペーストに調合することができる。基材としてはガラス，セラミックスのほか，ポリイミド，ガラスエポキシ樹脂，PETなどに適用できる。プラスチック製基材上への導電膜形成の場合は，基材の種類に応じて焼成温度150～300℃，保持時間30～60分に設定することができる。

第3章　各社金属ナノ粒子の合成法とペースト特性

銀ナノ粒子ペーストNAG-01（粘度219Pa·s，銀含有率64％）で電子回路パターンをアルミナ基板上にスクリーン印刷し，300℃で30分保持する焼成プロセスにより形成した導電膜の膜厚は4.8μm，その比抵抗は3.28$\mu\Omega$cmで，バルクの銀（1.6$\mu\Omega$cm）の2倍程度であった。図3に焼成膜の表面および断面の電子顕微鏡（SEM）写真を示す。表面および断面ともにポアの発生もほとんどなく緻密な膜が形成されていることがわかる。

表1には銀ナノ粒子ペースト（NAG-01～NAG-05）による導電膜（300℃，60分焼成；基材，アルミナ基板）の評価結果を示す。銀含有率を62～72wt％にしたこれらの銀ナノ粒子ペーストにより，回路パターンを200meshのスクリーンで印刷した。焼成膜の比抵抗は5.8～23$\mu\Omega$cmであった。とくにNAG-02およびNAG-04の銀ナノ粒子ペーストでは，膜厚が約6μmで比抵抗はバルクの銀の約3.5倍であった。印刷条件を変えて，NAG-04のペーストを400meshのスクリーンで印刷し，同条件で焼成して得られる導電膜の膜厚は3.8μm，比抵抗は3.4$\mu\Omega$cmで，バルクの銀に対して2倍程度の良好な特性を示した。このように有機保護層の種類が異なる種々の銀ナノ粒子をペースト化すると，有機保護層の熱分解特性によって，銀粒子が融着を起こす温度を制御でき，焼成温度と保持時間を工夫して，さらに比抵抗を改善することが可能である。そこで新しく開発した銀ナノ粒子ペーストNAG-30～NAG-32（銀含有率ca. 80wt％，表1）を用いると，300℃，30分の熱処理でもNAG-30で2.80$\mu\Omega$cm，NAG-31で2.36$\mu\Omega$cmとなり，より優れた比抵抗をそれぞれ示した。導電膜の表面および断面の電子顕微鏡写真から，表面および断面ともに緻密な膜が形成されていることが分かった。

表1　銀ナノ粒子ペーストによる導電膜の評価
（焼成条件：300℃，60分/30分*，基材：アルミナ）

Ag Paste	Ag, wt％	膜厚μm	比抵抗$\mu\Omega$cm
NAG-01	70.1	8.4	23.0
NAG-02	70.8	6.2	5.8
NAG-03	62.0	6.3	11.0
NAG-04	72.0	5.6	5.8
NAG-05	71.4	8.9	13.0
NAG-30	89.5	6.0	2.8*
NAG-31	83.1	4.0	2.4*
NAG-32	86.1	4.0	6.8*

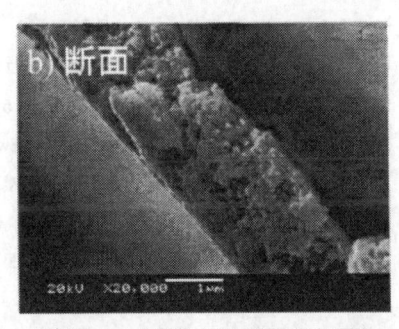

図3　銀ナノ粒子ペーストによりアルミナ上に形成された導電膜の（a）表面及び（b）断面のSEM写真

金属ナノ粒子ペーストのインクジェット微細配線

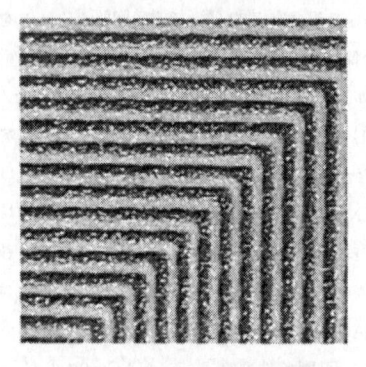

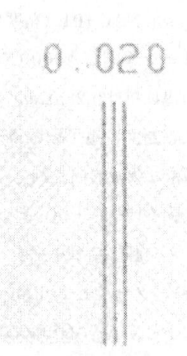

(a) L/S＝30/30μmの拡大写真　　(b) 線幅20μmのライン

図4　スクリーン印刷による微細回路パターン形成

従来の厚膜ペーストでは回路のライン／スペースは50μmが限界とされていた。しかし，銀ナノ粒子ペーストを用いると50μmよりもさらに微細な回路形成が可能である。図4aに銀ナノ粒子ペースト（NAG-01）で作成したライン／スペース30μm/30μmの微細パターンの拡大写真を示す。さらに最近ではライン幅20μmの

表2　銀-パラジウム合金ナノ粒子ペーストNAGNPD8515による導電膜の評価（基材：アルミナ）

焼成条件	膜厚μm	比抵抗μΩcm
300℃/30分	1.5	12.1
400℃/30分	1.4	10.4
500℃/30分	1.1	8.41

試作にも成功している（図4b）。将来的には半導体周辺回路に求められている10μmの微細電子回路形成が期待される。

3.3.3　銀-パラジウム合金銀ナノ粒子ペースト

新しい材料として銀ナノ粒子ペーストが注目を集める中で，われわれは金-銀合金ナノ粒子などの合成手法[9]をもとに，ユーザーが求めるマイグレーション耐性に優れた材料として，銀-パラジウム合金ナノ粒子ペーストを開発した[5]。われわれの製造法では，銀錯体とパラジウム錯体の仕込み比を反映した合金組成の銀-パラジウム合金ナノ粒子を容易に得ることができる。代表例として銀とパラジウムの組成比85：15（重量比）の合金ナノ粒子をペースト化したNAGNPD8515（ペースト中の金属含有率58.8wt%）による焼成膜の特性を表2に示す。合金ナノ粒子ペーストの焼成条件は，銀ナノ粒子ペーストに比べてやや高温化している。アルミナ基板上に回路パターンをスクリーン印刷し，300，400，500℃で30分焼成したところ，300℃および400℃では約10μΩcm，500℃焼成では8.41μΩcmの良好な比抵抗を示した。

この銀-パラジウム合金ナノ粒子ペーストによる焼成膜のマイグレーション耐性をウォーター・ドロップ法により評価した。この方法では，従来タイプの銀ナノ粒子ペーストNAG-10と銀-パ

第3章 各社金属ナノ粒子の合成法とペースト特性

ラジウム合金ナノ粒子ペーストNAGNPD8515を使用して，それぞれ0.75mm間隔で2本の電極を作成し（焼成条件300℃，30分）．滴下した蒸留水で2本の電極間を覆うようにした状態で3Vの電圧を印加したときに，陰極から陽極に向かう銀の移動をマイクロスコープで観察し，対極に到達する時間を測定した．この方法は作製する電極の膜厚，蒸留水の滴下量および電極に対する被覆量など，測定ごとに条件が異なるので相対的な比較しかできないが，銀ナノ粒子ペーストによる焼成膜（到達時間2分37秒）に比べて，銀-パラジウム合金ナノ粒子ペーストによる焼成膜（到達時間9分15秒）がマイグレーション耐性に優れていることが確認された．

3.4 まとめ

　金属ナノ粒子ペーストにより，現在では20μmのライン幅までスクリーン印刷法で微細電子回路パターンの直接描画が可能となった．銀ナノ粒子ペーストを中心に，金ナノ粒子ペースト，銀-パラジウム合金ナノ粒子ペーストなどの新しい低温焼成用金属ナノ粒子ペーストへの展開を進めている．最後に，金属ナノ粒子の高分散性という特長とインクジェット印刷技術との融合で，スクリーン印刷では実現が困難な超微細回路の直接描画の可能性が拡大しつつある[10]．プリンターヘッドから吐出される最小液量2plのインクが着弾し，直径15〜16μm程度の点のつながりで微細配線が直接描画できる．しかし，スクリーン印刷用のペーストとは異なり，インクジェットでは粘度を数十mPa·s程度と低くし，ノズル詰まりのない高分散性のインクに調合する必要がある．スクリーン印刷用のみならずインクジェット用金属ナノ粒子もまた，われわれにとっての課題の一つであり，有機溶剤系金属ナノ粒子から水溶性金属ナノ粒子[11]まで，新規な金属ナノ粒子の開発とその導電ペーストへの応用を進めている．

文　　献

1) M. Nakamoto, M. Yamamoto, M. Fukusumi, *J. Chem. Soc., Chem. Commun.*, 1622（2002）
2) M. Nakamoto, Y. Kashiwagi, M. Yamamoto, *Inorg. Chim. Acta*, **358**, 4229（2005）
3) 中許昌美，山本真理，科学と工業，**79**，27（2005）
4) 中許昌美，*Material Stage*，**3**(11)，35（2004）
5) 中許昌美，柏木行康，山本真理，垣内宏之，辻本智昭，吉田幸雄，MES2005 マイクロエレクトロニクスシンポジウム論文集，241（2005）
6) M. Yamamoto, M. Nakamoto, *Chem. Lett.*, **32**, 452（2003）
7) 中許昌美，長澤浩，特願H8-355318，特許登録第3205793号；M. Nakamoto *et al.*, *Thin Solid Films*，**327-329**，524（1998）

8) M. Yamamoto, M. Nakamoto, *J. Mater.Chem.*, **13**, 2064 (2003)
9) M. Yamamoto, M. Nakamoto, *Chem. Lett.*, **33**, 1340 (2004)
10) 松葉頼重．エレクトロニクス実装学会誌．**6**(2)．130 (2003)；齊藤　寛．上田雅行．松葉頼重．MES2004 マイクロエレクトロニクスシンポジウム論文集．189 (2004)
11) 柏木行康．山本真理．中許昌美．日本化学会第86春季年会 講演要旨集 (2006)

4 金属コロイド

田中雅美*

　当社では，ナノ粒子という呼称を使用せずその成り立ちから金属コロイド（Colloidal Metals）という呼び名を用いている。

　当社実施の世界各地での講演にて説明の通り，金属コロイドは中世から存在し教会のステンドグラスやベネティアングラス，本邦では江戸切子等での着色はこの金属コロイドをガラス中に分散しプラズモン発色により極めて褪色に強い着色を得ている事は既知の事である。

　金属コロイド自体は濃度さえ低くても良いなら中学校の化学実験室程度の環境で合成が可能である。この古くからある方法が金属コロイドを合成する為に用いられる化学法であり当社の合成方法もこの方式を踏襲している（図1）。

Plasmon color
- Clearer than dyestuff & faster than pigment -

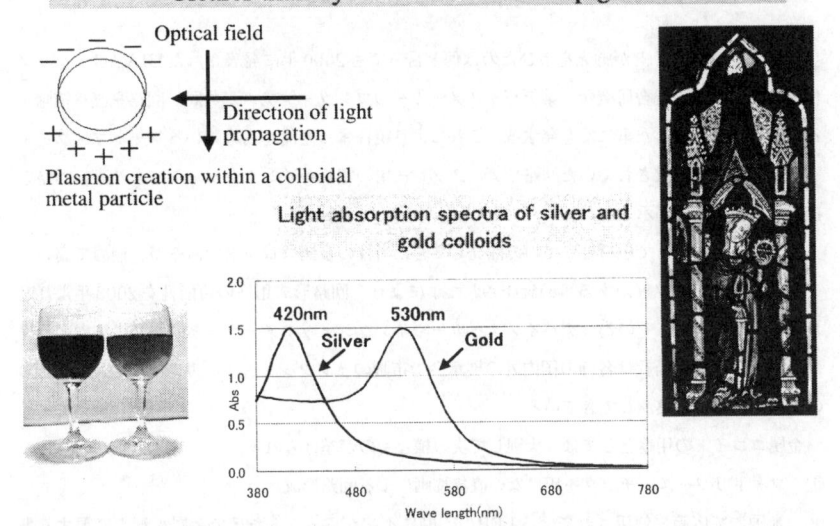

Optical field

Direction of light propagation

Plasmon creation within a colloidal metal particle

Light absorption spectra of silver and gold colloids

420nm Silver
530nm Gold

図1　金コロイド・銀コロイドの溶液の発色

＊　Masami Tanaka　日本ペイント㈱　ファインケミカル事業本部FP部
　　　　　　　　　　事業推進G　部長

金属ナノ粒子ペーストのインクジェット微細配線

　当社では、この褪色性の強さに着目し塗料にとり永遠の開発目標である紫外線に晒されても色彩が劣化しない着色材料として金属コロイドを開発した。ステンドグラスは厚みが数ミリである為、低濃度でも着色が可能であるが、塗料塗膜の膜厚である数十μでも着色可能な高濃度の金属コロイドが必要となった。その結果、常温でも極めて安定した粒径を維持出来る金属コロイドを開発するに至った。

　高濃度金属コロイドの先駆者は、ULVAC社である。同社が物理法で提案した事が私の記憶の限り最初である。同社はその優れた真空装置を利用し、金属コロイドを生産している。ULVACのこの方式は物理法と呼称され、当社が使用している化学法と共に金属コロイドの生産方式としては二分される方式である。物理法は化学法に比較しより小粒径で且つ粒径分布の狭い粒子を製造する点で化学法に勝っている。化学法は金属酸化物等を溶解し金属イオンを還元し金属結晶化する直前に保護樹脂を投与し粒子として安定させる事を特徴としている。化学法は初期投資金額が小規模である点と大きな粒径の粒子が取れる事に特徴があり、その利点を生かし当社では既に年間金属重量換算で年間2tの生産設備を有している。

　今日、金属コロイドが脚光を浴びたのは何と言っても2000年に発表されたULVAC・ハリマ化成・㈱産業技術総合研究所・某デバイスメーカーのコンソーシアムが共同し回路を直接描画する事が可能と発表した事に端を発する。これにより現在まで主流を占めているフォトマスク・エッチングにより形成されていた回路やディスプレー用の電極がインクジェットにより直接回路を描画出来る可能性が示された。
　開発以来、継続して色材としてのみ開発してきた当社の金属コロイドであるが、極めて高いインクジェットインク性がある事が確認された事により、回路形成用途の可能性を2003年より追及する事となった。その為、デバイスメーカーやインクジェットメーカーとの開発に注力する様になった。現実に当社は各種の国内外の展示会で市販のインクジェットプリンターを用いRFIDの模式回路を描画実演してきている。
　金属コロイドの用途としては、大別して次の様なものが挙げられる。
① 　フォトリソ＋エッチングを用いない直接描画による回路形成
② 　米国にて広範に使用されているLFPの印刷にインクジェットだけで金属光沢を表現する事が可能
　分野で分ければ回路形成と装飾に変化をもたらす物として大きな期待がある事は周知の事実であるが、先のコンソーシアムの発表以来5年を経過するも実際にナノ粒子を製品化・工業化した実績は残念ながらない。当社では、03年度から国内外に有償で銀を主体にした金属コロイドを

第3章　各社金属ナノ粒子の合成法とペースト特性

販売しているが，用途は開発・研究用であり一部少量では有るが着色材料に採用されているが限定的である。

金属コロイドが当初の期待に反して工業化されない理由は次のものがあると経験的に理解している。

① 高分子保護樹脂の存在により導通が困難

　小粒径の金属コロイドを常温で安定させる為には，高分子の保護樹脂が必要となりこの存在なしでは高濃度の金属を常温で安定して保持する事は困難である。しかしこの保護樹脂は基本的には抵抗体であり安定化と導通がトレードオフの関係にあり実用化を困難にしている（図2）。

　ハリマ化成では，特殊な捕捉剤と呼称する材料を開発し保護樹脂と反応させ保護樹脂を金属表面から剥離させ金属を溶融させる技術を発表している。

② インクジェットインクは低粘度であり形成膜厚が薄い

　一般にインクジェット用のインクはその機構上低粘度が条件となる。市販のデスクトップの場合は2cps以下，XaarやSpectraという世界的な工業用高粘度型インクジェットでも20cps以下でありどちらを用いてもその膜厚は400nm前後であり極めて薄い。この膜厚では，RFIDの様なアンテナ用途で極めて低い電流にて運用するもの以外は利用が出来ない。将来デバイスの消費電力が低くなる事は充分考えられるが現時点ではこの回路線厚では，断面抵抗が高過ぎ機能しない（写真）。

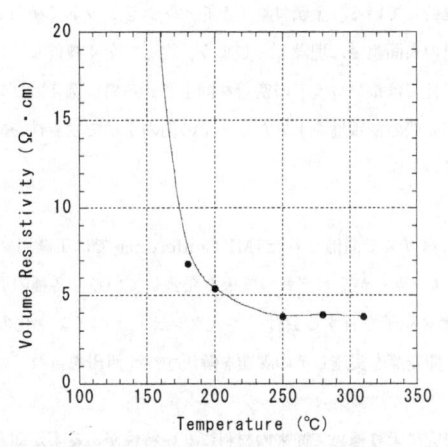

図2　銀薄膜体積抵抗値の焼成温度依存性 "当社銀ナノ粒子で形成した薄膜の特徴"
　　　塗布；ガラスにスピンコート，膜厚；0.4μm，
　　　焼成；電気炉（大気中）
　　　銀ナノ粒子；ファインスフェアSVE102
　出典：日本ペイント㈱　ファインケミカル事業本部FP部　精密化学品グループ　2004.12.6 Confidential

金属ナノ粒子ペーストのインクジェット微細配線

写真　銀コロイド，インクジェットにて市販のフォトペーパーに印字した断面写真

積み重ねて厚みを増すという事も考えられるが低粘度の為．積み重なるより横に拡がる方が大きく精緻な回路を形成出来ない。
③ **密着性が保てない**

まず，プリント配線基盤の様な回路では銅箔は鍍金でガラエポの上に付けられるが最近薄くなる傾向とは言え，20〜30μの厚みがある。密着は基材の約5μの表面粗度の上に鍍金しアンカー効果により密着性を維持している。金属コロイドをインクジェットで塗布した場合前述の如くその膜厚の薄さから基材の表面粗度に埋没してしまう。従って全く機能しない。電極形成の場合基材はガラスになるが当社では銀コロイドの密着を向上させる為に例えばビスマスコロイドを用い低温溶融性で基材と銀の間の密着性を上げたり．その他の手法で密着性を向上させたりしているが課題は積み残されている。

2005年10月にラスベガスで開催されたIMI Conferenceでは工業用ノズルメーカーやSun Chemicalの様な化学メーカーがそれぞれの成果を発表している。各種の展示会でも上記の課題を有しながらも金属ナノ粒子を有する会社・インクジェットのインク化の会社・ノズルメーカー・最終顧客が共同で開発等を実施しその課題を解決すべく研鑽を重ねている。

金属コロイドは．研究により極めて従来の材料にない特性がある事が知られている。銀で言えば粒径が10nm程度のもので常温で存在するものは今までは存在しないものであり．次の様な事が実験の結果知られている。

第3章　各社金属ナノ粒子の合成法とペースト特性

① 　常温でも溶融

　一般に銀の溶融温度は常圧で971℃であるが，条件により室温下でも溶融が確認されている。これは粒径が極めて小さい為，表面エネルギーが高く金属コロイドを覆っている保護樹脂が少しでも薄くなると金属表面エネルギーとのバランスが壊れ溶融が開始されるものと推測される。これを突き詰めて行くと導通を取る為には必ずしも小粒径が優位とは断定出来ず，溶融可能な大粒径品の方が溶融開始の温度条件等低く有利な場合もある。つまりは小粒径品は質量に対する表面エネルギーの高さにより安定化の為にはかなりの厚みの保護樹脂を必要とし，大粒径品は直径比では小粒径品に比較し保護樹脂のレシオが低い事に由来する。

② 　合金

　一つ一つがナノレベルの粒径で界面を有しクラスター状の原子が繋がった状態の金属コロイドを混合し加熱等の処理にて溶融させる事により，良い意味でも悪い意味でも従来の概念と異なる金属コロイド合金が形成され，その混合レシオやこの位置を制御する事により強磁場や強耐酸性を有する素材が形成される可能性がある。北陸先端科学技術大学院大学等でもこの種の研究成果が発表され将来的には有益な用途開発がなされる可能性がある。

　従って当面は，低温溶融性を生かした用途開発が今後も進み，インクジェットノズルメーカーとの共同開発等で新しい用途が開かれると考えられる。

5 藤倉化成のナノ粒子利用導電性ペースト

本多俊之*

5.1 はじめに

我々は，耐熱性の乏しい被塗物にも適用できる温度で硬化処理を行なうだけで，高導電性が発揮できるような導電性ペースト材料を目指して研究を続けている。その中で㈱フジクラと共同で行なった研究の中から，独自の塗膜形成機構を採用して150℃から200℃の温度と30分以内の硬化条件で，低抵抗の金属並みの導電性が発現するようなペーストが開発できた。プロトタイプの市場サウンドを行なっている。

その塗膜形成機構で使用される導電性フィラーは結果的にナノメートルサイズとなった。しかし，シングルナノメートルのオーダーまでは必要がないことが分かっており，数十nmから数百nm程度の大きさになっている。また，金属酸化物と有機金属化合物を利用しているところから，金属そのものを利用するものとは一線を画すると考えている。できるかぎり本書の趣旨に添った面から我々の導電性ペーストを概説する。

5.2 導電性ペースト材料の導電性

有機物である高分子そのものに導電性が付与できれば優れた材料になるのは想像に難くないが，実現している導電性高分子は通常の樹脂のように手軽に扱えるものではない。高分子の導電性発現にはπ電子を利用するため，共役二重結合が連続しているような構造となる。そのために導電性高分子は一般に，結晶性が高く，有機溶剤にもほとんど溶解しないため，限られた用途にしか適用できない。すなわちモノマーから重合を行ないながら成型ができるようなアプリケーションである。

現在広く使用実績のある導電性ペーストは，高分子材料と導電性フィラーを利用したものである[1]。導電性ペースト材料は液状で供給されることが基本で，塗布の工程までは液体であることが必須である。そのために金属などの材料を粉体に加工して，フィラーの状態で液体中に分散し，液状を保って供給される。ユーザはこれを適切な方法で塗布・パターン形成し，硬化することで所望の特性を発揮させる。

導電性ペースト材料が日本の電子部品業界に登場したのは1950年代である[2]。それ以前にも米国では深い研究がなされていた。以来50年近くの長年にわたって使用され続けている。その完成塗膜の導電性とそれを実現するための硬化温度の関係はトレードオフであった。低温で処理して，高導電性が発現する材料の開発は，常に課題であった。低温で金属並みの導電性を得る技

＊ Toshiyuki Honda 藤倉化成㈱ 電子材料事業部 技術開発部 部長

第3章　各社金属ナノ粒子の合成法とペースト特性

術のブレークスルーがここ数年で各種発表されている。

　導電性ペースト材料の硬化（焼成）温度と，実現できる塗膜の電気抵抗値の概念を図1に示す。従来はポリマー型と高温焼成型が二大勢力であった。200℃以下で低温硬化できるポリマー型の材料では$2×10^{-5}Ω·cm$程度の比抵抗が下限で，高温焼成型では$3×10^{-6}Ω·cm$程度の比抵抗が実現できるが，500℃以上の高温焼成が必須であった。ポリマー型と高温焼成型の塗膜電気抵抗の相違は塗膜内に分散している導電性フィラー間の抵抗値によるものである。

　ポリマー型ではそのフィラーをバインダで固定して導電性を得ている。しかしフィラーどうしは接触しているだけで，フィラー間の粒界には接触抵抗値が存在し，これが障害で一定以下の比抵抗は実現できなかった。使いやすい硬化温度が特長であるが，導電性には制限があるのがポリマー型である。有機物一般のように耐熱性の乏しい材料には効果的な材料である。

　高温焼成型では硬化途上で有機物は分解・揮散し，最終塗膜には有機物が残らない。無機物であるフィラーが残り，高温で焼成されることにより粉末冶金の要領でフィラーが融着する。その結果，間隙がなくなり，電子の移動が自由になり，比抵抗が下がる。$μm$サイズの金属フィラーでは融着のために高温が必要で，例えばmp962℃の銀であれば，500℃で緩やかに融着が始まり，緻密な塗膜を得るためには800℃以上が必要である。高導電性が得られるが，高温に耐える被塗物にしか適用できないのが高温焼成型である。セラミックスやガラス，琺瑯などの基材には効果的に使用できる材料である。

　我々が新たに開発したペースト材料は，新しい原理で塗膜を形成し，その塗膜は従来技術で実現不可能であった高導電性を低温硬化で実現することができる。

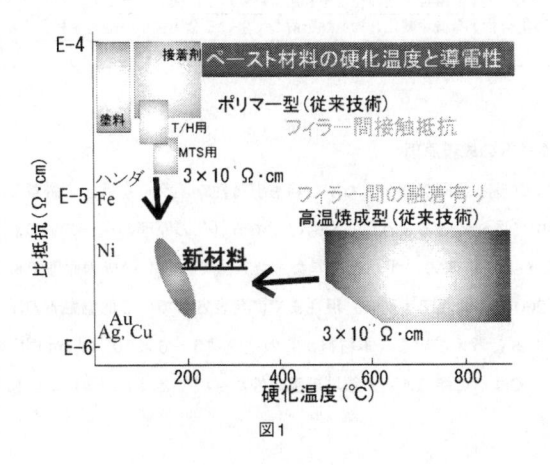

図1

5.3 高導電性実現への取り組み

　導電性ペースト材料で高導電性（低電気抵抗）を得るためには，フィラー間の融着を実現することが必須であると考えられる。高温で処理すれば融着を実現することは容易である。しかし，有機物の上で使用できる程度の温度範囲で，融着をいかに実現するかがポイントであり，工夫が必要な部分である。最近の五年間に比較的低温でフィラー間の融着を実現する技術が多数開発され，発表されている。これらの方法には個々に特徴があり，一長一短があり，いずれが主流になるのかは予断を許さない。いずれの方法が採用されるにしても材料とアプリケーションのマッチングのために深い検討が必要であろう。

　低温でフィラーの融着を実現する方法を著者が分類したものを表1に示す。ナノ金属粒子を利用するものは最も発表が多く，他の項でも詳述される。

　低融点の金属粒子を利用する方法は，融点の低い金属または合金を粉末状に加工し，何らかの方法でパターンを作成し，融点以上に加熱することにより溶融させ一体化するものである。引き回し回路のような用途では成膜するのが難しいが，多層基板のビアのような用途では効果的で，実績のあるアプリケーションも出てきた。ただ，この工法に使用されている金属フィラーはマイクロメートルのオーダーで十分である。溶融温度を下げるという意味では銀のフレークの厚みを非常に薄くすると，ナノ効果が出るというものや，フィラーそのものの大きさはマイクロメートルサイズであるが，結晶そのものをナノサイズにして焼結温度を下げるというような発表もあった。酸化銀の還元と有機銀化合物の分解の利用に関しては次節以降に詳述する。

表1　低温でのフィラー融着の技術

ナノ金属粒子	金属でナノ粒子を作成，融点降下を利用して粒子を融着させる
低融点金属	低融点金属の粒子を利用，融点以上に加熱することでバルク金属生成
有機金属化合物	有機金属化合物を熱分解して生じる金属粒子の融着を利用する
酸化銀	酸化銀の還元を利用して融着させる

5.4　ナノドータイトの成膜原理

　藤倉化成がフジクラと共同で開発した本材料も導電性フィラーを低温で融着して，連続的な導電性経路を塗膜中に形成できるようにしたものである（この原理のペーストの商標をナノドータイトとした）。しかし，従来のいずれとも異なった方法で，新しい成膜原理である。フィラー間の融着を150〜200℃の低温で実現し，現在までに発表されている低温融着の試みの中で最も低温硬化が可能であると考えている。本材料からの塗膜は$3〜6\times10^{-6}\Omega\cdot cm$程度の抵抗値が実現でき，従来の工法では不可能であった領域の導電性が実現できる。以下にこの粒子融着を得る基本的手法を述べる。

第3章 各社金属ナノ粒子の合成法とペースト特性

いずれのタイプも,酸化銀または有機銀化合物から発生する,活性な銀のナノ粒子を活用して塗膜を生成するもので,低温でフィラーの融着した構造を得ることができ,フィラーが融着しているために高導電性の塗膜となる。本原理で生成する塗膜は,完全硬化するとほとんど純粋の銀からなる。

5.4.1 酸化銀微粒子

酸化銀（Ag_2O）は貴金属の酸化物であるので,還元されやすい。160℃以上に加熱されると酸素を離して銀に戻ることが知られている。すなわち酸化銀は空気中で自己還元することが可能である。また低温であっても適切な還元剤を併用すると容易に還元される。

$$2Ag_2O \rightarrow 4Ag + O_2$$

適切な方法で酸化銀の微細粒子を作成し,その微粒子状態で還元すると,銀に変わる途上で粒子が融着することを我々が見出した。結晶状態が酸化物から金属に変化する過程で接した粒子間で融着が起こる。我々はこの融着に使える粒径サイズの酸化銀粒子を生成する方法を確立した。融着させるための酸化銀の粒度は重要である。概略数十nmから$1\mu m$程度で,ある程度粒度の幅を持ったものが好ましい。

低温でフィラーを融着させる第一の原理はこれを使用している。適切な還元剤を組合せると,150℃前後に加熱することで金属光沢をもつ銀塗膜が生成するようになる。酸化銀の結晶は黒色で,これを塗布・熱処理することで,白色の銀塗膜に変わる様は非常に判りやすい。この塗膜のSEM写真を図2に示す。酸化銀の比重は約7.2で,銀に変わると10.5であるので,体積が三割ほど減少することになる。元の充填も完全に密というわけではないので,写真のようにスポンジ状

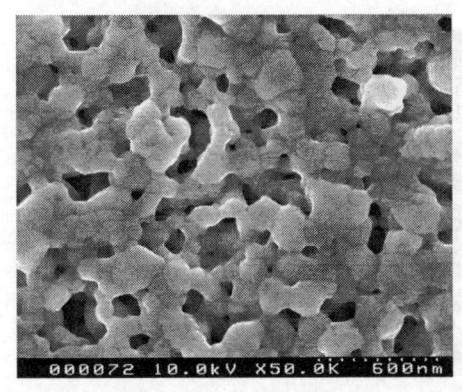

図2 タイプⅠの硬化塗膜

のポーラスな組織となっているが，粒同士は融着しており，金属並みの導電性になっている。

酸化銀は金属ではないのでペースト液中では安定である。また数十から数百nmという大きさからも保護コロイドの量はごく少量で安定化が可能である。この保護コロイドが少ないことが低温で短時間硬化には有利に働く。

5.4.2 有機銀化合物からのナノ粒子

一般に有機金属化合物を熱分解すると有機物の部分は分解して低分子物質となって揮散し，金属のみが残留する。有機銀化合物を適切な方法で分解すると，銀粒子が発生し残留する。この方法は金属ナノ粒子を製造する際にも用いられる方法である。

$$R-Ag \rightarrow Ag + R_1 \uparrow + R_2 \uparrow + \cdots\cdots$$

有機金属化合物の分解温度はその有機部分の分子構造に依存し，一般的には300℃以上である。我々は銀を利用した有機銀化合物で，有機部分の構造に着目して検討した結果，150～180℃で分解する構造を見出した。この有機銀化合物は比較的低温で分解し，銀の微粒子を発生することができる。

卑金属の有機金属化合物から発生する金属は空気中で分解すると即座に酸化物として生成するために融着させることは難しいが，銀の微粒子は酸化することがなく，かつ非常に活性である。そのために連続皮膜を生成させやすい。実際に我々の作った化合物を利用した配合物を塗布して150～200℃に加熱することで，金属光沢をもつ銀塗膜が生成する。有機銀化合物から生成した塗膜の表面写真を図3に示す。

この方法で塗膜を作ろうとする際には，有機物から微粒子を発生させ，すぐに塗膜として融着させてしまうことが特長といえる。ナノ粒子を利用する際に一旦ナノ粒子の状態で安定な分散状

図3 タイプⅢの硬化塗膜

第3章 各社金属ナノ粒子の合成法とペースト特性

況を作るのは難しい。ナノ粒子は反応性に富むために液中であっても容易に融着し，粒度が大きくなるからである。そのために金属粒子表面に保護コロイド層を設けて分散中は金属同士が接しないような工夫が必要である。しかし硬化する際には保護コロイド層は邪魔であるので，できる限り低温短時間で消失する必要がある。ナノ粒子応用の導電性ペーストでは硬化の熱量の多くがこの保護コロイドを分解揮散するために使用されている。

有機金属化合物の分解で得られる工程ではナノ粒子の発生と融着が同時に進行することが望ましく，保護コロイドの必要もないため，一般に低温硬化が可能になる。

有機銀化合物は有機物で，低分子であるので，有機溶剤に溶解することが可能である。その際に良溶媒を選択すると，低粘度の溶液にすることが可能である。この低粘度を活かしてインクジェットによる塗布が可能となっている。

5.4.3 併用型

上述の酸化銀と有機銀化合物を併用することで，さらに高導電性の塗膜が実現する。適切な配合割合で酸化銀と有機銀化合物を混合したペーストを作成してパターンを作る。この系を加熱することで，以下のような推測経過を経て塗膜が生成する。酸化銀の還元は無機の反応であるので，比較的早く完了し，まず大きな網目の塗膜が出来上がる。有機銀化合物の分解は有機の反応であるので，比較的ゆっくりと進行する。酸化銀から発生した塗膜の隙間を，有機銀の分解で生じた小さな粒子の銀が埋め，緻密な塗膜が生成する。この原理に基づく組成物から生じる塗膜は，熱処理条件を選んで$3\times10^{-6}\Omega\cdot cm$を下回るような比抵抗の塗膜を得ることができた。この値は現状のチャンピオンデータであろう。この塗膜のSEM写真を図4に示す。この写真程度の塗膜になると比重は8前後まで上昇する。

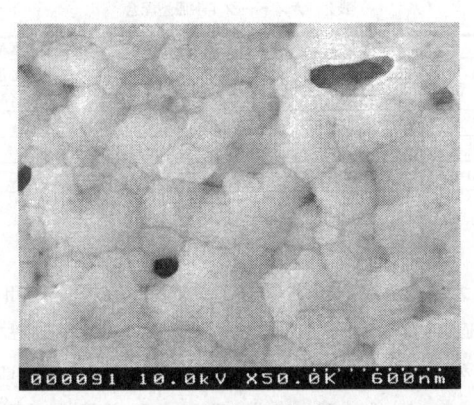

図4 タイプIIの硬化塗膜

5.5 ナノドータイトの特長

以上の成膜原理から本材料には次に上げるような特長がある。

(a) 高導電性：従来は高温焼成ペーストでなければ実現できなかった $10^{-6}\Omega\cdot cm$ レベルの高導電性が 200 ℃以下の低温硬化で実現できる。

(b) コスト低減：導電性ペーストの特長である塗布と硬化の二工程で塗膜が完成するため、蒸着やエッチングに比較し、設備費の低減、工程の短縮などコスト低減の可能性がある。

(c) 基材の可能性：被塗布には耐熱性のないプラスチックなどの安価な材料が選べる可能性が拡がる。また熱によって特性の変化するような材料にも適用できる可能性が拡がる。

(d) 環境に優しい：必要な箇所にのみ塗膜を付加する工法なので、エッチングに比較して廃液や不要金属などが出ないため、環境負荷が低い工法が可能となる。硬化温度が低いので、電力節減効果も期待できる。

(e) ファイン化対応：使用するフィラーサイズが小さいので、ファインライン、ファインピッチ対応の可能性を持っている。

(f) 塗布の多様性：有機銀化合物は分散ではなく、溶液として供給でき、このタイプの組成物は、塗布工程に可能性が拡がる。

5.6 プロトタイプの配合

以上述べてきた原理を応用して原型配合のペーストをサンプル供給することが可能である。その概要を表2に示す。いずれも 150 ℃から 200 ℃の温度で硬化して、$10^{-6}\Omega\cdot cm$ 台の比抵抗を実現できる[3]。

表2 ナノドータイト原型配合

	タイプⅠ	タイプⅡ XA-9024	タイプⅢ XA-9069
構成	Ag_2O、還元剤	Ag_2O、有機銀化合物	有機銀化合物
	有機溶剤	有機溶剤	有機溶剤
粘度	中	高	低
塗布法	印刷	スクリーン印刷	インクジェット、コータ
比抵抗（$\Omega\cdot cm$）	6×10^{-6}	3×10^{-6}	5×10^{-6}

5.7 おわりに

高解像度が必要なプリント基板では回路の形成にフォトリソグラフを使用して、幅 $20\mu m$ 程度のファインな銅箔の回路を作ることができる。一方、印刷などの簡便な工法で回路を形成することも行なわれているが、幅 $100\mu m$ 程度の回路の量産が限界であった。これはフィラーのサイズが阻害要因として大きかった。ナノメートルサイズのフィラーを使用することにより初めてファ

第3章　各社金属ナノ粒子の合成法とペースト特性

インな回路幅に挑戦できるのである．しかし，幅が狭くなり，つられて膜厚も確保できなくなるために，回路抵抗も大きくなる傾向になる．それを食い止めるためにも塗膜の高導電性が求められる．我々の材料はフィラーを小さくし，かつ低温でフィラーを融着することにより高導電性を実現しているので，ファインな回路に挑戦できる資格があるものと自負している．

文　　献

1) 英一太，ハイブリッド回路用厚膜材料の開発，シーエムシー出版（1988）
2) 菅沼克昭，ここまできた導電性接着剤技術，工業調査会（2004）
3) 本多俊之他，"低温硬化・高導電性ペースト材料の印刷適性改善"，第17回エレクトロニクス実装学会学術講演大会講演論文集（2003-3）

6 低温焼成ナノ粒子

畑　克彦*

6.1 はじめに

　物質をナノサイズレベルまでに微細化していくと，バルク状態では得られない新機能が発現するため，化学・電子・電気・光・触媒・セラミックス・機械等の広範な産業分野への利用に関して盛んに研究が行われている[1～3]。当社では，金ナノ粒子，銀ナノ粒子，銅ナノ粒子をはじめとする金属ナノ粒子や蛍光体ナノ粒子の創製ならびにこれらナノ粒子表面へのコーティング技術（コア／シェル粒子化技術），官能基導入等の化学修飾技術に関して研究を行ってきた。その中で，銀ナノ粒子に関しては銀が金属中最高の導電性を有する点に着目し，電気配線形成に適用するための導電材料としての開発に取り組み，特にポリエステル等の汎用的な樹脂基板や樹脂フィルムへの適用を可能とするために，導電性発現に必要な焼成温度の低下，すなわち銀ナノ粒子の低温焼成化に注力してきた。本稿では，当社での銀ナノ粒子の検討結果に基づき，低温焼成化に影響を及ぼす因子ならびに当社の銀ナノ粒子の特長等について解説する。

6.2 低温焼成に影響を及ぼす因子について

　当社では，多様な機能の付与が容易であり，最も工業的規模での生産に適した水相下の化学還元法を採用し，銀ナノ粒子を作製している。銀イオンと還元剤とを反応させる粒子生成・成長過程において，ナノ粒子の貯蔵安定性や焼成性能，基材密着性等を付与するための保護剤や各種添加剤を配合する。粒子成長を完結させた後，反応液中の触媒や反応残渣，遊離している保護剤等の不純物の除去を行い，焼成温度を最適化するための粒径分布調整，固形分調整や溶媒置換等を行っている。

　上記した粒子生成・成長過程での還元剤や保護剤，その他添加剤等を変えることにより，さまざまな特性を有する銀ナノ粒子を作製することが可能であり，当社ではこれに基づき各種銀ナノ粒子を設計・作製している。

　はじめに，銀ナノ粒子の焼成性能やその他特性に影響を及ぼす因子に関して解説する。

6.2.1 粒子径の影響

　粒子径を小さくすると，粒子の比表面積が増加する。それに伴って，粒子表面の活性・反応性が上昇し，焼成温度が低下するとされている。一方，粒子表面積が増大すると粒子に吸着している保護剤量も増加する。この保護剤は導電性阻害成分として作用する有機物であるため，実用的な低温焼成化達成のためには粒径依存する粒子表面活性と保護剤量とのバランスにより設定さ

＊　Katsuhiko Hata　バンドー化学㈱　開発事業部　技術部　技術部長

第3章 各社金属ナノ粒子の合成法とペースト特性

れる適切な粒子径範囲が存在すると考えている。

6.2.2 残留有機物の影響

銀ナノ粒子表面に吸着している保護剤や精製等で除去できなかった遊離保護剤、反応残渣、各種添加剤等を残留有機物と称しており、当然のことながら、これら残留有機物は導電性の発現を阻害する。当社では、残存有機物量を銀ナノ粒子（溶媒は十分に除去したサンプル）の熱重量分析（500℃までの昇温過程での加熱減量）で評価を行っており、例えば低温焼成タイプSL-40では、数％以下（対比銀重量）に制御している。

また、残存有機物は、焼成などの加熱時に揮発しやすいが、この加熱焼成時の揮発量が多いほどナノ粒子により形成される導電膜の体積収縮が大きくなり、クラック等を生じさせ、実用上大きな問題となる。なお、当社の低温焼成タイプSL-40においては体積固有抵抗が$10^{-6}\Omega cm$台となる温度域までの揮発量を1％未満に制御している。

6.2.3 保護剤の影響

保護剤はナノ粒子成長やナノ粒子の液中での分散安定化のために必要であるが、それ自体は電気絶縁性を有するため銀ナノ粒子形成薄膜の導電性発現に対しては悪影響を与えることは前記した通りである。

一方、銀ナノ粒子の焼成は粒子表面に吸着した保護剤の脱着・移動により進行すると推定しており（次項参照）、それ故保護剤は焼成性能に直接影響を与える重要な因子として位置付けられる。分散液中では粒子表面に強固に吸着し、加熱焼成に際してはより低温で容易に粒子表面から脱着・揮発するものが好ましいが、これに該当する保護剤は極めて少ない。

6.3 銀ナノ粒子の焼成プロセスについて

図1には、当社の低温焼成銀ナノ粒子分散液（SL-40）の動的光散乱（DLS）粒子径分布、図2には室温乾燥、120℃焼成後および180℃焼成後の薄膜表面の電子顕微鏡（SEM）像を示した。室温乾燥後SEM像において、DLS測定粒子径より大サイズ粒子が多数観察されることより、ナノ粒子分散液から室温乾燥の過程において、まず小さな粒子が複数個集まって粒子径が大きくなったものと考えられる。その後は、焼成温度が上昇するに従い、粒子同士が接触している境界部分から融着が進行していることが図2より確認される。

また、各温度で焼成した薄膜の体積収縮率を測定したところ、120℃以上の焼成温度領域においては、明確な体積収縮は認められなかった。よって、焼成温度上昇に伴う体積固有抵抗の低下は薄膜中の空隙減少を伴わないナノ粒子同士の融着によるものと推定している。

なお、TGAによる熱重量変化とSPMの電流分布測定により、保護剤を主体とする残存有機物が加熱焼成により、揮発ならびに移動していくことを示唆する結果が得られており、焼成プロセ

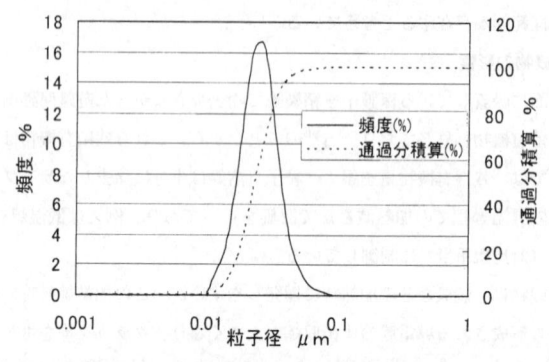

金属ナノ粒子ペーストのインクジェット微細配線

図1 低温焼成タイプSL-40の粒度分布

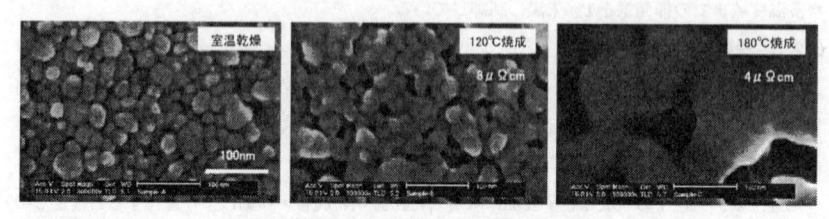

図2 低温焼成タイプSL-40導電膜のSEM像

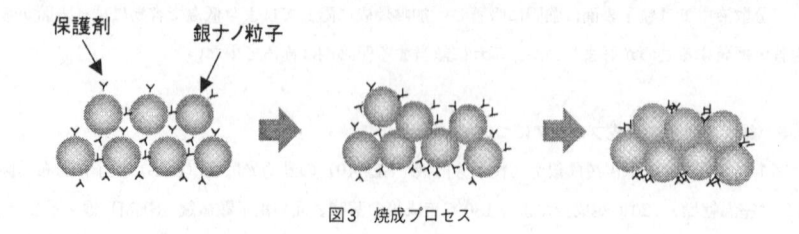

図3 焼成プロセス

スは図3に示した模式図のように，粒子表面に吸着した保護剤が加熱等の刺激により移動し，保護剤が脱着した粒子同士が融着するものと考えている．

6.4 当社の銀ナノ粒子の特長について

表1には当社の銀ナノ粒子導電材料の標準グレードを示した．SL-40が低温焼成タイプであり，SM-40，SH-40の順に必要な焼成温度が上昇していく．これらはいずれも銀固形分40重量％に調整された水分散液であり，実使用においては，分散媒である水の各種溶媒との置換や高濃度化等の調整を行っている．

58

第3章 各社金属ナノ粒子の合成法とペースト特性

図4には各標準グレードの焼成温度とその際に得られる体積固有抵抗の関係を示した。$10^{-6}\Omega cm$ 台に到達する温度領域は，SL-40で120℃以上，SM-40で180℃以上，SH-40で200℃以上となっている。また，SL-40は，100℃以下の極めて低温である焼成温度領域においても$10^{-4}\Omega cm$ 前後の体積固有抵抗を示す。これら焼成温度が異なる各タイプは，前記した還元剤，分散剤ならびにその他添加剤が異なっており，焼成温度以外の特性も大幅に異なる。

当社の銀ナノ粒子導電材料（銀ナノ粒子分散液）は，分散媒を水主体で構成していることを大きな特徴としている。本材料を取り扱う装置や周辺設備の安全上の設計や配慮に対して有利であ

表1 銀ナノ導電材料の標準グレード

	型番	SL-40	SM-40	SH-40
	特徴	低温焼成型	ITO密着型	一般密着・低抵抗型
液特性	外観	暗褐色液状	暗褐色液状	暗褐色液状
	粒子径（nm）	20～40	20～80	20～30
	金属含有率（wt%）	40	40	40
	溶媒・希釈剤	水，アルコール		
	粘度（mPa·s）	2～15	2～15	2～15
	比重（g/cm³）	1.6	1.6	1.6
	硬化温度（℃）	100～200	160～250	180～300
	印刷対象基材	PET, PEN, ガラス	ITOガラス，ガラエポ，PI	ガラス，ガラエポ，PI
	保管条件	常温下1ヶ月（推奨8～10℃）		
硬化膜特性	外観	金属光沢皮膜	金属光沢皮膜	金属光沢皮膜
	硬化後厚み（μm）	～1	～1	～1
	金属含有率（wt%）	95以上	95以上	95以上
	抵抗率（μΩcm）	8.0@120℃×20min	4.0@200℃×20min	8.0@200℃×20min 3.5@250℃×20min
	密着性	専用表面処理層と併用	ITOに密着性良好	各種基材に良好

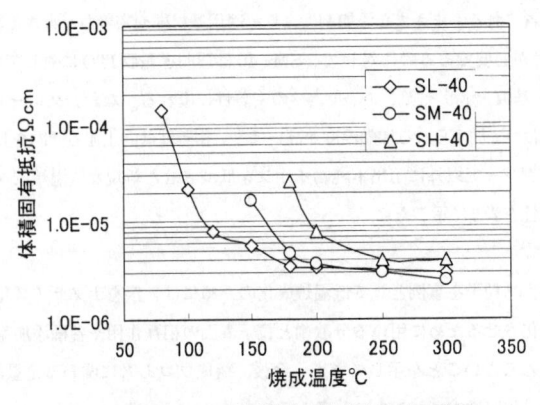

図4 標準グレードの焼成温度と体積固有抵抗の関係

金属ナノ粒子ペーストのインクジェット微細配線

表2 高純度グレード

<table>
<tr><th colspan="2">特徴</th><th>低温焼成型</th></tr>
<tr><td rowspan="8">液特性</td><td>外観</td><td>暗褐色液状</td></tr>
<tr><td>粒子径（nm）</td><td>20～40</td></tr>
<tr><td>金属含有率（wt%）</td><td>40</td></tr>
<tr><td>溶媒・希釈剤</td><td>水，アルコール</td></tr>
<tr><td>粘度（mPa·s）</td><td>2～15</td></tr>
<tr><td>比重（g/cm^3）</td><td>1.6</td></tr>
<tr><td>硬化温度（℃）</td><td>120～200</td></tr>
<tr><td>印刷対象基材</td><td>PET，PEN，ガラス</td></tr>
<tr><td></td><td>保管条件</td><td>常温下1ヶ月
（推奨8～10℃）</td></tr>
<tr><td rowspan="6">硬化膜特性</td><td>外観</td><td>金属光沢皮膜</td></tr>
<tr><td>硬化後厚み（μm）</td><td>～1</td></tr>
<tr><td>金属含有率（wt%）</td><td>95以上</td></tr>
<tr><td>抵抗率（μΩcm）</td><td>13@120℃×60min</td></tr>
<tr><td>密着性</td><td>専用表面処理層と併用</td></tr>
<tr><td>含有元素</td><td>例えばNa，K，Cl 検出下限界以下</td></tr>
</table>

り，作業環境や自然環境に対しても負荷が極めて低い。また，インク化やペースト化する際において，その液特性の調整範囲が広く，例えば表面張力は68dyne/cmから20dyne/cmまで設定することが可能である。液粘度に関しては，アルコール系溶媒との併用であったり，増粘剤の添加により，体積固有抵抗値を損なうことなく2mPa·s～1000mPa·sまで調整することが可能である。さらに，溶媒が水主体または水系溶媒であるため，ほとんどのプラスチック基材はもちろん，密着性やその他機能付与するための基材の下地処理層等の溶解や膨潤を引き起こすことがない。

当社銀ナノ粒子導電材料の基材に対する密着性については，表1に示した通りである。銀ナノ粒子導電材料中に含まれるさまざまな添加剤により，適用基材種や密着力が大きく影響を受け，SL-40は下地処理層が必要であるのに対して，SM-40は透明導電膜ITOに対しての密着性に優れ，SH-40はガラス基板，ポリイミドフィルムへの密着性に優れる。なお，グレードに関わらず焼成やその他工程において加えられる加熱温度が高いほど，密着性は向上する傾向をしている。

上記した標準グレード以外に溶出不純物イオンを低減させた新規な低温焼成タイプを準備しており，その諸特性を表2に示した。

以上当社の銀ナノ粒子を事例として低温焼成化のためには，銀をナノサイズ化することとナノ粒子を分散安定化させるために用いる分散剤と粒子表面の相互作用や各種添加剤の影響を充分に考慮しなければならないことを示してきた。今後，焼成プロセスに関わる定量的な解析が進み，さらなる低温焼成化が達成されるものと考えられる。

第3章 各社金属ナノ粒子の合成法とペースト特性

また,現在さまざまな用途での銀ナノ粒子の評価が順次進んでおり,これからも新たな利用検討が進展していくものと思われるが,同時に実用上の問題も抽出されつつある。今後は,これら問題点を解消するため,さらなる性能向上と新規ナノ粒子材料の開発に取り組んでいく予定である。

文　献

1) G. Schmid Ed., "Clusters and Colloids", VCH, Weinheim (1994)
2) J. Fendler and I. Dekany Eds., "Nanoparticles in Solids and Solutions", Kluwer, NY (1996)
3) 米澤　徹,化学工業,49,278 (1998)

7 合金ナノ粒子

岩田在博[*1]，戸嶋直樹[*2]

7.1 はじめに

 合金とは，金属元素に1種類以上の元素を添加して構成される物質のうち金属的性質を持つものの総称である。主要構成元素が2つの場合，二元合金と呼ばれる。合金は，単一の金属では得られない性質を示すことが数多く知られている。例えばAgを含む導体では，湿度と電流の影響により，絶縁物質中にAgイオンとして移動しデンドライトが生成するマイグレーションが問題となっている。そこで，PdやPtなどを加えて合金化するとAgのマイグレーションも抑制できることが知られている[1]。

 金属ナノ粒子は，高機能触媒，磁性材料，光学素材等，ナノテクノロジー・ナノサイエンスを支える基本素材として多くの研究者の研究対象となっている[2,3]。筆者らは，Pt／Pd[4]，Pd／Au[5]，Pt／Au[6]，Rh／Pd[7]，Rh／Pt[8]，Ag／Pd[9]，Ag／Rh[10]，Cu／Pd[11]，Ni／Pd[12]などのクラスターを合成し，種々の反応の触媒に利用できることも見いだした。また液晶分子で保護した金属ナノ粒子を合成し，液晶媒体中に分散させることに成功し，周波数変調でON/OFFが可能で応答速度は従来の液晶表示素子より速くすることができることを見いだした[13]。さらに刺激応答性を示す金ナノ粒子として，a）pH変化により可逆的に凝集・分散を行う3-メルカプトプロピオン酸保護金ナノ粒子および，b）ゲスト分子包接による微弱な化学的刺激に応答するシクロデキストリンポリマー保護Auナノ粒子[14]の創製にも成功している。また，磁性ナノ粒子としてはFe／Pt，Ni／Pd，Ni／Ptなどの金属ナノ粒子が知られている[15]。

 よく知られているように金属ナノ粒子は，塊状の金属とは異なった物性を有する。例えば，塊状のCuは空気中では安定であるがCuのナノ粒子は空気に触れると直ちに酸化してしまうほど不安定である。配線用のAgペーストは一般的に，800℃を超える焼結が必要である。Ag／Pdナノ粒子では200℃～350℃という焼結温度で電気伝導性を示すため，低温で処理可能な配線ペーストを作成することが可能となる[16]。

7.2 合金ナノ粒子の合成とキャラクタリゼーション

 合金ナノ粒子は，安定化剤の存在下，2種以上の金属イオンを還元することで得られる。各金属原子の配置により，ランダム合金構造，クラスター・イン・クラスター構造，コア／シェル構造など様々な構造のものがある（図1参照）[17,18]。同原子間結合と異原子間結合の結合エネル

[*1] Arihiro Iwata　山口県産業技術センター　戦略プロジェクト部　技師
[*2] Naoki Toshima　山口東京理科大学　基礎工学部　教授；先進材料研究所　所長

第3章　各社金属ナノ粒子の合成法とペースト特性

ランダム合金構造　　クラスター・イン　　コア／シェル構造
　　　　　　　　　・クラスター構造

図1　二元金属ナノ粒子の種々の構造の断面図

$$H_2PtCl_6 + 4\ PdCl_2 \xrightarrow[\text{PVP}]{\text{EtOH/H}_2\text{O}} \text{Pd/Pt (4/1) 二元金属ナノ粒子}$$

図2　同時還元法による二元金属ナノ粒子の合成

ギーが等しく，両結合が同じ速度で生成する場合にランダム合金構造となる。一方，同原子間結合の方が異原子間結合に比べて安定で，同原子間結合が優勢な場合に，クラスター・イン・クラスター構造やコア／シェル構造となる。

　以前に筆者らは，安定化剤となる高分子の存在下で金属イオンをアルコールを用いて還元することで容易に金属ナノ粒子のコロイド分散液を合成する方法を開発した[19]。ここで，高分子にはしばしばPVP（ポリビニルピロリドン）を用いる。PVPの金属への配位力は，一つ一つでは強くないが，高分子であるため多点で配位し，結果的に強く金属ナノ粒子を安定化しているものと考えている。2種類の金属イオンを共存させてアルコール還元法で還元すると，一つの粒子中に両方の元素を含む二元金属ナノ粒子を合成することができる。例えば，モル比4：1の塩化パラジウム(II)と塩化白金(IV)酸をPVP存在下，アルコール水溶液中で加熱還流すると平均粒径1.4 nmのPd／Pt二元金属ナノ粒子のコロイド分散液が生成する（図2参照）[4]。

　このナノ粒子は単分散で55原子からなる大きさに相当し，広域X線吸収微細構造（EXAFS）法などにより構造解析を行ったところ，13原子のPtが核（コア）を形成し，そのまわりを1原子層のPdが取り囲んで殻（シェル）を形成していることが明らかになった[20]。

　2種の貴金属イオンを用いて同様の方法で合成するとコア／シェル構造の二元合金ナノ粒子が構築される場合が多い。金属のシェルになりやすさの順序は，Au＜Pt＜Pd＜Rhである。コア／シェル構造を制御する因子は，金属イオンの還元電位と金属原子の高分子安定化剤への配位能である。高分子に配位した2種の金属イオンMa^+とMb^+のうち，還元されやすいMa^+がMa原子となり，その後Mb^+が還元されてMb原子となって，高分子にMaとMbが配位した錯体が生成する。ここで，高分子との配位結合が弱いMa原子が先に凝集してコアとなり，残りのMb原

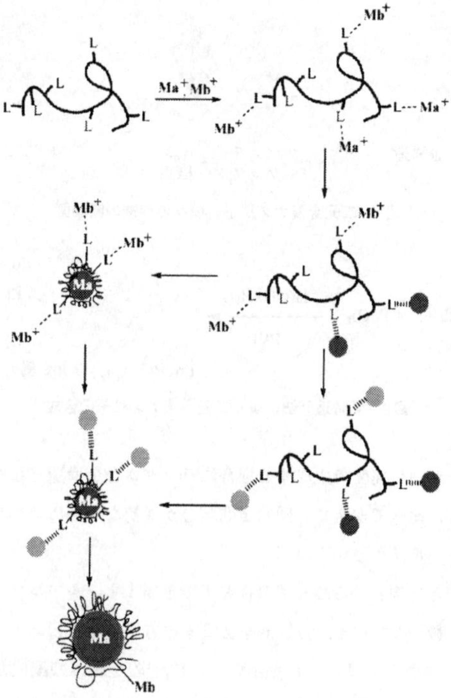

図3 コア／シェル構造二元金属ナノ粒子の生成機構

子がMa原子の表面にシェルを形成する（図3参照）[21]。ときには，Mb$^+$が還元される前にMaが凝集してコアを作り，その表面でMb$^+$が還元されてMbとなってシェルを形成する場合もある。

7.3 配線用合金ナノ粒子
7.3.1 合成

配線用合金ナノ粒子を構成する金属としてはAgとPdを用いることとした。Agは単体の抵抗率が1.59 $\mu\Omega$cmと低く金属元素中最大の良導体である。しかしながらAgのみでは，安定で塗布可能なコロイド分散溶液を得るのが困難であった。AgとPdを組み合わせることで安定な合金ナノ粒子の分散溶液を得ることに成功した。実際に配線用のAgインクでも，Agだけではマイグレーションを起こすため少量のPdを加える手法が用いられている。

AgとPdの塩をPVP存在下，エタノール水溶液で加熱すると黒灰色の均一なコロイド分散液が得られた。金属とPVPの比は，金属が多いと凝集沈殿して均一なコロイド分散液を得ること

第3章 各社金属ナノ粒子の合成法とペースト特性

が難しくなり，PVPが多いと均一なコロイド分散液は容易に得られるものの配線化したときに抵抗率が低くならないという問題がある（図4参照）。

7.3.2 物性

ICP発光分析法により金属の組成を分析し，Ag／Pdナノ粒子分散液には，原料の金属塩の理論量どおりに金属が含まれていることを確認した。合成した黒灰色の分散液をグリッド上にのせ，透過型電子顕微鏡（TEM）で観察した結果を図5に示す。平均粒径40～50 nmで単分散径のナノ粒子が実測された。さらに，X線小角散乱法[22]により粒径を測定したところ，平均粒子径が50 nmであった（図6参照）。この分散溶液をエバポレーターで濃縮したところ，平均粒径は90 nmになった。これは，濃縮過程で凝集が起こったものと考えられる。X線小角散乱法で測定される粒径は一次粒子の粒径とは限らず，高分子の含まれる系では特に，凝集した二次粒子，スーパーストラクチャーの粒径となるためである[23]。

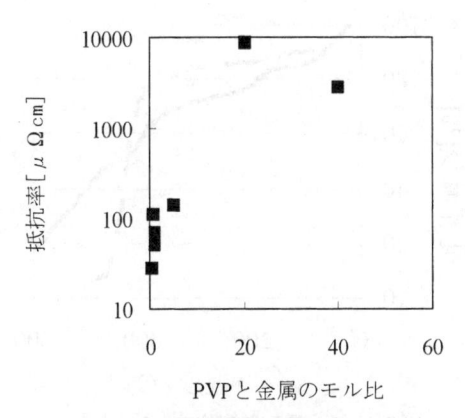

図4　PVPと金属の比と抵抗率の関係（300℃加熱）

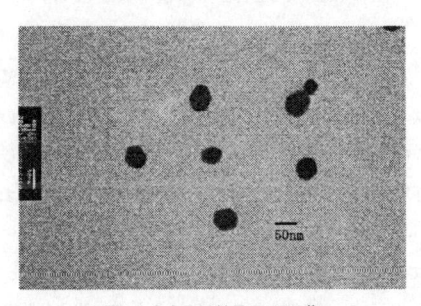

図5　合金ナノ粒子のTEM像

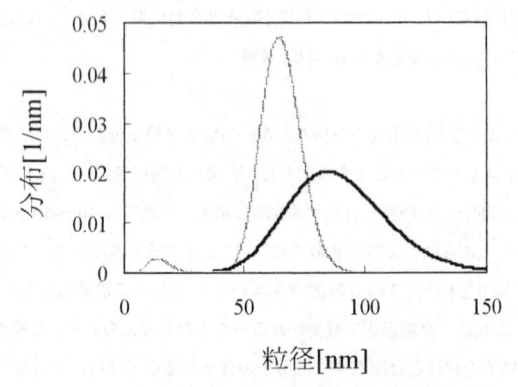

図6 X線小角散乱法で測定した合金ナノ粒子の粒径分布
（破線：分散液，実線：濃縮ペースト）

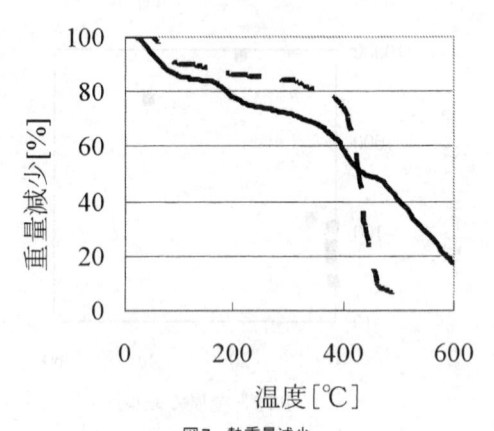

図7 熱重量減少
（実線：Ag／Pdを含むペースト，破線：PVP）

図7にAg／Pd合金ナノ粒子を含むペーストと安定化剤のPVPの重量減少を示す。Ag／Pd合金ナノ粒子を含むペーストは200℃付近から徐々に重量減少が確認された。一方，PVPのみは400℃付近で分解に伴う重量減少が観測された。AgやPdは酸化触媒としても知られており，これらの金属が含まれることによってペースト中のPVPの熱分解が促進されたものと考えられる。

7.3.3 評価

PVP安定化剤を用いて合成したAg／Pd合金ナノ粒子分散液を濃縮してペーストを作製し導電性の評価を行った。ペーストは，濃縮したAg／Pd合金ナノ粒子分散液と粘度を調製するため

第3章 各社金属ナノ粒子の合成法とペースト特性

に，希釈剤のアルカンジオールなどを適宜混合して作成した。ガラス基盤上にペーストを塗布して乾燥し，電気炉で加熱焼結試験を行った。加熱前は黒色であったが，加熱後は金属光沢が確認された。

300℃焼結後の試料を四探針法で抵抗率を測定したところ，35 $\mu\Omega$cmという低い抵抗率を持つことが分かった。また，この試料のX線回折を測定したところ，Agによる回折パターンが得られた。少量添加しているPdによるピークあるいは酸化Ag等によるピークは観測されなかった。

調製したペーストを用い，インクジェット法により配線の形成を検討した。図9に示すように，線幅約50 μmの配線を形成することができた。

300℃焼結後の試料を走査電子顕微鏡（SEM）で観察すると，約0.1 μmの粒子数個同士が凝集している様子が確認された。約0.1 μmという大きさは，ペーストに濃縮したときの金属ナノ粒子凝集体の粒径と一致する。300℃に加熱するとナノ粒子同士が緊密に凝集していることが低

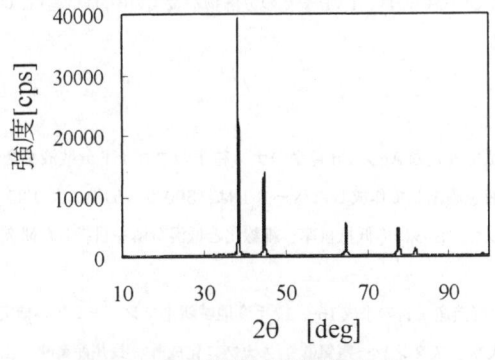

図8　ペースト焼結後のX線回折パターン

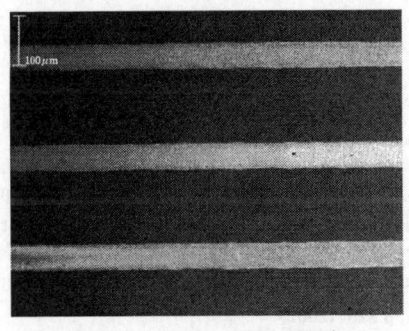

図9　インクジェット法による配線

金属ナノ粒子ペーストのインクジェット微細配線

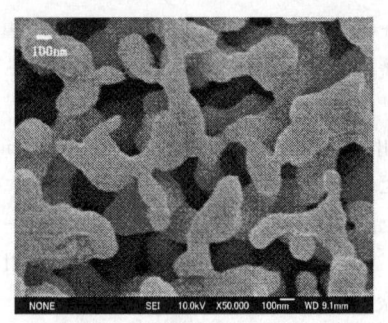

図10 ペースト焼結後のSEM像

い抵抗率を示す原因であると考えられる。

　金属の粒塊の間隙にはPVPやその分解物が存在しているものと考えられる。金属（Ag）の抵抗率に1桁ほど及んでいないのは，PVPやその分解物が金属粒の間隙に存在していることが要因であると考えられる。

7.4　おわりに

　アルコール還元法で安定なAg／Pd合金のナノ粒子のコロイド分散液を合成することができた。コロイド分散液を濃縮して作成したペーストは，300℃の加熱により35 $\mu\Omega$cmの抵抗率を示す焼結体を形成した。さらに，低抵抗率，細線化と低温分解を目指した研究が進行中である。

　謝辞：この研究は経済産業省の平成16～17年度地域新生コンソーシアム研究開発事業の補助により山口東京理科大学，スタンレー電気㈱，ケミプロ化成㈱，長州産業㈱，山口県産業技術センターの5つの機関の共同研究として行われたものである。ここに記して感謝の意を表す。

文　　献

1) 英一太，ハイブリッド回路用厚膜材料の開発，シーエムシー（2000）
2) G. Schimid, "Clusters and Colloids. From Theory to Application", VCH, Wienheim (1994)
3) N. Toshima, Y. Shiraishi, "Encyclopedia of Surface and Colloids Science", Marcel Dekker, New York, p.879（2002）

第3章 各社金属ナノ粒子の合成法とペースト特性

4) N. Toshima, K. Kushihashi, T. Yonezawa, H. Hirai, *Chem. Lett.*, **1989**, 1769-1772 (1989)
5) N. Toshima, M. Harada, Y. Yamazaki, K. Asakura, *J. Phys. Chem.*, **96**, 9927-9933 (1992)
6) N. Toshima, T. Yonezawa, *Proc. Indian Acad. Sci. (Chem. Sci.)*, **105**(6), 343-352 (1993)
7) M. Harada, K. Asakura, Y. Ueki, N. Toshima, *J. Phys. Chem.*, **97**(41), 10742-10749 (1993)
8) M. Harada, K. Asakura, N. Toshima, *J. Phys. Chem.*, **98**(10), 2653-2662 (1994)
9) Y. Shiraishi, K. Hirakawa, J. Yamaguchi, N. Toshima, Synthesis and Catalysis of Polymer-Stabilized Ag and Ag/Pd Colloids, In "Studies in Surface Science and Catalysis 132 (The International Conference on Colloid and Surface Science)", Y. Iwasawa, N. Oyama, H. Kunieda, Eds., Elsevier, Amsterdam, pp. 371-374 (2001)
10) K. Hirakawa, N. Toshima, *Chem. Lett.*, **32**, 78 (2003)
11) N. Toshima, Y. Wang, *Chem. Lett.*, **1993**(9), 1611-1614 (1993)
12) P. Lu, T. Teranishi, K. Asakura, M. Miyake, N. Toshima, *J. Phys. Chem. B*, **103** (44), 9673-9682 (1999)
13) Y. Shiraishi, K. Maeda, H. Yoshikawa, J. Xu, S. Kobayashi, N. Toshima, *Appl. Phys. Lett.*, **81**, 2845-2847 (2002)
14) Y. Shiraishi, D. Arakawa, N. Toshima, *Eur. Phys. J.*, **E8**, 377-383 (2002)
15) S. Sun, C. B. Murray, D. Weller, L. Folks, *Science*, **287**, 1989 (2000)
16) 日本化学会編,"化学総説No. 48 超微粒子－科学と応用",学会出版センター (1985)
17) N. Toshima, T. Yonezawa, *New J. Chem.*, **22**, 1179 (1998)
18) T. Teranishi, N. Toshima, "Catalysis and Electrocatalysis at Nanoparticles Surfaces", p. 379, Marcel Dekker, New York (2003)
19) H. Hirai, N. Toshima, Polymer-attached Catalysis. In：Tailored Metal Catalysis, p87-140, D. Reidel Pub. Co., Dordrecht (1985)
20) N. Toshima, M. Harada, T. Yonezawa, K. Kushihashi, K. Asakura, *J. Phys. Chem.*, **95**, 7448 (1991)
21) T. Yonezawa, N. Toshima, *J. Chem. Soc., Faraday Trans*, **91**, 4211 (1995)
22) 佐々木明登, リガクジャーナル, **35**, 37-42 (2004)
23) T. Hashimoto, K. Saijo, M. Harada, N. Toshima, *J. Chem. Phys.*, **109**(13), 5627 (1998)

8 小さな配位子に保護された金属ナノ粒子

米澤 徹*

8.1 はじめに

本書でまとめられているように，金属ナノ粒子は，様々な方法によって調製されている[1,2]。最近，主に取り組まれているものは化学還元法，つまり金属イオン溶液を還元剤やエネルギーを使用して還元する方法である[3]。そのときに重要なものは，還元剤の種類とナノ粒子の表面に吸着している保護剤の種類・形である。ナノ粒子の粒子サイズも保護剤の種類によって制御できることが分かっている[4]。

筆者らは，以前よりこの保護剤の形に注目して，色々な保護剤を設計・合成・使用してナノ粒子を調製してきた。ここでは，その中から導電性ペーストへの利用を考えたときに重要であると思われる，小さな保護剤，特に配位子系の保護剤を使用した金属ナノ粒子についてまとめる。金属配位子を保護剤とすることにより，安定にナノ粒子表面に保護剤が存在できるため，極めて小さな分子でもナノ粒子を安定に分散液中で保持できるようになった。そうしたナノ粒子は，例えば固体として得たときに金属光沢をもったりしており，他のナノ粒子と違う点を既に有している。こうしたナノ粒子は有機分の非常に少ないナノ粒子として興味深い。

8.2 小さな配位子とは

ここでいう小さな配位子とは，チオール系の$C_3 \sim C_5$程度の大きさの，鎖長の短い配位子を想定している。保護剤は鎖長の長いもののほうが安定にナノ粒子を保護でき，安定に分散させることはできる。また，一般に高分子は一つの分子が多数の点で粒子表面に吸着するため，一つ一つの配位力が弱くても，安定に分散させることが可能である。特に，粉末としてこうしたナノ粒子を取り扱った際の再分散性というものは，経験的には鎖長の長いもののほうがよいと思われる。しかしながら，こうした小さな配位子にもメリットがある。一番のメリットはナノ粒子を配列させたときに，粒子表面間の距離が極めて近いことである。導電ペーストとしてナノ粒子を使用したいとき，有機分をできるだけ減らすことが肝要である。そのためには，小さな配位子でナノ粒子を保護することは一つの選択肢であるといえる。

小さな配位子として本節で紹介するのは，チオコリンブロミドとアリルチオールである。図1にそれらの分子構造式を示した。安定に保護できるチオール系保護剤としてドデカンチオールなどがあるが，それに比べても非常に小さいことが見て取れる。こうした配位子を使用したナノ粒子について解説しよう。

---

* Tetsu Yonezawa 東京大学 大学院理学系研究科 化学専攻 助教授

第3章 各社金属ナノ粒子の合成法とペースト特性

thiocholine bromide

allyl mercaptane

1-dodecanethiol

図1 本節のナノ粒子で使用された小さな配位子や代表的なナノ粒子の保護剤の構造式

8.3 チオコリンブロミド保護金ナノ粒子

チオコリンブロミドは小さな4級アンモニウム-チオール配位子である。市販のアセチルチオコリンブロミドを加水分解して容易に得ることができる。この配位子と塩化金酸の混合水溶液に水素化ホウ素ナトリウム水溶液を滴下することで，暗赤色の金ナノ粒子分散液を得ることができる[5]。これは粉末としてとることができるが，沈殿させてろ過すると金色を呈する。これは，短い配位子を用いたナノ粒子に特徴的である。

4級アンモニウム塩で保護された金ナノ粒子は極めて安定に水中で分散してくれる。広いpH範囲でナノ粒子は安定に分散する。これはカルボン酸やアミンチオールで保護されたナノ粒子とは異なる挙動である。

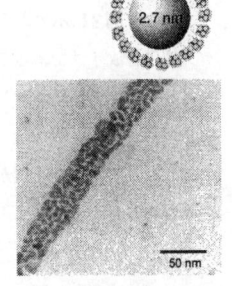

図2 チオコリンブロミド保護金ナノ粒子がDNAバンドルに吸着して構造する自己融合のTEM写真[5]

このナノ粒子は，高い電荷を有しているわけであるから，アニオン表面によく吸着することは容易に理解できる。そこで，アニオン性剛直高分子であるDNAと混合してみたところ，束状になったDNA分子に非常に密に吸着することが分かった。一般にナノ粒子の配列を考えるとき，粒子表面の電荷反発がナノ粒子の集積を抑制すると考えられてきたが，実際はそうではない。さらに，チオコリンブロミドを保護剤とした場合には，その分子鎖長が0.8nmであるから，粒子同士が1.6nm程度の至近距離に存在することになる。その結果，図2に示すように，ナノ粒子同士が常温で瞬く間にDNA上で融合することが分かった[5]。分散液は安定で沈殿などを生じないことから，これはナノ粒子が固定化されることによって起因される現象であることが理解される。こうした効果が小さな配位子で保護されたナノ粒子に見られ，

導電ペーストには有効であるのではないかと思われる。

もちろん，同様の自己融合現象は，このナノ粒子が他のアニオン性物質に吸着した場合も起こる。たとえば，タバコモザイクウィルスに吸着させても自己融合し，タバコモザイクウィルスが非常に綺麗に染色されることが分かった[6]。電子顕微鏡用染色剤としても有効な粒子である。

8.4 チオコリンブロミド保護銀ナノ粒子

銀ナノ粒子もチオコリンを保護剤にして合成できる。筆者らはこのとき，一般に均一なナノ粒子を得るために利用される均一に液にとける金属塩ではなく，不溶性金属塩からナノ粒子を調整することを検討した。用いた金属塩は塩化銀である。塩化銀を懸濁させた中に，チオコリンを導入し，還元剤である水素化ホウ素ナトリウム水溶液を滴下する。こうすることで，ナノ粒子が調製できる[7]。このとき，還元の速度は，均一な金属イオンからでは一瞬で黄色いナノ粒子分散液の色を呈するものの，塩化銀からでは，少々時間がかかり，還元速度は決して速くは無い。しかしながら，図3に示すように，得られた銀ナノ粒子は比較的単分散であることが分かり，良好なナノ粒子合成手法であることが示された。ナノ粒子の生成メカニズムは図4のように考えられる。つまり，液中の金属イオン・金属原子濃度を制限できるため，ナノ粒子の粒子径が制御されるものと理解される。

こうした不溶性金属塩からの均一ナノ粒子の調製は，今後，均一粒子径をもつナノ粒子の大量合成を必要とするときに一つの視点として有効であろう。

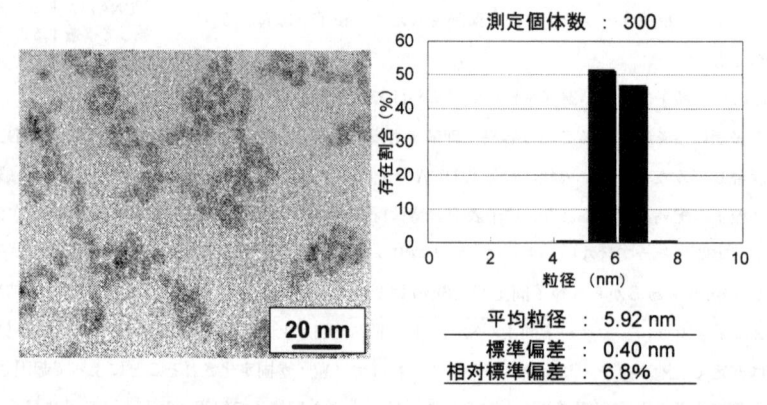

図3 塩化銀から調製したチオコリンブロミド保護銀ナノ粒子のTEM写真[7]

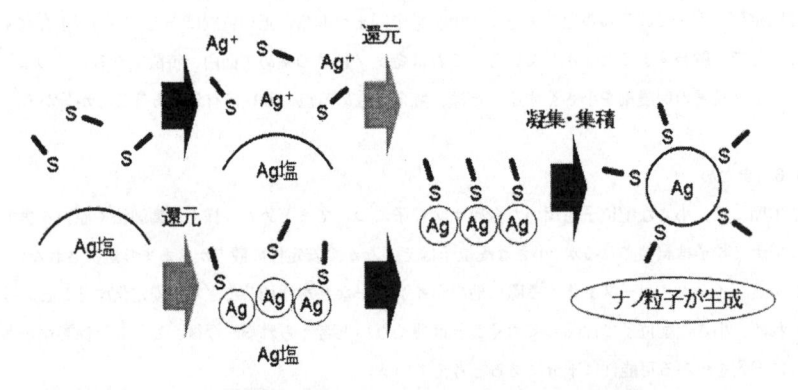

第3章 各社金属ナノ粒子の合成法とペースト特性

図4 塩化銀から調製する銀ナノ粒子の生成スキームの模式図[7]

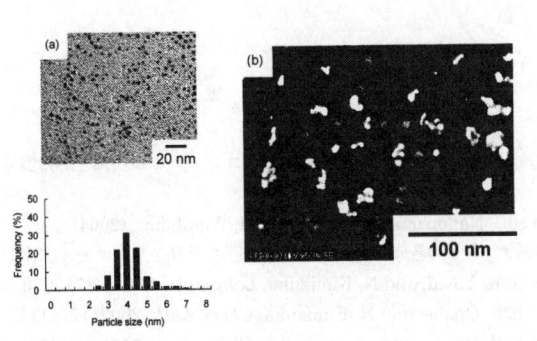

図5 アリルメルカプタン保護金ナノ粒子のTEM写真(a)とシリコン基板上へ固定化したときの表面のSEM写真(b)[8]

8.5 アリルメルカプタン保護金ナノ粒子

　筆者らは，アリルメルカプタン保護金ナノ粒子についても合成を行った[8,9]。合成方法は，Brustらの手法とほぼ同じ方法[10]，もしくは，他の小さなチオール分子を保護剤として合成した後，交換の方法によって調製している。得られたナノ粒子は有機溶媒中に極めて安定に分散することが分かる。このようにして調製したナノ粒子は表面にC＝C結合を有していることから，水素終端シリコン上に効率よく固定化されることがわかった。
　図5に，分散液から作ったサンプルのTEM写真と，そのナノ粒子をシリコン基板上に固定化したときのSEM写真を示した。TEM写真ではナノ粒子の融合・凝集は全く見られず，ナノ粒子が良く分散していることが見て取れる。しかしながら，50℃，24時間の条件で，水素終端シリコン表面に固定化した場合，ナノ粒子は融合し，糸状，球状となってしまうことが分かる。これ

73

は固定化によって起こる事象であって,ナノ粒子同士が非常に近い位置に一定の時間以上存在することで,融合することを示している。これは金ナノ粒子の極めて面白い特徴である。このように,ナノ粒子の保護剤を小さくすることは,融合を進める点において有効であることが分かる。

8.6 まとめ

本節では,小さな配位子を用いた金属ナノ粒子についてまとめた。様々な調製法や原料を選択してナノ粒子は調製されるが,小さな配位子はそのなかで安定性の観点からあまり選択されない。しかし,インク・ペースト化する際に他のバインダーなどを添加してさらに安定化することを考えれば,小さな配位子で保護しておくことは悪くないと考えられる。今後,こうした保護剤がさらに脚光を浴びる可能性は十分にあると考えている。

文　献

1) 米澤　徹監修「金属ナノ粒子の合成・調製,コントロール技術と応用展開」,技術情報協会 (2004)
2) G. Schmid ed., "Nanoparticles", Wiley-VCH, Weinheim (2004)
3) 特集「金属系ナノ粒子の合成,調製　応用展開」,マテリアルステージ,**3(11)**,1-67 (2004)
4) T. Yonezawa, K. Yasui, and N. Kimizuka, *Langmuir*, **17(2)**, 271-273 (2001)
5) T. Yonezawa, S. Onoue, and N. Kimizuka, *Chem. Lett.*, **2002(12)**, 1172-1173
6) T. Yonezawa, S. Onoue, and N. Kimizuka, *Chem. Lett.*, **34(11)**, 1498-1499 (2005)
7) T. Yonezawa, H. Genda, and K. Koumoto, *Chem. Lett.*, **32(2)**, 194-195 (2003)
8) Y. Yamanoi, T. Yonezawa, N. Shirahata, and H. Nishihara, *Langmuir*, **20(4)**, 1054-1056 (2004)
9) Y. Yamanoi, N. Shirahata, T. Yonezawa, N. Terasaki, N. Yamamoto, Y. Matsui, K. Nishio, H. Masuda, Y. Ikuhara, and H. Nishihara, *Chem. Eur. J.*, **12(1)**, 314-323 (2006)
10) M. Brust, J. Fink, D. Bethell, D. J. Schiffrin, and R. Whyman, *J. Chem. Soc., Chem. Commun.*, **1994(7)**, 801-802

9 はんだ代替導電性接着剤の開発

小日向　茂*

9.1 緒言

　近年，電子機器に使用される鉛およびその化合物が環境・人体に悪影響を及ぼすという問題から鉛フリー材料の開発が進められている。特に，鉛はんだを中心とする接合材料においては代替となるべき合金の組成探索が行われSn・Ag・Cu・In等を主成分とした鉛フリーはんだが開発・導入されてきている。しかし，鉛はんだに比べトータルコスト・温度特性・作業性などの問題も残されている。

　一方，はんだ接合に代わる新しい接合方法も検討されており導電性接着剤が有力な候補の1つとなっている。導電性接着剤は，はんだと異なり樹脂（バインダー）硬化物で機械的強度を維持しつつその中に細密充填された金属粉末（フィラー）で電気伝導，熱伝導を得ている。既に汎用導電性接着剤はICチップの基板への接合材として共晶合金，はんだに替わって多用されており，この技術を基に更に開発を進めることでチップコンデンサー・チップ抵抗等のチップ部品，各種機能を有する小型モジュール部品等の実装材料のみならず次世代高密度配線・各種電極材料等への展開も可能と考えられる。導電性接着剤は，はんだに比べ比重が小さいこと，不可逆化学反応による硬化を主体とするため低い実装温度でありながら実装温度以上に耐えること，レジスト・メッキ・洗浄等工程が不要であることに加え，環境対応，安全性，省エネ，容易なリサイクル等多くの利点を持つ反面，はんだが持つ安定かつ良好な電気伝導性・熱伝導性・周波数特性はディファクトスタンダードであり導電性接着剤がこれら特性を満たすことが求められている。

9.2 導電性接着剤の組成・特性概要

　鉛フリーはんだの融点と導電性接着剤（銀エポキシ接着剤）の実装温度[1]および汎用導電性接着剤の構成を図1，図2に示す。導電性接着剤は加熱硬化により電気・熱伝導性，接着性を発現させるものである。

　その内容はフィラー，樹脂，潜在性硬化剤，添加剤および粘度調整用の溶剤から構成されている。フィラーは安定性，取り扱い易さ，信頼性の面からAgが主であるが，他にCu，Ni，Ag/Pd合金，AgメッキCu等の粉末も使用されている。粉末は概ね0.5～10μmの径を持つ球状・鱗片状の粒子で，その表面にはステアリン酸・オレイン酸等の高級脂肪酸が極薄くコートされている。この効果によりバインダー中でのフィラーの凝集・沈降防止がされる。バインダーに供される樹脂は，硬化物の耐熱，耐湿，電気特性，接着力等でバランスが取れているエポキシ樹脂が多く，

---

*　Shigeru Kohinata　住友金属鉱山㈱　技術本部　青梅研究所　主任研究員

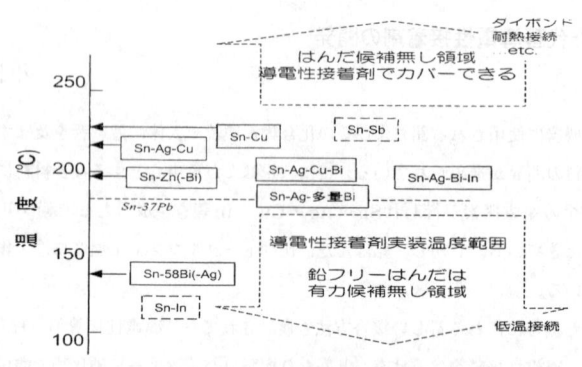

金属ナノ粒子ペーストのインクジェット微細配線

図1 鉛フリーはんだの融点と導電性接着剤実装温度
(出典:大阪大学産業科学研究所菅沼教授)

構成物	形態・特性	役割
添加剤	分散剤	充填剤の分散性向上 凝集防止
	カップリング剤	接着性、皮膜物性の改善
希釈剤	反応性希釈剤	粘度調整(硬化性、接着性に影響)
	非反応性希釈剤	粘度調整(硬化過程で蒸発)
硬化剤	潜在性硬化剤	樹脂の硬化(一液性)
	促進剤	硬化反応促進・短時間硬化
樹脂	エポキシ樹脂	バインダーの骨格
充填剤	Ag、Au、SiO_2、Al_2O_3	電気伝導性・熱伝導性

図2 汎用導電性接着剤(銀エポキシ)の構成

　他にフェノール,アクリル,ポリイミド等の熱硬化性樹脂も使用される。潜在性硬化剤は常温で活性を抑えるべく変性されたアミン,アミド,フェノール樹脂が用いられる。添加剤は被塗物との接着力向上のためのカップリング剤,フィラーの分散と沈殿防止効果を有する無定形シリカ,密着性・応力緩和性加味のアルキド樹脂,フェノキシ樹脂などが適宜使用される。これらの材料は電子部品の動作不良防止の観点から,Cl・Na・K・B・S等のイオン性含有物が厳しく制限されている。表1に導電性接着剤の要求特性を示す。はんだに匹敵する熱・電気・周波数特性が求められる[2]。

第3章 各社金属ナノ粒子の合成法とペースト特性

表1 導電性接着剤への要求特性(概要)

要求特性	銀エポキシ接着剤	Pb・Pbフリーはんだ	備考(銀エポキシ接着剤)
作業性・保存安定性	○	○	0±5℃/〜6ヶ月
低温接合性	○	×	≦200μmのファインピッチ印刷 〜150℃×15〜30分,または,200〜250℃×40〜120秒
接合強度・耐熱強度・耐ヒートサイクル	○	○	接合強度:≧50N/1.5mmIC(室温) 耐熱強度:≧10N/1.5mmIC(350℃×20秒)
セルフアライメント・リペア性	×〜△	○	難あり
電気伝導性	△〜○	○	$10^{-4} \sim 10^{-5} \Omega \cdot cm$
熱伝導性	×〜△	○	〜数W/m・Kが一般的
高周波数特性	×〜△	○	〜数MHzまでが限界?
環境・安全・リサイクル性	○	×〜△	高安全性・リサイクル容易
価格	△	○	ライン,省エネ,環境等の総コストでの算出が必要
新技術・高密度・高機能化	○	△	高機能・高密度・高集積・軽薄短小化への対応

↓

導電性接着剤の熱伝導率・高周波数特性

9.3 導電性接着剤の熱・周波数特性

9.3.1 高熱伝導性

チップ・部品の発熱を基板に逃すために導電性接着剤に高熱伝導性が求められている。

従来使用されている導電性接着剤の熱伝導率は3〜8W/m・K程度でありPb-5Snはんだの38W/m・K,Sn-37Pbはんだの50W/m・Kには程遠い。

一般的に熱伝導率の測定はレーザーフラッシュ法が用いられているが,実用時の導電性接着剤は極薄い塗膜(100μm厚以下)で用いられること,硬化条件により硬化物特性が異なること,更に有機・無機分散混合系に起因する諸々の影響を考慮すると同測定法に規定されるサンプル形状/条件では実使用状態との間に乖離が生じ,必ずしも求める値が得られ難いことから評価方法の妥当性まで踏みこんだ検討が必要とされていた。導電性接着剤のユーザーである電気・電子メーカーではサーマルICチップを導電性接着剤で実装し回路に組み入れ駆動させることで導電性接着剤の熱抵抗を測る方法を用いている。しかし,この方法を材料メーカー等が取り入れることはチップの入手・測定設備および周辺技術などから困難であった。

近年,これらの欠点を補い簡便かつ薄膜・自立系の材料で測定出来る方法・装置(ACカロリメトリ法,樹脂材料熱抵抗測定装置等)[3]が見出されたことから開発が加速され,既に国内外数

社から20W/m·Kを上回る高熱伝導接着剤が発表されている。

図3にACカロリメトリ法により測定された導電性接着剤硬化物とはんだの特性を示す。図の横軸は硬化物中のフィラー（銀の体積分率），縦軸に硬化物の面内方向の熱伝導率を取っている。

図4は接着強度と熱伝導率の関係を表している。導電性接着剤の硬化条件は何れも大気雰囲気で200℃・60分である。この導電性接着剤は低粘度のエポキシ系樹脂のバインダー中に形状，粒径，コート剤の異なる複数の銀粉末を混合し硬化物中での銀の充填密度を上げうるように工夫されている。

導電性接着剤硬化物中の銀粉末量が40vol％を超える頃から熱伝導率が急激に立ち上がり60vol％程度ではんだにほぼ匹敵する熱伝導率が得られる。一方，フィラーの増加に伴いバインダー量が相対的に減少することから接着強度は低下し作業性の悪化も進む。抵抗率はフィラー含

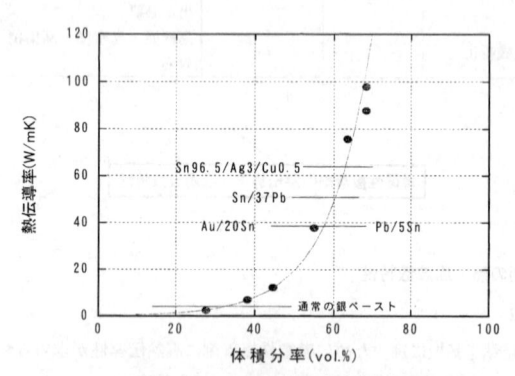

図3 導電性接着剤（硬化物）とはんだの熱伝導率
（●：導電性接着剤の測定値）

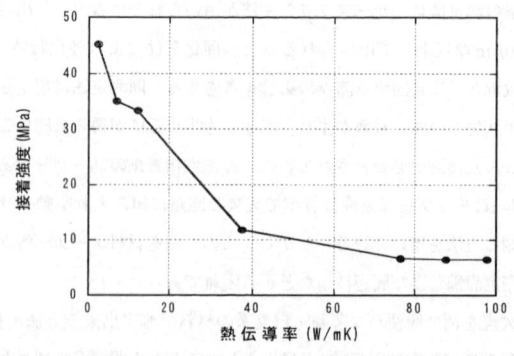

図4 導電性接着剤（銀エポキシ）の接着強度と熱伝導率の関係

第3章　各社金属ナノ粒子の合成法とペースト特性

有率40vol％を超えるころから大きな変化は見られない。このことからフィラーの充填密度を上げかつ少量のバインダーで作業性・接着強度を確保出来る導電性接着剤の設計が必要になる。当社では，フィラーの形状や粒子径の最適化および耐熱性と接着性を向上させたバインダーの開発[4]を行うことでフィラー含有率アップと接着性を兼ね備えた20～40W/m·Kの熱伝導率が可能な導電性接着剤を発表している。この接着剤はパワーデバイスの実装試験においてAu/Sn共晶合金と同等の熱伝導性を有することが確認され小型モバイル機器の部品実装に使用が開始されている。

9.3.2　高周波数特性

従来，導電性接着剤は数MHz以下の周波数領域での使用が限界と言われていた。しかし，導電性接着剤の組成内容・設計を変えることで数GHzの高周波数対応デバイスに使用できる可能性がでている。

当社では導電性接着剤を用いアルミナ基板上に厚み$30\pm5\mu m$・幅1.1mm・長さ21.0mmのマイクロストリップラインを作成し，入射電力に対する反射電力の比および伝送電力の比から信号反射量と信号透過量を測定した（図5）。横軸に周波数，縦軸に減衰率を表している。グラフ内の上部の線（Ag·epoxy 5）は汎用の銀エポキシ接着剤，下部の線（Ag·epoxy 1）は高周波数対応に新たに開発された導電性接着剤（何れも200℃・60分硬化），最下部の線はAg/Pd焼成合金体（850℃焼成）で作成された伝送ラインの結果を表している。この結果より高周波数対応の導電性接着剤は15～20GHzまでAg/Pd合金ライン並みの周波数特性を維持できることがわかる[5]（図6）。この理由は必ずしも明らかではない。

有機・無機分散系硬化物においては，微小な分散フィラー粒子（銀粉末）同士の接合がミクロ的に見ると完全接触しているとは限らず，粒子間に極僅かの有機物（バインダーや粒子表面の分散剤）が介在しておりこの部分がバリアーとなり周波数や電気の伝導の妨げになっていると言わ

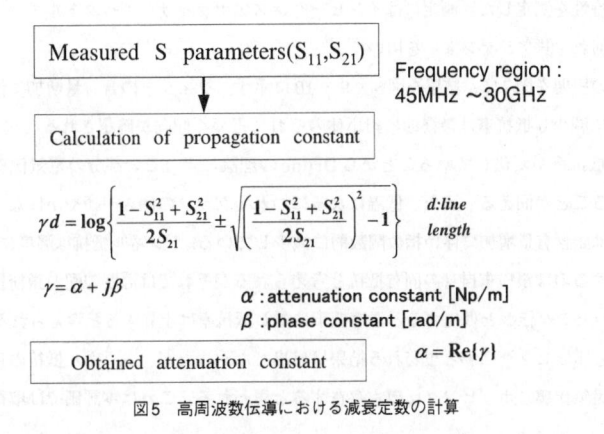

Measured S parameters(S_{11}, S_{21})

Frequency region : 45MHz～30GHz

Calculation of propagation constant

$$\gamma d = \log\left\{\frac{1-S_{11}^2+S_{21}^2}{2S_{21}} \pm \sqrt{\left(\frac{1-S_{11}^2+S_{21}^2}{2S_{21}}\right)^2-1}\right\}$$

d: line length

$\gamma = \alpha + j\beta$

α : attenuation constant [Np/m]
β : phase constant [rad/m]

Obtained attenuation constant

$\alpha = \text{Re}\{\gamma\}$

図5　高周波数伝導における減衰定数の計算

図6 RF減衰定数測定結果

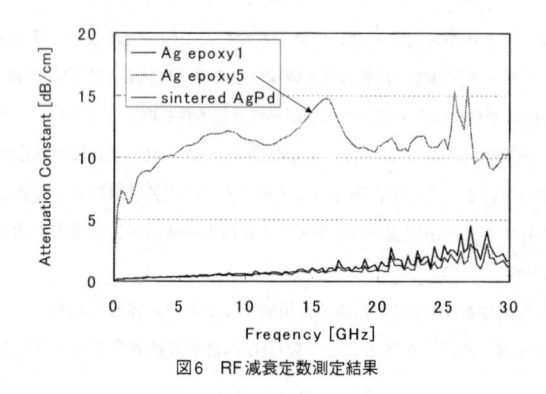

れている。一方で硬化物中のフィラーの粒子間距離が一定以上近づくと粒子間に極僅か介在する有機物の固有抵抗の影響が少なくなり見かけ金属結合に似た特性・挙動を持つことも実験から推察されている。

9.4 導電性接着剤の特性の解析
9.4.1 導電性接着剤の電気伝導の解析

高誘電体の樹脂に金属微粒子を分散させた有機無機分散系硬化物の導電機構は未だ解明されてない部分が多い。当社では電気伝導測定とシミュレーションにより解析を試みた。

鱗片状及び球状の高純度銀粉末を一定割合で混合したフィラーを1液加熱硬化型エポキシ系バインダーに適宜分散させ硬化物中（硬化：200℃×1時間/空気中）のフィラー体積分率を29.0～67.1（Vol％）まで段階的に変化させた6種類のサンプルを用い温度範囲13.5～300Kまでの抵抗率温度特性を測定した。測定にはインピーダンスアナライザー，ベクトルネットワークアナライザー（何れも㈱アジデント）を用いた。

測定回路の概要を図7に，結果を図8・9・10に示す。フィラーの含有量増加に伴い抵抗率が指数関数的に減少し抵抗率は最終的に銀単体のそれに近づく傾向が確認される。グラフは温度Tに比例して抵抗率が変化していることからDrudeの理論によりこの部分の電気伝導はあたかも金属的であることが伺える。また，低温になるにつれてグラフの傾きが緩やかになっている。また温度勾配は銀含有量増加に伴い指数関数的に減少している。トンネル抵抗は温度に依存しない。温度に依存するのは銀粉末自身の固有抵抗と考えられるがそれでは温度勾配が銀粉量に依存していない。ホッピング伝導と仮定すると温度低下に対し抵抗率は上昇すると考えられる。

本結果からホッピング伝導と思われる結果は見出せなかったが，トンネル抵抗の存在が考えられるならば電気伝導にホッピング伝導も存在すると思われる。これは本評価では取得できない程

第3章　各社金属ナノ粒子の合成法とペースト特性

- 中央部は導電性接着剤硬化物（10mm角）
- 電極はガラス基板にPt/Ti/Auで作成
- 抵抗率の測定（13K～300K）
  長手方向はV1・V3の平均、短軸方向（2方向）はV2・V4の平均を10mm角の一様なものとして

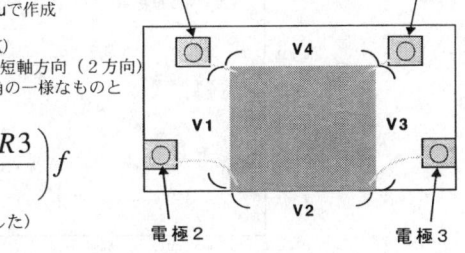

$$\rho = \frac{\pi t}{\ln 2}\left(\frac{R1 + R3}{2}\right)f$$

より各々求めた（$f=1$とした）

測定に使用した導電性接着剤の銀濃度（硬化物中）

試料No	A	B	C	D	E	F
重量分率(wt.%)	79.6	85.8	89.0	92.1	94.1	95.1
体積分率(vol.%)	29.0	38.8	45.9	53.9	62.6	67.1

図7　電気抵抗率の測定（van der pauw法）

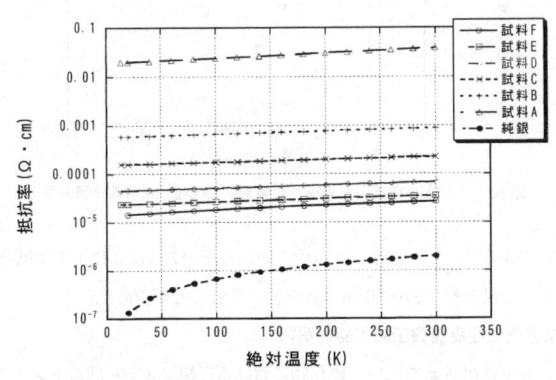

図8　導電性接着剤（硬化物）の抵抗率と絶対温度の関係

度とも考えられる。温度低下につれて銀粉の抵抗は減少しホッピングによる抵抗は上昇するため銀含有量増加に伴い抵抗温度勾配は減少すると思われる。また、エポキシ樹脂を不純物と見なしMatthiesenの法則を用いれば低温領域でのグラフの傾きの変化は残留抵抗の影響ではないかと考えられるが此れでは全てのサンプル結果を説明出来ない。サンプル中の隣り合う銀粉間が必ずしも全て連結しているわけではない可能性を考慮すると銀粉間を電子がトンネルしていると考えればこの傾きの変化が説明可能となろう。今回の測定から、サンプル中の電子は金属抵抗とトンネル抵抗が組み合わされた細線を流れていると考えると銀含有率増加に伴う抵抗率の指数的減少

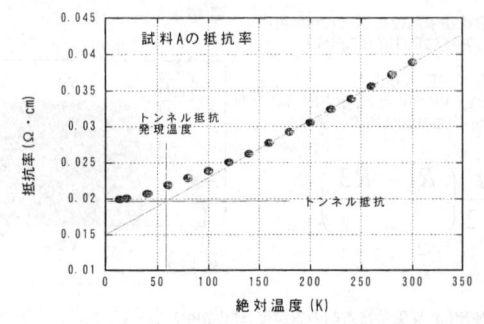

金属ナノ粒子ペーストのインクジェット微細配線

図9 導電性接着剤（硬化物）のトンネル抵抗が発現する温度

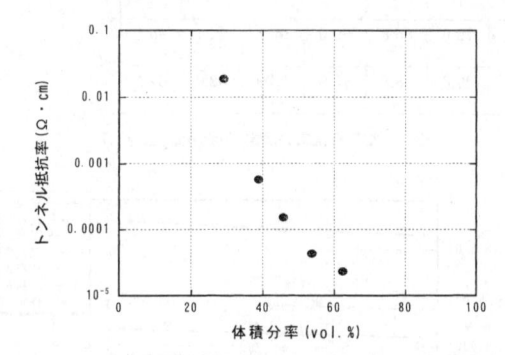

図10 トンネル抵抗率と導電性接着剤（硬化物）中の銀体積分率

を説明することができる。これからサンプル中の銀含有率が50Vol％以上では抵抗率が$10^{-5}\Omega cm$のオーダー以下になり代表的なPb-50Snに近い値になることが認められる。

9.4.2 導電性接着剤の高周波数伝導の特性解析

前出で作製した導電性接着剤を用い、硬化物における近接フィラー間のトンネル抵抗をR，離れたフィラー間をコンデンサーCに見立て図11～13のような2次元回路網を考察し電気伝導度の周波数特性を調べた（実際の構造は3次元回路であるが3次元回路網の解析は複雑・困難な為，2次元回路の集積と考えた）。計算方法の概要を図14～16に示す。

近接フィラー間のトンネル抵抗は1Vのバイアスで1nAのトンネル電流が流れると仮定すると$R=V/I$より$R\sim 10^9\Omega$となる。また，離れたフィラー間の静電容量はフィラー間の距離を10^{-8}m，表面の1辺を10^{-6}mとすると静電容量は$C\sim 10^{-15}$Fとなる。抵抗（アドミッタンス$y_1=1/R$）は存在確率p，コンデンサー（アドミッタンス$y_2=j\omega C$：ωは角振動数）は存在確率1－pでランダムに存在すると仮定する。

82

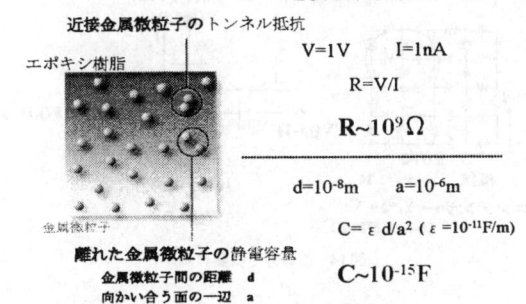

第3章　各社金属ナノ粒子の合成法とペースト特性

近接金属微粒子　d

近接金属微粒子のトンネル抵抗

エポキシ樹脂

V=1V　　I=1nA
R=V/I
$R \sim 10^9 \Omega$

$d=10^{-8}$m　　$a=10^{-6}$m

金属微粒子

離れた金属微粒子の静電容量
金属微粒子間の距離　d
向かい合う面の一辺　a

$C = \varepsilon \, d/a^2$ ($\varepsilon = 10^{-11}$F/m)

$C \sim 10^{-15}$F

図11　電気伝導度の周波数特性解析モデル

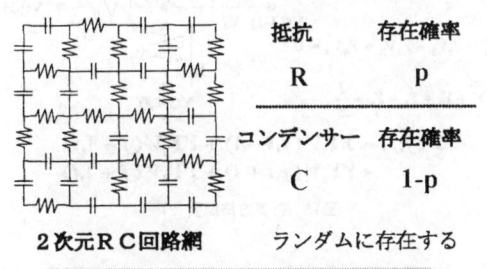

等方的な場合

| 抵抗 | 存在確率 |
| R | p |

| コンデンサー | 存在確率 |
| C | 1-p |

2次元RC回路網　ランダムに存在する

p=0.5がパーコレーション閾値である

図12　シミュレーションモデル

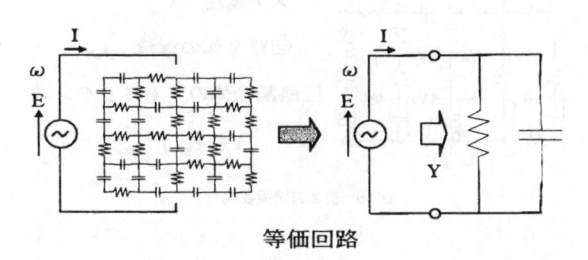

等価回路

$$Y = \frac{1}{R} + j\omega C$$

有効コンダクタンス　$\sigma_{eff} = \mathrm{Re}(Y)$

有効キャパシタンス　$C_{eff} = \dfrac{\mathrm{Im}(Y)}{\omega}$

図13　複素アドミッタンス（有効コンダクタンス・キャパシタンス）

金属ナノ粒子ペーストのインクジェット微細配線

節点解析法

抵抗　$y_1 = 1/R$
コンデンサー　$y_2 = j\omega C$
（ωは角振動数）

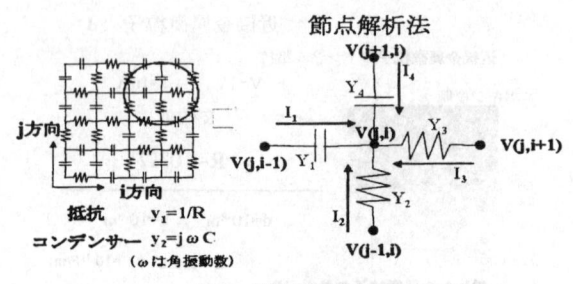

図14　計算方法概要(1)

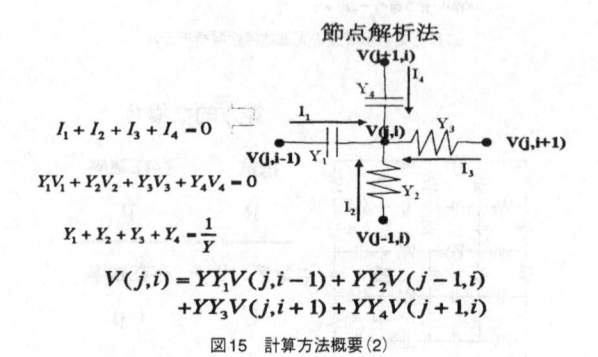

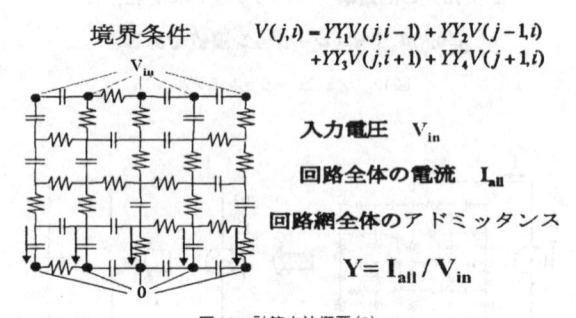

節点解析法

$I_1 + I_2 + I_3 + I_4 = 0$

$Y_1 V_1 + Y_2 V_2 + Y_3 V_3 + Y_4 V_4 = 0$

$Y_1 + Y_2 + Y_3 + Y_4 = \dfrac{1}{Y}$

$V(j,i) = YY_1 V(j, i-1) + YY_2 V(j-1, i)$
$\qquad + YY_3 V(j, i+1) + YY_4 V(j+1, i)$

図15　計算方法概要(2)

境界条件

$V(j,i) = YY_1 V(j, i-1) + YY_2 V(j-1, i)$
$\qquad + YY_3 V(j, i+1) + YY_4 V(j+1, i)$

入力電圧　V_{in}

回路全体の電流　I_{all}

回路網全体のアドミッタンス

$Y = I_{all} / V_{in}$

図16　計算方法概要(3)

　数値計算では乱数を用いて100×100の2次元回路網を発生させた。回路網の複素アドミッタンス Y は節点解析から緩和法により各節点の電位を求め全電流から算出した。また，異方的な媒質（縦横方向の抵抗の存在確率が異なる）についても異方的複素アドミッタンス Y を導いた。回路網の有効コンダクタンス σ_{eff} と有効キャパシタンス C_{eff} は次のように定義する。

第3章 各社金属ナノ粒子の合成法とペースト特性

$\sigma_{eff} = Re(Y)$, $C_{eff} = Im(Y)/\omega$

図17〜19は有効複素コンダクタンスの単位を$1/R$，周波数の単位を$1/RC$として，抵抗確率p（$0.1 \leq p \leq 0.9$）での周波数特性結果の一部である。$\omega RC \ll 1$では$p<0.5$で有効コンダクタンスは0に収束し，パーコレーション閾値$p \fallingdotseq 0.5$，有効コンダクタンスはωのべき乗則で増加し有効キャパシタンスは増加する。また$\omega RC \gg 1$では$p>0.5$で有効キャパシタンスは0に収束し，$p \fallingdotseq 0.5$のパーコレーション閾値近傍のとき有効コンダクタンスはωのべき乗則で増加し，有効キャパシタンスはべき乗則で減少する。図20・21は複素アドミッタンスの大きさと位相の周波数特性の計算結果の一部である。$p>0.5$では高・低周波で抵抗の性質，$p<0.5$では高・低周波でコンデンサーの性質が確認される[6]。抵抗接続確率$p=0.5$を境に伝導特性は変化する。近似的に$p>0.5$ではRC並列回路，$p<0.5$ではRC直列回路の特性を持つ。複素アドミッタンスの大きさ

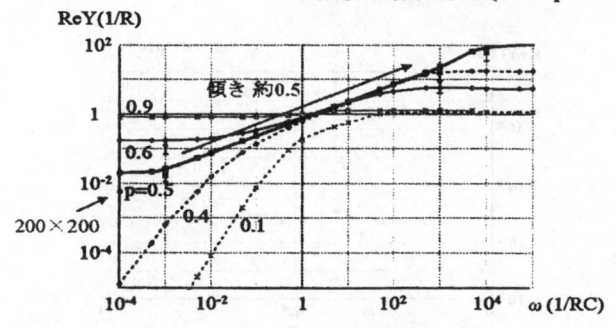

図17 有効コンダクタンスの周波数特性

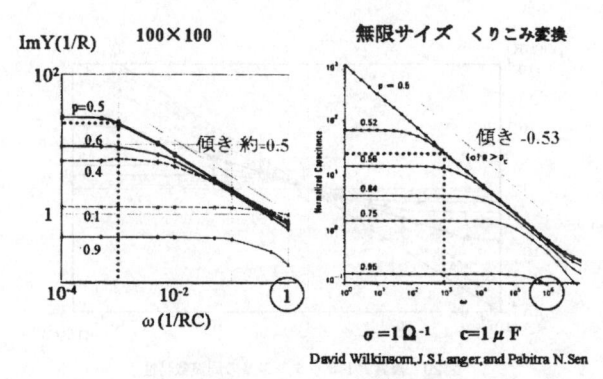

図18 有効キャパシタンスの周波数特性

の周波数特性は$\omega RC=1$の周波数を境に電気伝導度の特性は逆転することが分かった。$p=0.5$のパーコレーション閾値では，$\omega RC \gg 1$で有効コンダクタンスが，$\omega RC \ll 1$では有効キャパシタンス$\omega^{0.5}$で増加する。これらの結果が$R\sim 10^9\Omega$，$C\sim 10^{-15}F$と仮定すると100Hz～100GHzまでの導電性接着剤の（電気伝導度における）周波数特性の解明に寄与できるものである。

9.5　ナノ金属粒子を用いた高機能導電性接着剤の取り組み

フィラーをバインダー中に高重量充填しバインダーの硬化によりフィラーどうしの接触や粒子間距離を縮め熱・電気・周波数の特性向上を計ることは反面，作業性・保存安定性・接着性等の他の特性を著しく悪化させることから限界が見えている。このトレード・オフの関係をブレークスルーするための研究・開発が行われている。その多くは低粘度バインダーにナノ金属粉末を分散させるものである。例えばAg，Cu，Auを始めとするナノ金属粒子をフィラーとして用いる導電性接着剤（ナノ金属分散型接着剤）が開発されている。Agナノ粒子を用いると200℃程度

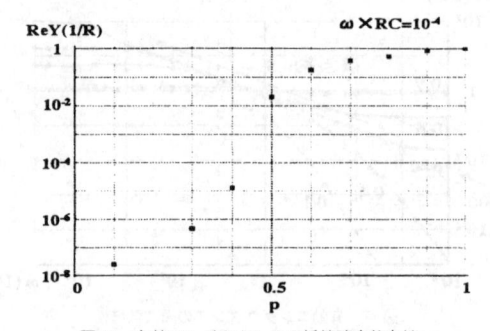

図19　有効コンダクタンスの抵抗確率依存性

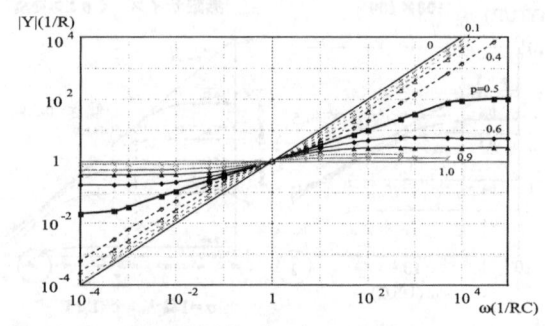

図20　複素アドミッタンスYの周波数特性
（電流の流れやすさ，抵抗の存在確率$0.1 \leq p \leq 0.9$）

第3章 各社金属ナノ粒子の合成法とペースト特性

の低温で融着や焼結が可能である（図22）[7]。このナノ粒子をエポキシ樹脂・フェノール樹脂・高級エステル系溶剤等のバインダーに分散させ加熱により金属間結合と樹脂硬化による接着・形状保持機能を合わせて行うことができる。通常ナノ金属粒子は表面活性が大きいことからそのままではバインダー中で凝集や分離が発生しやすく，かつバインダーの極性変化や酸化にも敏感なため長期保存や作業安定性に問題があった。これを防ぐためにナノ粒子の表面改質等の試みが成されている。例えば，ナノ粒子表面を熱で解裂する分散剤でコートし，バインダー加熱時に分散剤を活性化・分解させ，加えてバインダーの硬化収縮を利用することで分散されているナノ粒子同士の距離を短縮し相互に接触を生じさせることで効率的な融着・融合が可能となり電気抵抗・熱抵抗を向上させている[8]。この方法は，導電性接着剤の粘度を低く抑えられかつ導電粒子が極めて小さいことから通常のインクとほぼ同様の取り扱いを可能にしている。また，予め酸化銀の微粒子・有機銀化合物，潜在性還元剤を特殊なバインダー中に分散させ，加熱により酸化銀の還

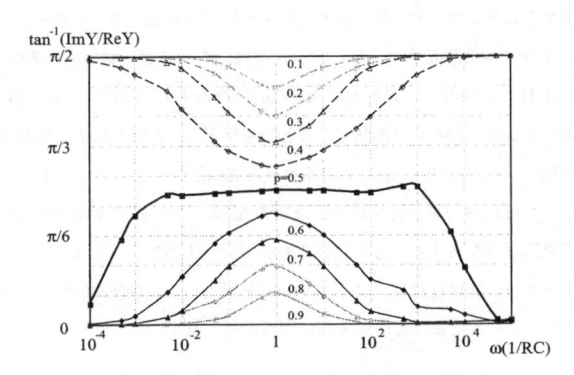

図21 複素アドミッタンスYの位相の周波数特性
（抵抗の存在確率 $0.1 \leq p \leq 0.9$）

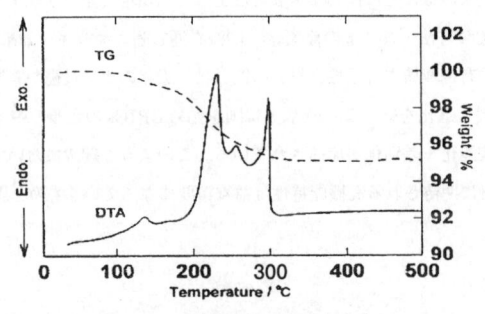

図22 Agナノ粒子の熱分析結果（TG-DTA）
（出典：大阪市立工業研究所）

金属ナノ粒子ペーストのインクジェット微細配線

元と有機銀化合物の熱分解を生じさせることで硬化物中にAg粒子を高濃度で存在させる方法も行われている。一般に金属有機化合物の分解温度は300℃以上であるがこの化合物の有機部分の構造部分を変えることで150～180℃分解可能な構造を見出し使用している。この方法では常温の保存安定性が確保可能とされている。また，Ag，Sn，Cu，In，Bi等の数種のナノ粒子を還元性バインダー中に分散させ250～350℃の加熱により有機物中で金属間化合物を作り出すことも行われている。はんだに近い金属特性と金属間の融点変化により熱不可逆性も多少有し高融点はんだの代替材料として検討が始まっている。

これらに使用されるナノ粉末の多くは球状のものが主であるが，断面がナノサイズの棒状ナノ（ナノワイヤー）Ag・Cu・Zn粉末を作り出す試みも行われている。

Agナノワイヤーの作成は硝酸銀をエチレングリコールに溶解させポリビニルピロリジノン（以下PVP）の存在下で還元する。PVPの濃度・反応温度の制御により溶液中でPVPが結晶成長の方向を抑制することでワイヤー状の銀ナノ粉末が形成されると考えられる。

この粉末をアルコール系溶媒中に分散し余分な有機物を，ろ過・減圧乾燥等により除去する。この方法では直径100～300nm，長さ10～100μm程度のものが可能である。得られたAgナノワイヤーは空気中で250～350℃に加熱することで粒子どうしの部分融着が確認されている。また，エポキシ樹脂バインダー中にAgナノワイヤーとAg粒子，AgナノワイヤーとAg・Cuナノ粒子を適宜混合した硬化物の電気抵抗値は，汎用のAgエポキシ接着剤硬化物に比べ少ないフィラー含有量で電気的導通を有することが認められる[9〜12]（図23）。このようなナノ粒子を使用したものは，マイクロバンプ接続材料，プラスチック基板上への微細配線回路，フィルムコンデンサの電極，インクジェットによる導体形成等に期待が持たれている。

9.6 おわりに

導電性接着剤は従来のはんだに代わる実装方法として，環境安全・リサイクルのみならず，実装温度の低温化・実装方法・コストの簡素化・削減を通じ省エネルギー効果も期待されている。導電性接着剤を含む有機無機混合系接合材料の開発は，近年のナノ技術や有機新素材の研究とも相まって今後も発展・進化を続ける。欧米・韓国を始めBRICsの台頭の中で電子機器・電子部品の開発競争・高機能化・差別化が加速されている。このような環境において導電性接着剤／有機無機混合系接合材に期待される高機能特性は益々重要になっていくものと思われる。

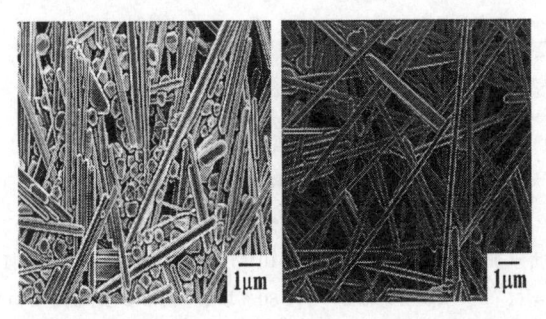

第3章 各社金属ナノ粒子の合成法とペースト特性

図23 Agナノワイヤー・ナノ粉末混合，AgナノワイヤーのSEM写真

文　献

1) 菅沼克昭　編著，ここまできた導電性接着剤技術，工業調査会（2004）
2) 小日向茂・石川治男・志賀大樹・大山千鶴子，「導電性接着剤」，日本接着学会誌，38．No.12（2003）
3) 高橋文明，「ACカロリメトリ法」，熱物性学会誌，15．No.2
4) 長谷川喜一・門多丈治・小日向茂，「ベンゾオキサジン化合物を硬化剤としたエポキシ樹脂の導電性接着剤への応用」，第42回日本接着学会年次大会資料，(2003/7) ポ06
5) T. Kimura, T. Nakai, H. Ishikawa, K. Oosawa, S. Kohinata, Thermal Conductivity and RF Signal Transmission of Ag-Filled Epoxy Resin：53rd ELECTRONIC, COMPONENTS & TECHNOLOGY CONFERENCE, P.1383-1390（2003）
6) 井口泰孝・阿座上竹四・萬谷志郎・菊地淳・杉本克久・山村力，材料電子化学，金属化学入門シリーズ4
7) M. Nakamoto, Y. Yamamoto, M. Fukusumi, *J. Chem.Soc., Chem.Commun.*, 1622（2002）
8) 本多俊之，「新しい塗膜形成機構による低温硬化・高導電材料」，電子材料，P.97-101（2003/7）
9) Y. Sun, Y. Xia, Large-Scale Synthesis of Uniform Silver Nanowires Through a Soft, Self-Seedind, Polyprocess：*ADVANCED MATERIALS*, 14, No.11, P.883-837（2002）
10) Y. Sun, Y. Yin, B. T .Mayers, T. Herricks, Y. Xia, Uniform Silver Nanowires Synthesis by Reducing AgNO$_3$ with Ethylene Glycol in the Presence of Seed and Poly（Vinyl Pyrrolidone）, *Chem.Mater*, No.14, P.4736-4745（2002）
11) Y. Gao, L.Song, P. Jiang, L. F.Liu, X.Q.Yan, Z.P.Zhou, D.F.Liu, J.X.Wang, H.J.Yuan, Silver nanowires with five-fold symmetric cross-section, *JOURNAL OF CRYSTAL GROWTH*, No.276, P.606-612（2005）
12) T. Bohler, J. Grebing, A.Mayer, H.Lohnysen, Mechanically controllable break-junction for use as electrode for molecular electronics. *NANOTECHNOLOGY* 15, P.465-471（2004）

10 ソノケミカル法

林　大和*

10.1 はじめに

　21世紀に入り,「ナノテクノロジー」という言葉が世間一般に深く浸透した。ナノテク研究の対象は,物質の大きさが単原子や単分子から,数万個程度の一次元・二次元・三次元的な原子の集まりであり,バルクとは異なる物理的な状態を示す領域であるとされている。NEDOのナノテクに関するレポートでは,世界市場規模は2010年に133兆円にまで拡大し,IT・エレクトロニクス分野と新素材・プロセス分野はその中で80％以上を占めると予測している。金属ナノ粒子ペーストは,これらの分野に跨る領域に存在し,前途有望な実用ナノ材料の一つである。

　金属ナノ粒子は現在最もアプリケーション化が進んでいる実用ナノ材料の一つであり,これらは物理的手法もしくは化学的手法で作製され,それぞれ特許やノウハウが蓄積されている。しかしながらナノ粒子の製造・生産においては各手法のコストや性能,効率の比較が必要であり,それぞれの長所・短所を考える必要がある。物理的手法では,金属源として,金属塊や有機金属化合物を加熱し,過飽和度を調整することにより作製を行う。特徴としては純度の高いナノ粒子の作製が可能である反面,チャンバー等の特殊な設備手段を必要とする。一方,化学的手法では,金属塩を溶媒に溶解させ,前駆体合成を経由した作製や還元剤を用いた直接的な手法がある。これらの手法は特殊な作製装置が不用であるが,これらの原料の中には環境やコスト面において問題がある場合がある。これまでナノ粒子も含めナノ材料は高度な組織制御のみを追求し,コストや環境対策については二の次の場合が多かった。しかしながら,更なる市場や用途拡大のためにはこれらの問題を解決するナノ材料のエコ・デザイン(エコロジー＆エコノミー・デザイン)が必要である(図1)[1]。

　本節では,金属ナノ粒子作製におけるソノケミカル法の種類・特徴と現在筆者らが取り組んでいる超音波反応場を用いた貴金属ナノ粒子材料のエコ・ファブリケーションプロセスについて紹介する。

10.2 超音波と超音波化学反応（ソノケミカル反応）

　現在,超音波はエネルギー・通信・計測等,幅広い分野で用いられている。その中でも特に超音波のエネルギー分野については,洗浄(超音波洗浄機),溶接・溶着(超音波ウェルダー),分散,脱気等(超音波ホモジナイザー等),非常に身近な製品や装置で利用されている。超音波を

---

*　Yamato Hayashi　東北大学大学院　工学研究科　応用化学専攻
　　　　　　　　　　分子システム化学講座　極限材料創製化学分野　助手

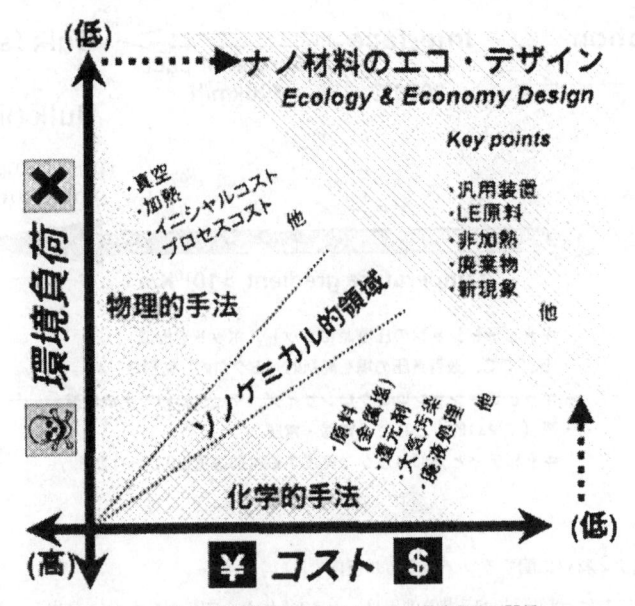

第3章　各社金属ナノ粒子の合成法とペースト特性

図1　金属ナノ粒子作製におけるコストと環境負荷の関係

媒体中に照射したときに生じる直接的な物理効果は，衝撃的な破壊作用や乾燥作用等が知られている。超音波の化学作用に注目すると，超音波により液体や溶液中に激しく気泡が生じ，化学作用・浸食・発光作用等を示す現象がある。この現象はキャビテーション（空洞現象）と呼ばれ，この気泡の圧壊時に生ずる高温・高圧が液体・溶液中にホットスポットを生じる。このキャビテーションの生成・圧壊に伴う高温の局所反応場（ホットスポット）は溶質・溶媒との相互作用によりラジカル生成を助け，様々な物理・化学的な作用をもたらす。この作用を利用した化学反応をソノケミカル反応と呼ぶ。ソノケミカル反応は，典型的な非線形・非平衡的な現象であり，従来では想像もつかないような反応や効果を期待できる。キャビテーションは，圧力が十分低く，気泡の発生の条件が十分あり，かつ気泡核が安定に存在すると発生する。液体に縦波を伝搬させた場合，波の進行方向に密度勾配を生じ，高圧域と定圧域が生成する。気泡は負の圧力域で発生し，圧力の変動により成長し，ある程度大きくなると圧壊する。超音波周波数の数サイクルで気泡の半径が大きく変化するものは過渡的キャビテーションと呼ばれ，生成・圧壊時には数千度，数千気圧のホットスポットを形成するとされている[2]。しかしながら，ミクロ的には高温・高圧であっても，マクロ的には室温・常圧であり，レーザーや放射線と異なり，万人が扱える安価で安全な汎用反応場であると言える（図2）。

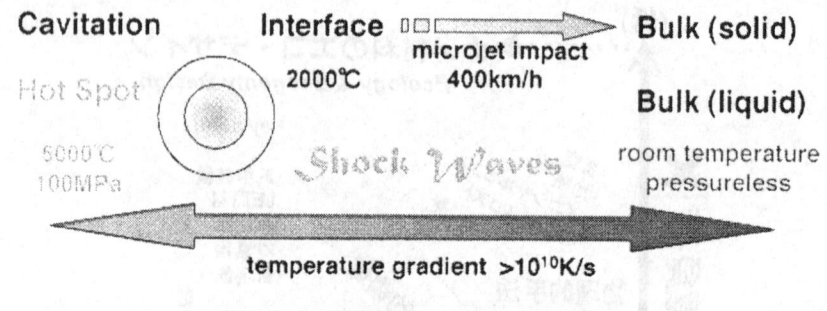

```
Cavitation          Interface                    Bulk (solid)
                       microjet impact
  Hot Spot           2000℃    400km/h
                                                 Bulk (liquid)
  5000℃              Shock Waves                 room temperature
  100MPa                                         pressureless

        temperature gradient >10^10 K/s
```

・キャビテーションの圧壊時にホットスポットを形成
・5000℃,数百気圧の場を局所的(ミクロ的)に形成
・キャビテーションはミクロンサイズ,マイクロ秒で生成消滅
・系(マクロ的)としては常温・常圧
・キャビティと外部バルクで実現する冷却速度は$10^9 \sim 10^{10}$ k/s

図2　超音波反応場の特徴

10.3　金属ナノ材料に関するソノケミカル反応

　有機反応における超音波反応場の効果は,1950年代から知られており,発生したラジカルを用いた有機化合物の合成,高分子の重合や分子鎖切断の反応等,数多くの研究が行われている。
　超音波を用いた金属ナノ粒子作製の歴史は1991年NatureにSuslickらのグループが金属カルボニル化合物を出発原料にして鉄のアモルファス,ナノ粒子の作製を報告したことに始まる[3,4]。これは,超音波キャビテーションのホットスポット効果を用いた揮発性の金属カルボニル化合物の高温熱分解反応によるものである。アモルファス鉄の作製には5000℃からの急冷が必要であり,ホットスポットが高温高圧の局所反応場であることを示した。金属カルボニル化合物は室温では不安定な物質であり,比較的簡単に金属に分解還元するために,貴金属ナノ粒子だけではなく,卑金属ナノ粒子の作製も可能であるという特徴もある。そのため,ソノケミカル反応に限らず,現在多くの研究において金属ナノ粒子ソースとして用いられている。問題点としては,カルボニル化合物は一般的に高価で,猛毒かつ不安定な物質であり,ハンドリングが難しいという点が挙げられる。
　1992年には,Nagataらのグループが,水に無機塩を溶かした溶液に超音波を照射することにより,銀ナノ粒子を析出させたことを報告した[5]。翌1993年には,Grieserらが,塩化金酸を原料に用い金ナノ粒子を合成した[6]。これらの研究における生成メカニズムはキャビテーションにより,水をベースとする溶液に還元ラジカルが発生し,それが溶解している金属イオンの還元を促し,ナノ粒子が析出するものである。現在,塩化貴金属酸化合物は,貴金属イオンソースとし

第3章 各社金属ナノ粒子の合成法とペースト特性

て貴金属ナノ材料研究においてはスタンダードな原料となった感がある。これらの手法は，希薄な還元電位の低いイオンソースに，弱い還元ラジカルが作用するために，ナノ粒子作製に重要な過飽和度条件が揃っている。また直接的な還元剤を使用することなく，狭い粒度分布域でシングルナノメーターレベルの貴金属ナノ粒子の作製が可能であり，ラボレベルで少量を作製するのであれば，非常に優れた手法である。しかしながら，大量生産を考えた場合，溶媒量に対する収率，イオンソースを必要とする従来の化学的手法と同様に残留するアニオンが存在するため，廃液処理量等の問題が挙げられる。また，塩化貴金属酸化合物も金属カルボニル化合物と同様に不安定な物質であり，冷暗所での保存が必要である。

10.4 ナノも含む材料のエコ・デザイン

エコ・ファブリケーションの実現にはいくつかのポイントがある。一つは，原料である。エコロジープロセスの実現のためにはそれ自体に毒性がなく，かつ公害の原因となるような物質を含まないことである。このような原料をLow Emission (LE) 原料と呼ぶ。また低コスト（LC）化のためには，特殊な物質ではなく，一般的に市販されているLE原料が求められる。もう一つは装置・プロセスである。設備投資（イニシャルコスト）やプロセスコストの低減には，高価な大型チャンバーや真空，高温加熱や急速冷却等の装置を用いないプロセスの開発が必要である。また原料とも関連する事項であるが，劇毒物である反応剤や溶媒等に関しては使用量を少なくする，再リサイクルが可能等，廃棄物の発生を低減するプロセスの開発が必要である。生産のためには，作製装置だけではなく，廃棄物処理のための設備投資も必要で，生産を続ける以上は恒久的に必要なコストであり，これらを低減できれば，更に安価な商品の提供が可能になる。

10.5 超音波反応場を用いた貴金属ナノ粒子のエコ・ファブリケーション

これまでのソノケミカル法による金属ナノ粒子の作製法は，溶媒と溶質が会合，もしくはイオンとして溶解している均一溶液状態での手法である。そのために金属ソースは従来の原料と変わらなく，直接的・間接的な反応場として超音波を用いていた。

現在，筆者らが開発を進めているソノケミカルプロセスは，金属ソースとして貴金属酸化物，溶媒にエタノール（アルコール）を使用する。この手法が従来のソノケミカル法における金属ナノ粒子作製プロセスと異なるのは，均一溶液相における反応ではなく，金属ソースである貴金属酸化物が溶媒に溶けていなく，粉末が分散した状態，すなわち固-液二相の不均一状態に超音波を照射する点にある。酸化物は金属元素と酸素で構成されており，一部の物質を除き安全な物質である。アルコール（エタノール）もまた，安全な物質である。貴金属酸化物の特徴として，解離エンタルピーが他の酸化物と比較して小さく，大気中において加熱のみで酸素を放出して分解

金属ナノ粒子ペーストのインクジェット微細配線

図3 ソノケミカル法による貴金属ナノ粒子のエコ・プロセス概略

し，金属に還元するという性質がある。また，アルコールに対する溶解度はほとんどなく溶けない。このプロセスでは解離エンタルピーの低い物質は高酸素濃度においてもエネルギーを加えることによって金属に還元するという現象に基づき，溶媒に粒子分散という液相（エタノール）と固相（貴金属酸化物）が混在する不均一な状態に超音波照射を行う（図3）。アルコール溶媒中で酸化物へ超音波照射を行い，キャビテーションの持つ物理化学的な作用によって分解還元を起こさせ，金属ナノ粒子を析出させる[7]。アルコール中でのキャビテーションの影響により貴金属酸化物粉末は室温で金属に還元し，微細な金属ナノ粒子に変化する。粒子サイズのコントロールは超音波照射条件や溶媒や保護剤との組み合わせにより，シングルナノメーターサイズからサブミクロンサイズまで制御が可能である（写真1）（図4）[8]。作例にはPVPを用いたAgナノ粒子を示しているが，他の保護剤の使用やAu，Pt，Pdナノ粒子等への応用も出来る。溶媒であるアルコールは，金属ソースに金属塩や有機金属化合物を使用しないため，残留アニオンや残留有機物の問題が無く再利用することも可能である。

第3章 各社金属ナノ粒子の合成法とペースト特性

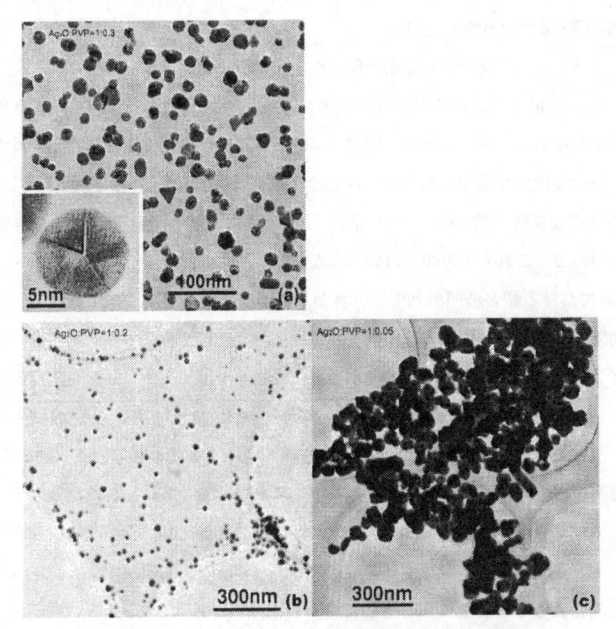

写真1 ソノケミカル法によって作製したAgナノ粒子

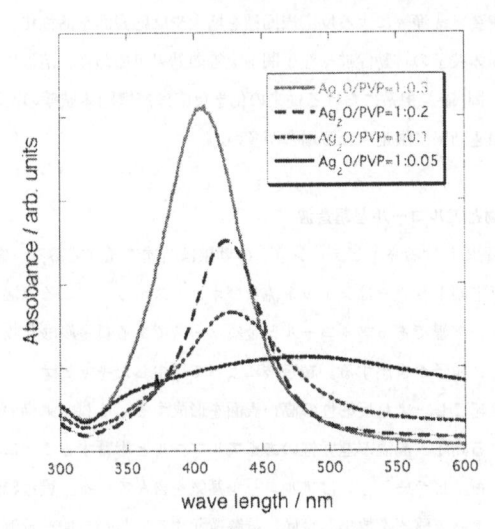

図4 ソノケミカル法によって作製したAgナノ粒子のUVスペクトル

10.6 超音波の固-液二相不均一反応

Lucheは超音波によって促進される化学反応を3種に分類している[9]。

（Ⅰ）型は、均一液相中におけるラジカル反応である。（Ⅱ）型は固-液もしくは液-液不均一相中におけるイオン反応である。イオン反応はソノケミカル的な反応促進の影響は受けないが、キャビテーションの物理的な効果によって、反応速度や収率が増大する。（Ⅲ）型は（Ⅰ）と（Ⅱ）の複合型である。貴金属酸化物-アルコール系は、固-液不均一という点では（Ⅱ）になるが、イオンが存在しないので、これらの分類には該当しない。

固-液二相系における超音波照射効果は、昔から様々な作用が知られ利用されている。均一液相における効果とは異なり、固体表面が関与する付加的な効果が存在する。例えば、均一溶液中では、キャビテーションは等方に圧壊するが、固体表面がキャビテーション発生点の近くに存在すると、キャビテーションは固体表面にジェット流を伴い、吹き付けるような状態で圧壊する。このジェット流は一説には400km/h以上の速度を伴っていると言われている（図2)[10]。この効果は、超音波洗浄機において物体を洗浄するメカニズムの一端であり、特殊な効果ではない。超音波洗浄機にアルミ薄を入れると、ポツポツと穴が空き、最後にはバラバラに粉砕される。このようにジェット流は固体表面を腐食する効果がある。一昔前の長期間使用した超音波洗浄機槽内における表面の腐食もこの影響によるものである。固-液二相におけるキャビテーションの付加的な効果は、上記のジェット流やホットスポットによる高温・高圧・衝撃波等があり、これらが固体表面の腐食、開裂、洗浄等による反応表面積を増大や反応表面を活性化させる。これらに直接的な効果である固体粒子の移動促進や粒子間衝突等の効果が加わり、溶液中における固体の反応性が促進される。固-液二相系における従来の化学反応は無機固体試薬の溶液への溶解促進など、機械的撹拌の加速効果に限定される場合が多い。

10.7 貴金属酸化物とアルコールと超音波

固-液二相不均一系におけるキャビテーションの効果は前述の通りである。貴金属酸化物-アルコール系における反応のトリガーはジェット流及びホットスポットによる高温・高圧・衝撃波の物理的な効果であり、溶媒であるアルコールと金属ソースである貴金属酸化物粉末との協奏作用によって、貴金属ナノ粒子が析出する。超音波によって発生したキャビテーションが酸化物粉末の表面の腐食を引き起こし、より反応性の高い表面を形成する。そして気泡の圧壊により生じたホットスポットによる高圧・高温が還元性のあるアルコールと影響することにより粉末の反応・還元を促進させる。キャビテーションはアルコール蒸気を含んでいる。貴金属酸化物は、大気中でも加熱することによって酸素を放出し金属に分解還元する。しかし加熱分解では最も低い解離エンタルピーをもつ酸化銀でさえ約250℃の加熱が必要であり、酸化白金の場合は約650℃必要

第3章 各社金属ナノ粒子の合成法とペースト特性

である。固相反応において気体を発する加熱分解では，原料粉体は微細化するが，加熱の影響で凝集焼結するため，ナノ粒子を作製することは非常に難しい。しかしながら，アルコール中で貴金属酸化物に超音波を照射することにより，マクロ的には室温で分解還元し，ナノ粒子が析出する。キャビテーションの発生・圧壊において，(室温・常圧) → (高温・高圧) → (室温・常圧)という急速加熱冷却・急速増減圧を伴うサイクルがナノ・マイクロ秒でパルス的に発生しているといわれている。つまり反応場（ミクロ的）は高温・高圧であるが，系（マクロ的）としては室温・常圧である。非常に単純であるが，貴金属酸化物粒子とアルコールと超音波の組み合わせにより，貴金属酸化物が分解還元し，金属クラスターが発生するための温度・圧力・反応サイトの条件全てに，過飽和度を伴う無数の絶好なマイクロ反応場が形成されている。また付随した効果であるが，作製した金属ナノ粒子の超音波による分散効果も期待できる。

この手法の特筆すべき利点は従来のソノケミカル法も含む作製手法とは異なり，金属ソースの濃度が高くても金属ナノ粒子の作製が簡単であるということである。従来のナノ粒子作製法では金属ソース濃度における過飽和度は重要であり，希薄な程適している傾向があった。固-液二相不均一系においては，原料（貴金属酸化物）／溶媒（エタノール）比が大きく，見かけ的には金属ソースの濃度が濃くても，キャビテーションが発生している箇所が反応するサイトであり局所的には過飽和度が大きいため，従来法と比較してかなり濃厚な原料比でも，ナノオーダーの粒子を作製することが可能である。

10.8 おわりに

本節では，超音波を用いた新しい金属ナノ粒子のエコ・ファブリケーションを紹介した。ここで紹介した技術の原理は非常に単純であり，また装置も特殊なものではない。無害な有機溶媒中で貴金属酸化物に超音波を照射することにより，貴金属ナノ粒子の作製が出来る。この手法は有害物質を使用しないかつ発生させない，非常にシンプルで安全なナノファブリケーションプロセスであるため，イニシャルコストやプロセスコストの低減が可能であり，工業化において大きな利点があると考えられる。また室温において安全な原料系で貴金属ナノ粒子を作製し，またその粒子を担持させることも可能なため，要素技術として工業材料に限らず食品・衣料等，様々な材料・分野への応用も可能である[1, 11]。この手法による金属ナノ粒子ペーストへの応用は，上記の低コスト・低環境負荷という特徴を活かし，現在NEDO産業技術研究助成事業において，物性制御及び生産技術を含む研究開発が進行中である。

超音波の作用については，キャビテーションが極めて短時間で生成と消滅を繰り返し（ナノ・マイクロ秒のパルス的振る舞い），また一つのバブルが極めて微量であり（10^{-13}mol以下），そして無数の集合体であるため，In-situな評価が困難であり，現象やメカニズムにおいて不明な

点も多い。しかしながら、超音波を用いた材料作製技術（ソノケミカルプロセス）は汎用局所反応場を利用した技術であり、安全に安価なナノ粒子を提供できる可能性を秘めている。

謝辞

　本研究は平成17年度NEDO産業技術研究助成事業で実施されている開発内容であります。本節執筆にあたり、大阪大学　菅沼克昭教授、東北大学　滝澤博胤教授、九州大学　成田一人研究員に御助言、御協力を頂きました。関係者各位に厚く御礼申し上げます。

文　　献

1) 林　大和、滝澤博胤、マテリアルインテグレーション、**18**、No.4、33（2005）
2) 超音波便覧編集委員会編、超音波便覧、丸善㈱（1999）
3) K.S. Suslick *et al, Nature*, **353**, 414（1991）
4) K.S. Suslick *et al, Annu. Rev. Mater. Sci*, **29**, 295（1999）
5) Y. Nagata *et al, J. Chem. Soc. Chem. Commun*, 1620（1992）
6) F. Greiser *et al, J. Chem. Soc. Chem. Commun*, 1993（1993）
7) Y. Hayashi *et al, Trans. Mater. Res. Soc. Japan*, **27**, 121（2002）
8) Y. Hayashi *et al, IEEE Trans. on Electronic Packaging Manufacturing*, **28**, 358（2005）
9) J.L. Luche ed. "Synthetic Organic Sonochemistry", Plenum Press（1998）
10) W. Lauterborn *et al, J. Fluid. Mech*, **72**, 400（1975）
11) 林　大和ほか、工業材料、**54**、No.1、71（2006）

11 メカノケミカル法による金属ナノ粒子の合成

齋藤文良[*1], 橋本 等[*2]

11.1 はじめに

金属ナノ粒子をメカノケミカル法で製造する手法には, Benjamin[1]が開発したMechanical Alloying（略称MA）がある。Benjaminは, 複数の金属粉をボールミルにより不活性ガス中で徹底的に混合すると, 最終的に金属が原子レベルで混合した状態, すなわち合金になることを見出し, これを新合金製造法としてMechanical Alloying（略称MA）と名づけた。MAの最大の特徴は, 原料を溶解せずに固相のままで合金化できる点であり, 例えば, 高融点金属の合金, Nb-Snのように成分の融点差が大きい合金, Co-Mgのように比重差が大きい合金, Tiのような活性金属合金等の製造が容易である。さらに, 熱的に不安定なアモルファス相やナノ結晶, 過飽和固溶体合金などの非平衡相合金も容易に合成できることが見出され[2,3], MAは新しい金属材料の製造手段として期待されるようになった。

もう1つのメカノケミカル（MC）・ナノ金属粒子製造法は, 室温での異種物質の粉砕による固相反応を利用する方法である。この合成法はMcCormickら[4,5]により提案されたもので, 金属塩化物を出発物質として金属NaとMC（粉砕）処理すると常温で金属ナノ粒子が得られる。例えば, Fe粒子製造では, $FeCl_2$とNaを不活性ガス雰囲気で粉砕すると固相交換反応が進行し, 粒子径が10〜20nmのFeナノ粒子が出来る。Itoら[6]も類似の方法で複合酸化物ナノ粒子を合成しており, 最終的には還元して金属ナノ粒子が得られる可能性を示している。これらの合成法においては, 出発原料は塩化物あるいは硫酸塩とNaOH（固体）であり, 粉砕過程で水酸化物ナノ粒子とNaClあるいはNa_2SO_4が生成する。この混合産物を加熱処理するとNaClあるいはNa_2SO_4共存のまま水酸化物ナノ粒子は焼結せずに酸化物ナノ粒子となり, その後, 還元すると金属ナノ粒子ができ, その後水洗するとナノ粒子のみが回収できる。

以下には, 上記のMAならびにMC法による金属ナノ粒子合成法について詳細を述べる。

11.2 反応機構

11.2.1 MAの場合

MAによる合金化機構については, 不明な点も多いが, 原料粉末粒子がボールの衝撃作用によって塑性変形, 冷間圧接, 破砕を繰り返しながら微細混合し, 最終的には原子の固相拡散によっ

[*1] Fumio Saito 東北大学 多元物質科学研究所 所長 教授
[*2] Hitoshi Hashimoto ㈱産業技術総合研究所 中部センター サステナブルマテリアル研究部門 グループ長

て合金になると考えられている[7, 8]。冷間圧接は、不活性ガス中で金属粒子を塑性変形させると、極めて活性な新生表面が形成されるため、室温で新生面同士が接合される。これを冷間圧接（Cold welding）と呼ぶ。新宮ら[9]は、MAによる原料の混合限界を調べるため、合金を作らない非固溶系のFe-Ag混合粉を長時間MAし、それぞれの粒径が数十nmになるまで微細混合したと報告した。Mizutaniら[10]は非固溶系のCu-Ta混合粉をMAし、平均粒径が10nm程度になるまで微細混合後、アモルファス合金が形成され、混合による界面エネルギーの増加が合金形成の自由エネルギーより大きくなったためと推測した。

過飽和固溶体の形成は、MAの大きな特徴の一つである。Yavari[11]はMAで合成した非固溶系過飽和固溶体合金の熱分解によるナノコンポジットの作製法を提唱した。Fe-AgやFe-CuなどのナノコンポジットはGMR（巨大磁気抵抗効果）素子など新機能材料として期待されており、MAによる非固溶系のナノコンポジット化は今後興味深い分野である。

アモルファスなどの非平衡相合金のMAによる合成は、最も研究が盛んなテーマであるが、MAで合成された合金は粉末状であるため、多くの場合バルク化しなければならない。バルク化には焼結など熱を加える必要があり、熱に弱い非平衡相を保ったままバルク化する技術の開発が望まれている。現在は、MAで合成した非平衡相合金粉末を焼結して、微細（数十～数千nm）結晶粒のバルク体を作製し、その特性を調べる研究が広く行われている。結晶粒微細化により、機械的特性の向上や機能性の改善が報告されている[12, 13]。

微粉の製造を目的とする粉砕と合金合成を目的とするMAでは同じボールミリングでもその操作条件は大きく異なる。主な違いは、ミリング雰囲気、粉末充填量、ミリング時間である。表1にはこれまでに報告されたボールミルによるMA条件を示す[14]。

ボールミルを使ったMAは、粉砕と同様、確率過程であり、ミル全体で均一に合金化が進行するわけではなく、合金粉末に混在する未合金化部分がバルク化後に欠陥となる可能性がある。最近では、ボールミルを使用しないMA[15]も考案されている。

11.2.2 MCの場合

MAはメカノケミストリーを異種金属の固相合成に利用したものである。MAによる合金化過程は、前記のとおり金属の塑性変形と折りたたみ現象の繰り返しによる組成の均質化、結晶の無定形化であり、最終的には固相拡散によって相互反応し合金化される。この種の反応をメカノケミカル反応と総称し、古くから天然鉱物や無機、有機物を対象として実証されてきた。例えば、鉱物を粉砕した後、溶媒に分散させると、熱を加えなくとも特定物質が溶媒により抽出されることや、トライボケミカル反応（摩擦が化学反応を誘起する現象）による物質の酸化還元、臭素酸塩や硝酸塩等の分解反応などが挙げられる。多くの実施例があり、それらは常温（熱を使わない）で達成できることと、得られる物質がユニークな特性を示すことなどが次々と報告されるに至り、

第3章 各社金属ナノ粒子の合成法とペースト特性

表1 論文や学会等で報告されたメカニカルアロイング実験のボールミリング条件[14]

原料系	使用ミル	使用ボール（鋼球）	ボール：粉末重量比	ミリング雰囲気	ミリング条件
Ni合金-Y_2O_3 (ODS)	撹拌ミル	9.5mm	17：1	アルゴン 空気	回転数：$3.3s^{-1}$ ボール重量：85kg
Ni合金-Y_2O_3 (ODS)	撹拌ミル（試作機）	9.5mm	15：1	アルゴン	回転数：$5.2s^{-1}$ ミル容器：$6000cm^3$ ボール重量：15kg
Ti-Cu	撹拌ミル（試作機）	7.2mm	30：1－50：1	真空	ボール重量：3～5kg
Al-Al_2O_3	撹拌ミル	7.9mm		空気	
Fe-Zr	遊星ミル	10mm	13：1	アルゴン	ミル容器：$250cm^3$
Bi-Sr-Ca-Cu	遊星ミル	9mm 15mm		アルゴン	回転数：45^{-1} ボール重量：85kg
Cu-C	振動ミル	12.7mm 4.76mm	60：1	アルゴン	振動数：$25s^{-1}$ 振幅：2.5mm ミル容器：$520cm^3$ ボール重量：0.5～2.0kg
Ni合金-Y_2O_3 (ODS)	振動ミル	8mm 13mm 19mm	34：1	アルゴン	ミル容器：$100cm^3$ ボール重量：3.4kg
Si-Ge	Shaker mill	7.9mm	5：1	アルゴン 空気	振動数：$20s^{-1}$
V-Si	Shaker mill	12mm	5：1－10：1	アルゴン	振動数$20s^{-1}$ ボール重量：100g
Nb-Si	Shaker mill	12mm	5：1－10：1	アルゴン	振動数$20s^{-1}$ ボール重量：100g
Ta-Si	Shaker mill	12mm	5：1－10：1	アルゴン	振動数$20s^{-1}$ ボール重量：100g
Fe-Cr	Shaker mill	7.9mm	6：1		ボール重量：44g
Ni-Ti	Shaker mill	7.9mm		アルゴン	振動数$20s^{-1}$ 振幅：50mm
Ni-Al-Hf-B	Shaker mill			アルゴン 空気	
Ti-Cu		8mm 10mm	3：1－10：1		
Al-Al_2O_3	Shaker mill	6.35mm	6：1		振動数：$20s^{-1}$ ミル容器：$55cm^3$ ボール重量：32g
Ti-Al	回転ミル	4.76－25.4mm	50：1	アルゴン	回転数：$1.4s^{-1}$ ミル容器：$25000cm^3$ ボール重量：41.1kg
Pd-Si	回転ミル	15mm 20mm			回転数：$1.8s^{-1}$ ミル容器内径：10.8cm
Ni-Nb	回転ミル	15mm 20mm	36：1		
Ni-Al	回転ミル		70：1		

材料科学的興味も増大してきた。粉砕過程では前述のMAから容易に想像できるように，物質の塑性変形（折りたたみ）の繰り返しは新生界面の増大を意味し，表面エネルギーが，反応系でのエネルギーバリアを超えるまでになると固相反応が開始される。その駆動力は，安定相からのズレ（不安定化）であり，反応後には結晶化が進み安定化する。この"安定化-不安定化-安定化"の繰り返し過程は，加熱・溶融法における経路とは異なるし，得られる物質の結晶構造は一般に乱れており（ランダム構造），化学的に不安定要素を含んだ微粒子・凝集状態となる。このメカノケミカル（MC）固相反応を利用して金属ナノ粒子を製造することが出来る。表2にはDingら[16]の実験結果を示す。多くは，還元反応を利用したナノ粒子合成であるが，発熱反応である場合が多い。したがって，熱発生を抑制することが必要であり，その方法として希釈材を適宜原料に添加・混入し，MC処理を行うことが重要である。例えば，次式では左辺のNaClがそれに相当する。

表2 金属ナノ粒子のMC合成例[16]

反応式	金属容積率	粒径（nm）
$FeCl_3 + 3Na \rightarrow Fe + 3NaCl$	8.1%	10-20
$CuCl_2 + 2Na \rightarrow Cu + 2NaCl$	11.6%	20-50
$CoCl_2 + 2Na + 1.5NaCl \rightarrow Co + 3.5NaCl$	6.6%	10-20
$NiCl_2 + 2Na + 1.5NaCl \rightarrow Ni + 3.5NaCl$	6.6%	5-10

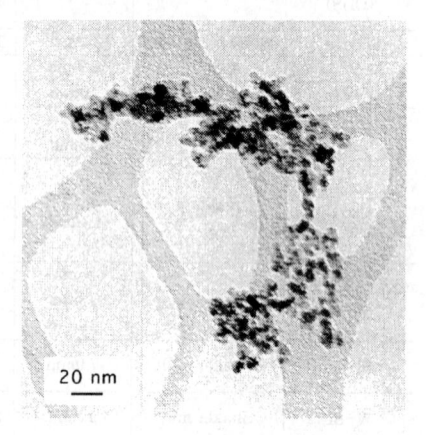

図1 Niナノ粒子のTEM像[16]

$$CoCl_2 + 2Na + 1.5NaCl \rightarrow Co + 3.5NaCl$$

希釈材の役割は，発熱の抑制以外にも，生成相を水などの溶媒に溶けやすい相に良好に分散させ，粉砕や加熱過程での凝集を防止する効果もあり，その結果，溶媒によって生成した金属ナノ粒子を塩化物から洗浄・除去すると，分散性の良いものが回収される。図1には回収したNiナノ粒子のTEM写真[16]を示す。これによると5～10nmの単分散性に優れたナノ粒子が回収できる。

第3章 各社金属ナノ粒子の合成法とペースト特性

文　献

1) J.S. Benjamin, *Met. Trans.*, **1**, p.2943（1970）
2) R. Schwartz, C.C.Koch, *Appl. Phys. Lett.*, **49**, p.146（1986）
3) 森　光広ら，粉体および粉末冶金．**37**．p.648（1990）
4) P.G. McCormick, *Mater. Trans. JIM*, **36**, 161（1995）
5) P.G. McCormick, in Handbook on the Physics and Chemistry of Rare Earths, eds. Gschneidner, Jr. K.A. and Eying, L., **24**, p.47-82（1997）
6) T. Ito, Q. Zhang, F. Saito, *Powder Technology*, **143-144**, 170（2004）
7) 渡辺龍三．日本金属学会報．**27**．p.799（1988）
8) J.S. Benjamin, ASM Metals Handbook, **7**, p.722（1984）
9) P.H. Shingu, *et al*., Proc. JIMIS-5, **29**, p.3（1988）
10) U. Mizutani, C.H. Lee, *Mater. Trans., JIM*, **36**, p.210（1995）
11) A.R. Yavari, *Mater. Trans., JIM*, **36**, p.228（1995）
12) P.H. Shingu, *et al*., *Trans., JIM*, **36**, p.83（1995）
13) 水谷宇一郎ら．金属．**65**．p.999（1995）
14) 橋本等：「先端粉砕技術と応用」（齋藤文良．伊ヶ崎文和監修），NGTコーポレーション．2005．p.102-109
15) 相澤龍彦ら．粉体および粉末冶金．**43**．p.602（1996）
16) J. Ding, T. Tsuzuki, P.G. McCormick, *J. Mater. Sci.*, **34**, 1（1999）

第2編　ナノ粒子微細配線技術

第1章 インクジェット印刷技術

1 インクジェット印刷技術概要

酒井真理*

1.1 はじめに

インクジェット印刷技術はインクジェットヘッドから微小なインク液滴を噴射し、インクドットの集合としてパターンを印刷媒体に描画する印刷技術である。ヘッドのノズルから吐出したインク液滴は、ヘッドと媒体との間の空間を飛翔してヘッドと対向する印刷媒体に着弾する。従って、インクジェット印刷は非接触なダイレクトパターニング技術であり、印刷版を用い接触を伴う転写を経てパターンを描画する他の印刷技術と比較して、複雑なプロセスが少ないため多くの特徴を有している。ヘッドとヘッドを印刷媒体に対して相対的に移動させる走査機構とを組み合わせたシンプルな構造であることから、安価でスケーラビリティの高い印刷装置が構成できる。また、インクと印刷媒体との多様な組み合わせが可能で、厚く硬い基板、薄く柔軟な基板、凹凸のある基板等に多様な機能性パターンを描画することができる。インクジェット印刷技術は、パーソナルコンピュータの出力装置として銀塩写真に比肩し得る画像品質を追及する中で進歩してきた。今日、インクジェットを文書や画像の出力手段以外に適用する多くの試みは、これら民生用のインクジェットプリンタの技術発展に負うところが大きい。図1はセイコーエプソンから上市されたピエゾ方式のインクジェットプリンタの最小液滴量の推移を示している。現在ではピエゾ方式だけでなくバブル方式も最小液滴は1pl（ピコリットル）に到達しているが、研究レベルのフェムトリットルインクジェット[1]を含めると実に6桁以上の液滴量範囲をインクジェット技術がカバーしている。

1.2 インクジェット方式の分類

図2は現在実用化されているインクジェットの種々の方式を分類したものである。インクジェットは画素情報に応じた液滴の形成方法から連続噴射型とオンディマンド型とに大別される。連続噴射型は荷電制御方式とも呼ばれ、インク液滴を連続して噴射しながら選択的にインク液滴を帯電させ、偏向電界によって帯電の有無で軌道を変えることにより、一方の帯電状態のインク液滴を用いて描画する。インク滴液滴の形成には、加圧したインクを圧電素子で速度変調を与えな

---

* Shinri Sakai　セイコーエプソン㈱　第二研究グループ　室長

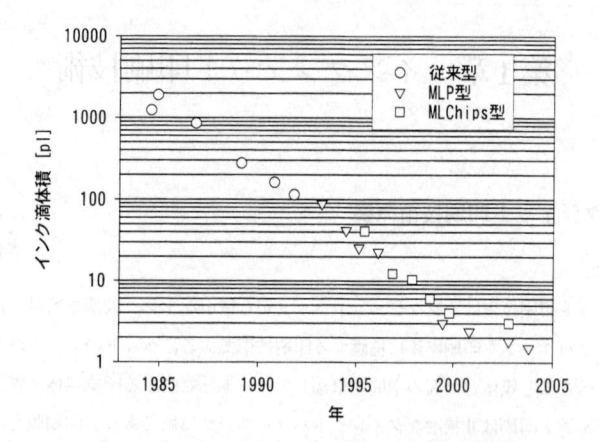

金属ナノ粒子ペーストのインクジェット微細配線

図1　エプソン製ピエゾヘッドの最小インク滴量の推移[11]

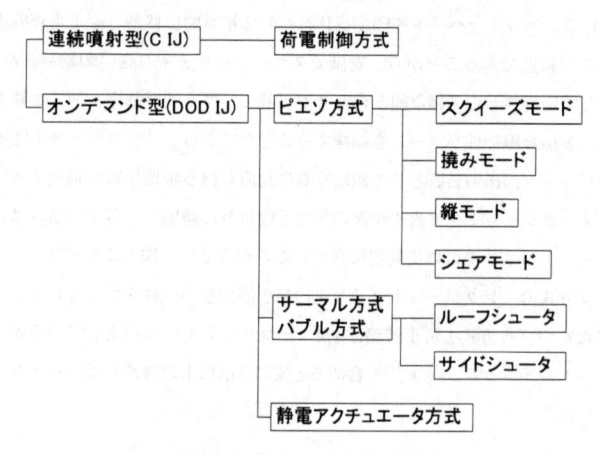

図2　インクジェット方式の分類

がら連続的にノズルから噴射させ，インク液柱が表面張力により速度変調に同期して液滴に分裂するメカニズムを用いている。パターン形成に用いられないインクは回収機構で集められ再利用される。連続噴射型は帯電・偏向・回収機構をノズルと媒体との間に配置する必要があり，装置が複雑で大型になり現在では特殊な帳票印刷等で使われているのみである。一方，オンディマンド型は必要な時のみインク液滴を噴射するもので，今日オフィスや家庭で広く使われているデスクトッププリンタは全てオンディマンド型のヘッドを採用している。オンディマンド型のヘッドには，液滴噴射の圧力発生源として圧電（ピエゾ）素子を用いた方式（ピエゾ方式）と，熱によ

第1章 インクジェット印刷技術

る液体の沸騰現象を用いた方式（バブル方式，サーマル方式）と，静電気力を用いた方式（静電アクチュエータ方式，静電吸引方式）とがある。更にピエゾ方式は圧電素子の変形モードにより縦モード，撓みモード，シェアモード，スクイーズモードの様式がある。以下にピエゾ方式とバブル方式の構造を説明する。

1.2.1 ピエゾ方式インクジェットヘッド

ピエゾ方式は，ノズルに接続する微小な圧力室の壁を圧電（ピエゾ）素子で変形させることで圧力室容積を変化させ，圧力室を満たすインクを加圧してノズルからインク液滴を噴射する。圧電素子の機械歪を壁の変形に変換する機構により幾つかの様式がある。縦モードピエゾヘッドと呼ばれる様式は，圧電素子の長さあるいは厚さ方向の縦振動変位で直接圧力室の薄膜壁を変形させるもので，他の様式と比較して変位量と発生力が大きく高密度・高吐出性能なヘッドが構成できる。撓みモードピエゾヘッドと呼ばれる様式は圧力室壁を弾性板と圧電板とを積層したユニモルフ振動子で構成したもので，構造がシンプルなため生産性の高いヘッドが構成できる。シェアモードピエゾヘッドと呼ばれる様式は圧電体の分極方向に対して垂直に電界を印加した時の圧電体のせん断変形を利用して圧力室の容積を変化させる。

（1）縦モードピエゾヘッド[2]

縦モードピエゾヘッドの例を図3に示す。圧電体と電極とを交互に積層した積層圧電素子は圧力室密度に等しい間隔で切断され，一端をベース基板に固定された櫛歯状アクチュエータ列を構成している。圧電素子へ電圧を印加すると圧電横効果により圧電素子はベース基板を固定端として長さ方向に収縮し，他端に接着固定された振動板を圧力室容積が拡大する方向に変形させる。逆に電圧の解除によって圧電素子は伸長し圧力室容積を縮小させる。厚さおよそ20μmの圧電体

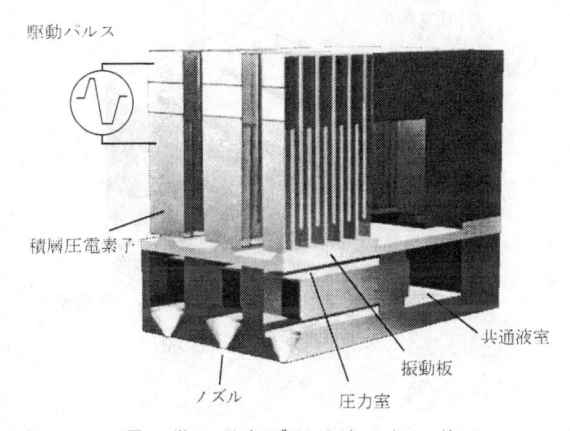

図3 縦モードピエゾインクジェットヘッド

金属ナノ粒子ペーストのインクジェット微細配線

層を20層以上積層した圧電板で長さ数mmの振動子を構成することにより，30V程度の駆動電圧で1μm程度の大きな変位量が得られるため，高密度に圧力室を配置させることが可能である。軸方向の変形を利用するため剛性が非常に高く，大きな発生力が得られる点も大きな特徴である。

(2) 撓みモードピエゾヘッド[3, 4]

撓みモードピエゾヘッドの例を図4に示す。圧電素子は圧力室を形成するセラミクス基板群と一体化した積層セラミクス構造体としてセラミクス振動板上に焼成により形成されている。セラミクス振動板と圧電素子との積層構造によるユニモルフ振動子は，圧電素子への電圧印加により撓み変形し圧力室容積を縮小させる。機械加工や接着工程を必要としない構成・製造プロセスで圧力室とアクチュエータというインクジェットヘッドの核部分を構築することで，振動板と圧電素子が薄層化され高密度に圧力室を配置した低価格なヘッドが可能である。

(3) シェアモードピエゾヘッド

XAAR社が開発したシェアモードピエゾヘッド[5]（図5(a)）は，厚さ方向に分極された圧電板に溝を切り込むことで圧力室が形成されており，圧力室は壁面内方向に分極した圧電体壁で区画されている。圧力室の壁面には電極が形成されており，隣接する圧力室の電極間に電圧を印加すると圧電体壁には分極方向と垂直な方向に電界が作用し，せん断変形により壁が撓み圧力室容積が変化する。XAAR社の方式は比較的高密度に圧力室を配置することが可能であるが，隣接する圧力室間の壁を駆動する関係で隣接する圧力室を同時に駆動することはできず，時分割駆動をす

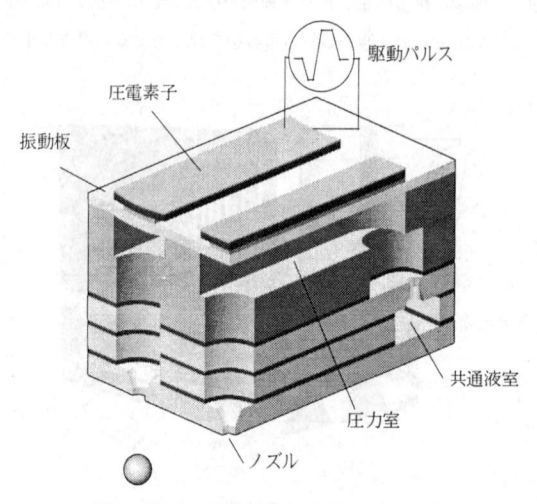

図4 撓みモードピエゾインクジェットヘッド

第1章　インクジェット印刷技術

(a)

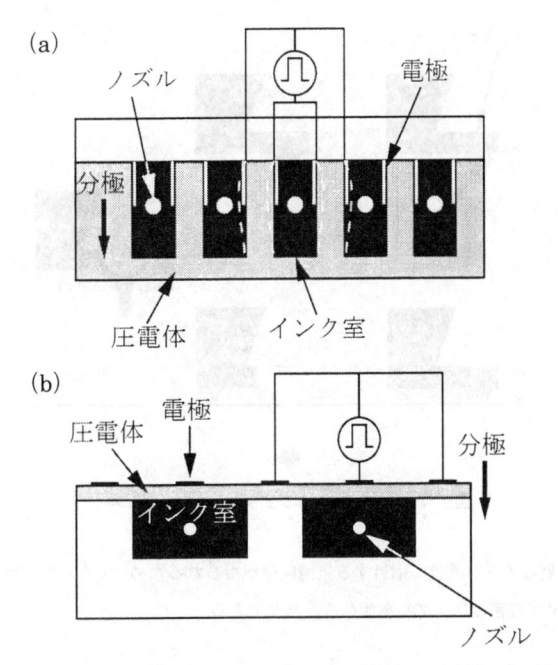

(b)

図5　シェアモードピエゾインクジェットヘッド

る必要がある。また，圧力室内に電極が形成されているため，絶縁処理等を施さないと水系インク等の導電性インクを用いることができない。Dimatix社（前Spectra Inc.）が開発したシェアモードピエゾヘッド[6]（図5(b)）は，圧力室の天壁を厚さ方向に分極した圧電板で構成している。圧電板の一方の面に形成された電極間に電圧を印加することで壁面内方向に電界を作用させ，圧電体のせん断変形を誘起する。Dimatix社の方式は構造が単純で製造が容易であるがノズル密度は比較的低い。

1.2.2　バブル方式インクジェットヘッド[7, 8]

　バブル方式は抵抗発熱体（ヒータ）に電流を流すことで水を主溶媒とするインクの一部を急速に加熱・沸騰させ，そのときに発生する高圧気泡を利用してインクを吐出させる方式である。図6に示す吐出プロセスで，ヒータにパルス電圧で通電するとヒータは数μ秒でおよそ400℃に達し，ヒータに接するインクは約300℃の過熱限界温度まで加熱される。次の瞬間，ヒータ表面に無数の気泡が一気に生成し，合体しながら単一気泡になり急速に成長する（膜沸騰現象と言われる）。この瞬間の最大圧力は約10MPaにも達し，この大きな気泡圧力によりノズル部のインクを押し出しインク液滴として吐出させる。水の沸騰による体積変化は極めて大きく，一辺が数十μmのヒ

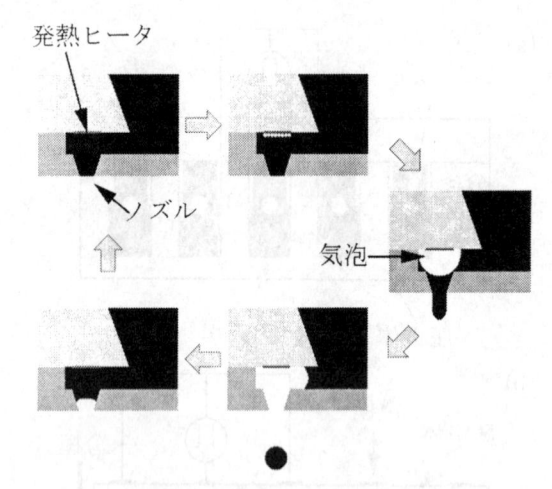

図6 バブル方式インクジェットの吐出プロセス[7]

ータサイズで必要なインク滴量に相当する気泡体積が得られるため，1インチ（25.4mm）あたり600個と言う極めて高密度にノズルを並べることができる。

1.3 インク液滴の変調と微小化技術[9]

ピエゾ方式インクジェットヘッドは圧電素子を駆動することでインクメニスカス振動流を励振させインク液滴を噴射する。圧電素子は極めて線形性の高いアクチュエータであり電圧の上げ下げでインクを押すことも引くこともできる。更にヘッド振動系も線形性が高いため，駆動電圧パルスによりメニスカス振動流を精密に制御することにより極めて広範囲にインク液滴の速度や体積を調整することが可能である。駆動波形によるメニスカス制御の例として，負のパルスと正のパルスを組み合わせたPull-Push-Pull駆動と呼ばれる波形では，初めの電圧の立ち下りでメニスカスを引き込んだ後に次の電圧の立ち上がりで微小液滴を押し出し，最後の電圧の立ち下りでメニスカス残留振動を抑制する。パルスの高さとエッジの傾きやパルス幅を工夫することで，粘度や粘弾性の異なる多様なインクに対応することが可能である。一方バブル方式は極めて非線形性の強い現象であること，膜沸騰が生じた後ではヒータからの熱伝達が行えないこと，そしてメニスカスを引くという制御ができないことにより，パルス波形による吐出制御が困難である。バブル方式で微小液滴を精度良く吐出させるには，発生した気泡でノズル部のインクを分断し吐出口側のインクを液滴として噴射させ，インク滴体積をノズル部の幾何学的形状で規定する手法が取られている。異なる液滴量を得るには，バブル方式の極めて高いノズル密度を利用して異な

第1章　インクジェット印刷技術

るインク滴量を吐出する異なる形状のノズルを同一の基板上に集積する方法も用いられる。

1.4　おわりに

　デスクトッププリンタとして発展してきたインクジェット技術は，1台で写真品質の画像から一般文書までカバーできる万能なパーソナル印刷機としての地位を築いた。今後は長尺ヘッド（ラインヘッド）を用いることにより，極めて高速な印刷がRoll-to-Rollで可能となり多様なシステムへ展開されて行くであろう。特にピエゾ方式インクジェット技術は水以外の溶媒へも柔軟に対応できることから，水系・非水系の別無く有機や無機の機能性材料を含有するインクを用いた電子材料等のパターニングへの応用展開が期待される。より詳細なインクジェットヘッド技術に関しては参考文献を参照されたい[10〜12]。

文　　献

1) 産業技術総合研究所，プレスリリース　2002.4.1発表
2) 北原強，MACHの開発．Japan Hardcopy 2003論文集，217-220（2003）
3) 碓井稔，MACH-jetの技術進化．Japan Hardcopy 1996論文集，161（1996）
4) A. Hirota and S. Ishikura, Development of Drop on Demand Piezoelectric Line Inkjet Printhead, Proc. IS&T's NIP21, 257-263（2005）
5) H.J. Manning and R.A. Harvey, Xaar Greyscale Technology, Proc. IS&T's NIP15, 35-39（1999）
6) Y. Zhou, The Application of Piezo Ink Jet Technology to High-Speed DOD Single Pass Printing, Proc. IS&T's NIP16, 28-31（2000）
7) 中島一浩，最新バブルジェット技術，日本画像学会誌，41，2，37-44（2002）
8) 中島一浩，松田弘人，金子峰夫，対称形カラーバブルジェットヘッドによる普通紙高速高画質印字，Japan Hardcopy 2003論文集，221-224（2003）
9) 酒井真理，ピエゾ方式インクジェットヘッドのインク滴微小化技術，日本画像学会誌，40，1，48-55（2001）
10) H.P. Le, Progress and Trends in Ink-jet Printing Technology, *The Journal of Imaging Science and Technology*, 42, 1, 49-62（1998）
11) 酒井真理，ピエゾ方式インクジェットプリンタの技術動向，日本画像学会誌，41，2，45-51（2002）
12) 中島一浩，インクジェット技術最新動向2004，日本画像学会誌，43，473-479（2004）

2 各種のインクジェット印刷技術

2.1 独立分散ナノ粒子インクを用いたインクジェット印刷技術

小田正明*

2.1.1 はじめに

大型化が進むディスプレー及び微細化,高密度化が進む実装分野において,コスト削減,環境対応への適応から,金属ナノ粒子インクを使ったインクジェット印刷法を導入しようという動きが活発となっている。本稿では当社の関連会社であるライトレックス社のインクジェット装置の性能と金属ナノ粒子インクを用いたインクジェット印刷技術の概要について述べる。

2.1.2 インクジェット法の特徴

従来のフォトリゾグラフィー法とインクジェット法のプロセス比較を図1に示した。インクジェット法は,①露光のためのマスクが不要 ②必要な場所にだけ描画するために材料の利用効率が高く,廃液処理コストが削減される ③大気プロセスであるために大型基板への適用が容易でフットプリントが小さくできる ④装置コストが小さい ⑤段差のある基板上でも描画可能 ⑥CADデータがあればオンディマンド印刷が可能であり短納期,といった特徴がある。

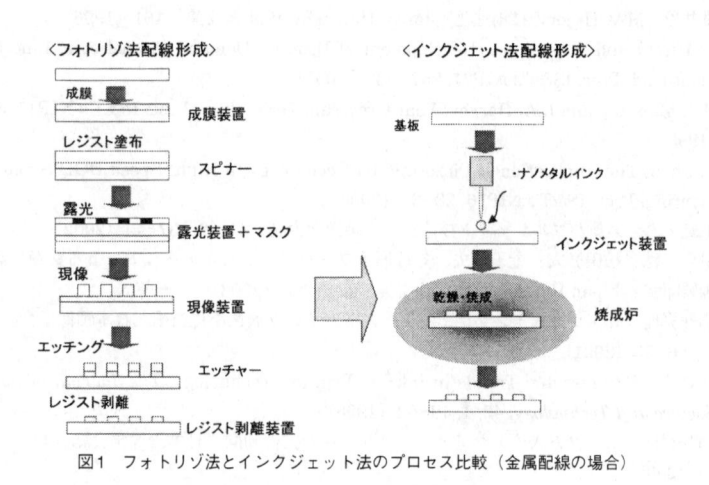

図1 フォトリゾ法とインクジェット法のプロセス比較(金属配線の場合)

---

* Masaaki Oda ㈱アルバック・コーポレートセンター ナノパーティクル応用開発部 部長

第1章　インクジェット印刷技術

2.1.3　ライトレックス社インクジェット装置の特徴
(1)　概要
　当社の関連会社である米国のライトレックス社のインクジェット装置（写真1）について紹介する。この装置にはDimatix社（旧スペクトラ社）製のインクジェットヘッドが標準装備されている。この装置は次のような特徴をもっている。①配線形成に適したTIFデータによる描画モードと有機ELの画素，カラーフィルター画素の塗りつぶし塗布モードを搭載　②吐出条件の最適化に不可欠なインク液滴観察機能搭載　③各ノズル毎に駆動電圧を調整してインク吐出量，速度を均一化するDPN（Drive per Nozzle）機能搭載　④任意の解像度に対応できるように，ヘッドを水平方向に任意の角度で回転し，描画方向に対して各ノズルのピッチを任意に設定するバリアブルピッチ機能搭載　⑤各種ヘッドを搭載できるインターフェース装備

(2)　インクジェットヘッドの構造
　Dimatix社（旧スペクトラ社）製のインクジェットヘッドを例に，その仕様と構造を図2に示す。ヘッド上面にピエゾ素子が取り付けられており，印加された駆動波形によりピエゾ素子が変形して各ノズルのインク室内のインクが吐出される。

(3)　インク液滴観察システム
　インク液滴観察システムの表示画面を写真2に示す。各ノズルから一秒間に数千個のインクが吐出しているが，これに同期させてストロボライトを照射して，操作画面上でインク液滴を静止状態で表示観察するシステムである。これを画像認識により，液滴速度，体積，吐出方向を自動測定する。インクとして銀のナノメタルインク[1] Ag1TeH（固形分濃度58wt％）を使用した場合に，インクジェットヘッドSE-128にかける駆動のパルス幅，及び電圧を変化させた時の液滴

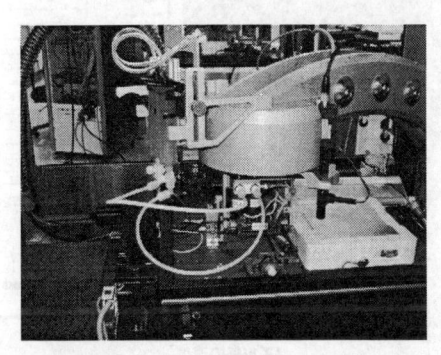

写真1　研究開発用インクジェット装置Litrex70の外観とその特徴
①TIFデータによる描画，②吐出条件の最適化に不可欠なインク液滴観察機能，③DPN機能による高精度インク液滴コントロール，④任意の解像度に対応できるヘッドバリアブルピッチ機能，⑤各種ヘッドを搭載できるインターフェースの装備

金属ナノ粒子ペーストのインクジェット微細配線

	Dimatix SX-3	Dimatix SX-128	Dimatix SE-128	Dimatix SM-128	Dimatix SL-128
ノズル数(個)	128	128	128	128	128
ノズル間隔(μm)	508	508	508	508	508
ノズル径(μm)	19	27	35	50	50
インク液滴サイズ(pL)	8	10	25	50	80
インク粘度(mPa·sec)	10-14	10-14	8-20	8-20	8-20
最大駆動周波数(kHz)	10	10	40	20	30
備考	オプション	オプション	標準	オプション	オプション

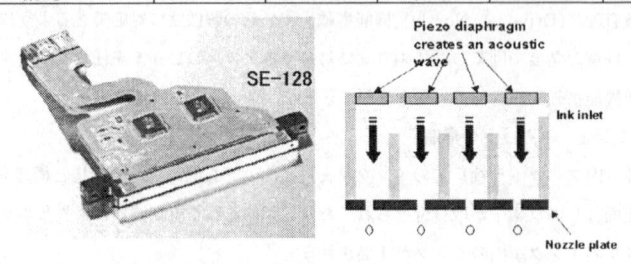

図2　Dimatix社製 インクジェットヘッドSシリーズの概要

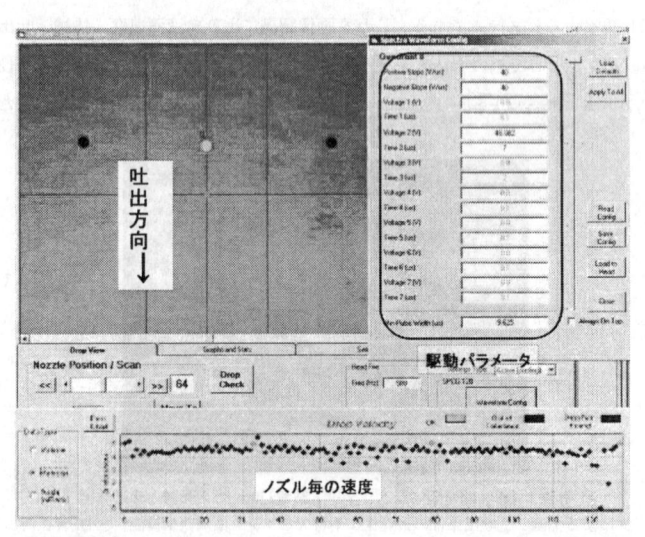

写真2　インク液滴観察機能，画像認識によりインク液滴の速度，体積，吐出方向を自動測定，ノズル毎の速度も個別に表示できる

第1章 インクジェット印刷技術

速度,液滴体積の関係を図3に示す。速度が最大になるようにパルス幅を最適化した上で,駆動電圧の増加とともに比例して速度と体積が増加している。観察したインク吐出状態を写真3,4に示すが,駆動電圧に比例して液滴速度,及び体積が増加し,また,駆動周波数に比例して単位時間当たりの吐出数が増加していることが分かる。

(4) DPN機能

DPN機能によりヘッドのノズル毎に駆動波形を変えた条件での吐出体積の変化の状態を図4に示す。制御前に比べ,体積バラツキが激減していることが分かる。

(5) バリアブルピッチ機能

バリアブルピッチ機能を搭載しているので,図5に示すように,ヘッドの真上から見た回転角度を変えることにより,描画方向に対し直角方向の各ノズル間のピッチを任意に制御できるので,あらゆる種類のパターンに対して任意の描画ピッチで対応可能となっている。

2.1.4 ライトレックス社インクジェット装置の種類

ライトレックス社製のインクジェット装置には,写真5に示すように,研究開発用のLitrex70(基板サイズ200×200mm),Litrex120(基板サイズ370×470mm),Pilot生産用のLitrex142(基板

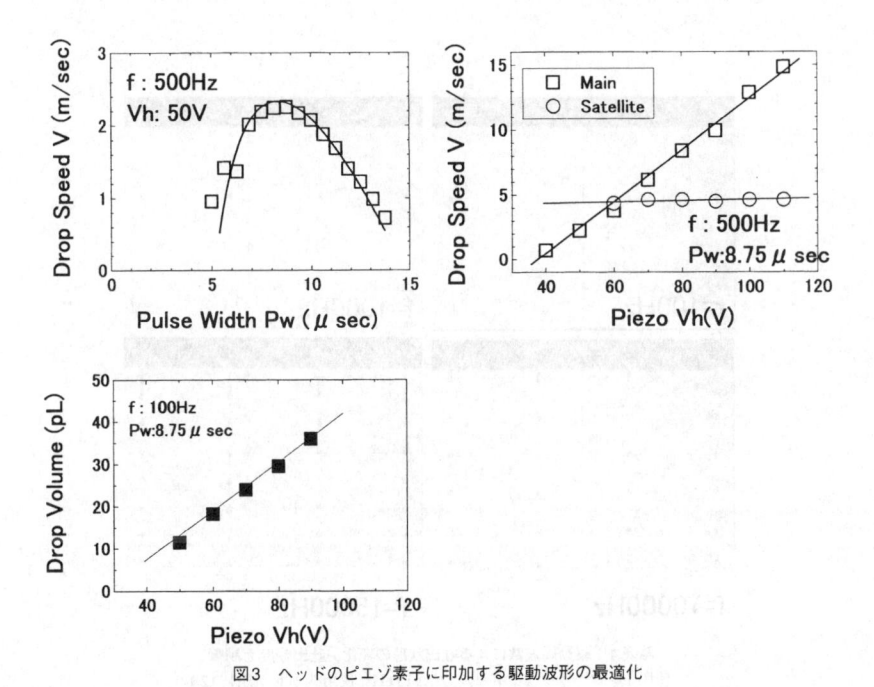

図3 ヘッドのピエゾ素子に印加する駆動波形の最適化

117

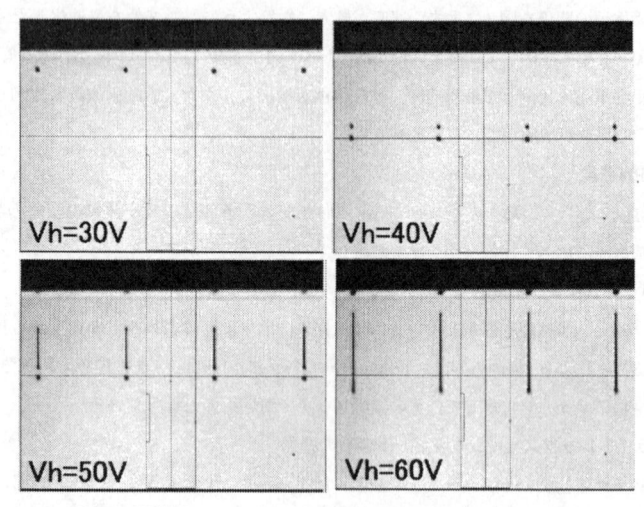

金属ナノ粒子ペーストのインクジェット微細配線

Vh=30V　Vh=40V
Vh=50V　Vh=60V

写真3　駆動電圧による吐出状態の変化，液滴体積，及び速度を制御
使用インク：ナノメタルインクAg1TeH，使用ヘッド：SE-128

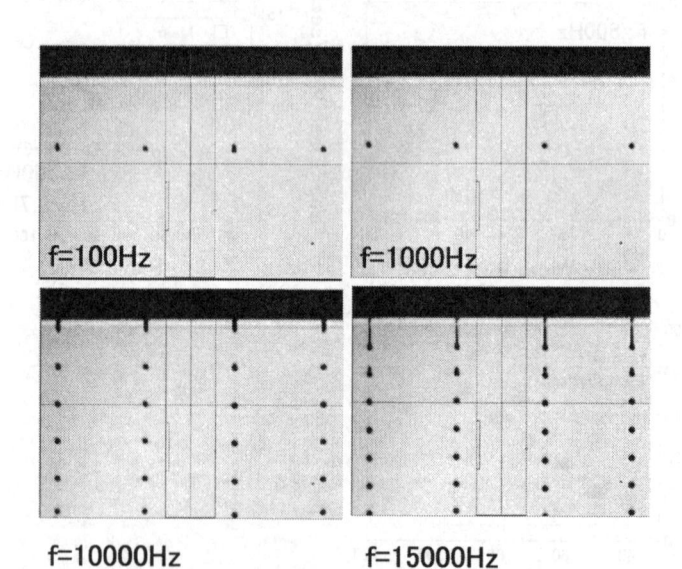

f=100Hz　f=1000Hz
f=10000Hz　f=15000Hz

写真4　駆動周波数による吐出状態の変化、吐出頻度を制御
使用インク：ナノメタルインクAg1TeH，使用ヘッド：SE-128

第1章 インクジェット印刷技術

Droplet volume before and after DPN correction

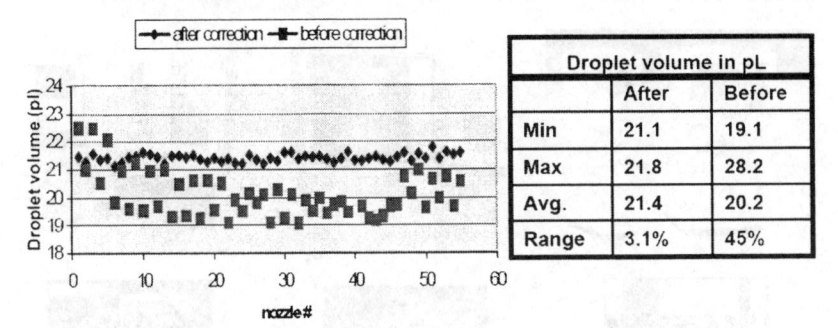

Droplet volume in pL		
	After	Before
Min	21.1	19.1
Max	21.8	28.2
Avg.	21.4	20.2
Range	3.1%	45%

図4　Drive per Nozzle（DPN）機能，ノズルごとに駆動波形を変えることにより液滴体積や速度のばらつきを補正

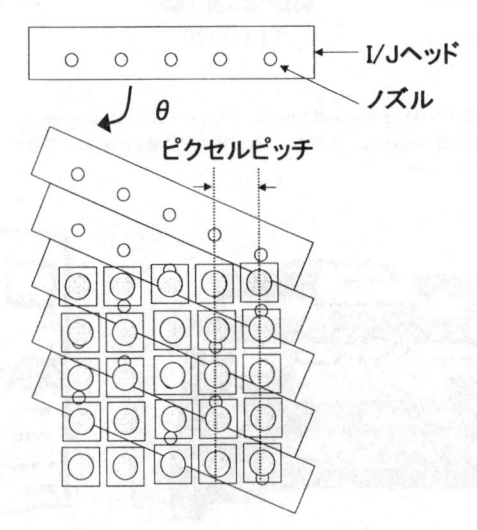

図5　バリアブルピッチ機能，ヘッドを回転させることによりノズル間隔を任意のピッチに調整

サイズ370×470mm）がある。また，写真6, 7に示すようにメーターサイズ以上の基板への対応としてLitrexM400, M700がある。

2.1.5　基板の表面処理

インクジェット印刷に使用されるOHPシート，印刷紙の表面には薄い吸収層が形成されているために，着弾したインク滴は広がらずに微細パターンが形成される。一方，工業的には基板は

金属ナノ粒子ペーストのインクジェット微細配線

Litrex70　　　　**Litrex120**　　　　**Litrex142**

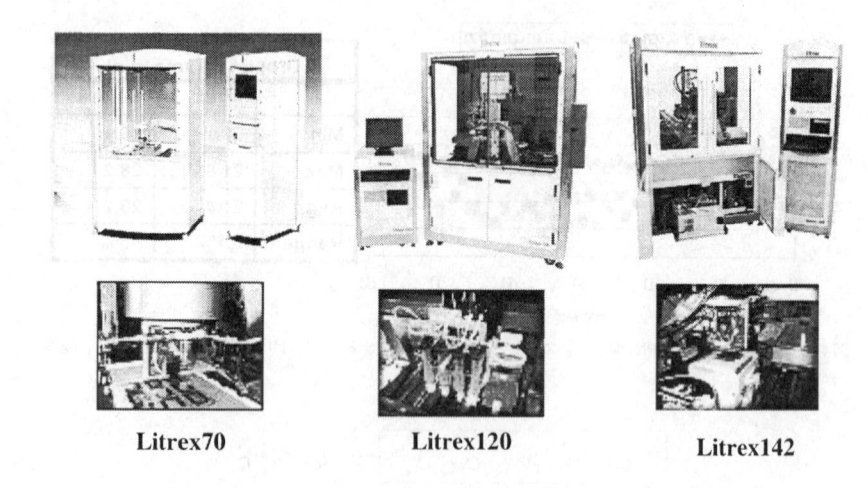

写真5　研究開発用小型インクジェット装置Litrex70，基板サイズ200×200mm 滴下位置精度：±20μm，研究開発用中型装置Litrex120，パイロット生産用中型装置Litrex142，基板サイズ370×470mm 滴下位置精度：±10μm

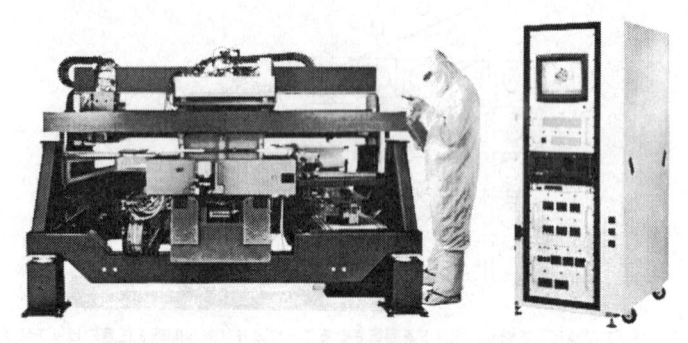

写真6　Litrex製インクジェット装置（大型）New M-Series/M400

第1章　インクジェット印刷技術

写真7　Litrex製インクジェット装置（大型）New M-Series/M700

ガラス，有機フィルムなどであり，直接その上に金属配線パターンが形成される。インクジェット用のインクはスクリーン印刷用とは異なり，粘度が10mPa·s程度と低いために微細なインク滴が着弾したとしても広がってしまい，微細化は不可能となる。微細パターンを形成するためには基板表面をインクに対しある程度の撥液性をもたせることが必要となる。撥液性が強すぎると着弾したインク滴が表面を移動してコーナー部，エッヂ部，あるいはダストのあるところに集まり，バルジを形成してしまい，不均一な膜となり，また，断線を生ずる。均一な微細パターンを形成するためには，インク滴に対し，表面の接触角が30～60°となる程度にすることと，着弾したインク滴の重なりの度合いを調節することが重要である。撥液性をもたせる処理には，CF_4プラズマ処理の方法とフッ素系の薬液塗布の方法がある。

文　　献

1）本書　第1編第3章　1．ガス中蒸発法による独立分散ナノ粒子インク生成とその特性

2.2 回路配線用インクジェットプリントヘッド及び配線技術

2.2.1 はじめに

町田　治*

　金属ペーストをインクジェットプリントヘッドで塗布してダイレクトに回路配線を製造するというアイデアは20年以上前から特許が公開されているが[1]，配線を形成する金属を安定に分散させたインクが未完成であったため，実用化には至っていなかった。しかし近年，金属の微細化技術の発達により，インクジェット技術を用いた回路配線の実現性が一気に高まった。一方で，インクジェットプリントヘッドの吐出機構により塗布可能なインクの物性範囲はあまり広くない。インクジェットにより回路配線を製作する場合には，インクジェットプリントヘッド，金属ペーストインクおよび基板の表面状態の3者の整合性が必要となる。そのためインクジェットヘッドは如何に広範囲のインク物性に対応できるかが要求される。また形成された配線の形状や抵抗率等の特性を確保するためには，吐出されたインクを如何に制御するかも必要であり，このためにパターンの形成方法や基板の表面処理も重要な要素となる。

　リコープリンティングシステムズ㈱（以下RPS：Ricoh Printing Systems. Ltd.）ではこれらの要求に対応するために幾つかのインクジェットプリントヘッドのラインナップを有し，また使用するインクや形成するパターン形状に合わせて塗布基板の表面処理及び塗布方法の開発を行っている。

2.2.2 インクジェットプリントヘッド

　オンデマンドタイプのインクジェットプリントヘッドはサーマル方式とPZT方式の2種類に分類されるが，インクジェット用の金属ナノ粒子インクはナノ粒子の分散媒として様々な溶剤が使用されるため，PZT方式がインク汎用性や吐出液滴のサイズコントロール等において優れている。

　RPSのインクジェットプリントヘッドは産業用途向けとして広範囲のインク物性や吐出液滴サイズに対応するために，現在数種類のヘッドを提供している。特に金属ナノ粒子インク用としては8～25pLの液滴が吐出可能であり，塗布パターンや配線幅に応じて選択可能となっている。表1に金属ナノ粒子インク吐出用としてラインナップされている3種類のヘッドの仕様を示す。Gen3E2とGen3E3はプリントヘッドがステンレスの積層構造であり，各部材は特殊な樹脂で接着されている。さらに駆動源となる圧電素子はインク流路の外側に配置し，インクと直接触れない構造であるため，耐溶剤性が強く様々な溶媒に分散された金属ナノ粒子インクに対応可能である。またAMSはインク流路及びノズルがシリコンのMEMS加工形成されているため，8pL以下の微小液滴の吐出が可能である。各ヘッドとも対応できるインクの粘度は最大20mPa·sであり，

---

*　Osamu Machida　リコープリンティングシステムズ㈱　第一開発設計本部　第六設計部
　　主任技師

第1章 インクジェット印刷技術

表1 RPSの金属ナノ粒子インク用インクジェットプリントヘッドの仕様

項目	単位	型名・仕様		
		Gen3E2	Gen3E3	AMS
方式	—	積層PZTドロップオンデマンドインクジェット		
ノズル数	個	128	192	192
ノズルピッチ	inch	1/75	1/75	1/100
平均液滴量	pL	25	15	8
最大駆動周波数	kHz	30	30	30
インク粘度	mPa·s	8-20	8-20	8-20
外形寸法	mm	$75^W \times 10^D \times 35^H$	$120^W \times 8^D \times 32^H$	$88^W \times 9^D \times 32^H$
重量	g	40	60	45

写真1 Gen3E3ヘッド(RPS製)の外観

さらにヒータによるヘッドの加熱が可能であることから室温で高粘度のインクであっても、吐出時にプリントヘッドの温度をコントロールして吐出可能な粘度を保つことにより、より高粘度のインクの吐出が可能である。写真1にGen3E3ヘッドの外観を示す。

2.2.3 インクジェットによる配線技術

(1) 表面処理

金属ナノ粒子インクによる回路配線形成の場合基板としては、セラミックや各種の樹脂が用いられることが多い。しかしながらインクジェット用の金属ナノ粒子インクは、従来のスクリーン印刷等の形成方法と比較して粘度が低いため、そのまま塗布するとインクの濡れ広がりやはじきによってショートや断線が発生する。さらにインク焼成後に配線密着性を基板に与える必要がある。従って線幅制御の撥液性と密着性を両立させる必要がある。一般的に基板への撥液性の付与はフッ素系の表面処理剤を塗布し、密着性は基板の表面粗さを制御することで両者を両立することが可能となる。表2にポリイミド基板上に銀ナノペースト(ハリマ化成製)を塗布し、200℃

金属ナノ粒子ペーストのインクジェット微細配線

で焼成した場合の各表面処理状態での配線の形状を示す。無処理の場合はインクはにじみで濡れ広がり一部ショートが発生している。一方，撥液処理が強く，密着性が弱い場合には銀ナノペーストの剥離が見られる。両者の条件を最適化することによりにじみや断線がなく良好な密着性を持った配線が形成される。なおこれらの処理条件はインクの種類や物性に大きく左右されるため，インクにあわせた表面処理が必要である。

(2) 塗布方法

配線パターンは用途や基板の種類によって線幅，膜厚及びパターン形状は千差万別である。例えば，同じ解像度で細線と大面積のベタパターンを形成する場合には，単位面積あたりの塗布量は同じであっても濡れ広がり方や乾燥速度が変わるため，前節の撥水性の最適化を行ってもパターンによってはバルジと呼ばれる液溜りやにじみが発生する場合がある。これらを防ぐ方法として塗布解像度の最適化，ドットの形成順序の最適化等が挙げられる。図1は0.2mm幅の配線を600dpi（0.042mmピッチ×4ピクセル）で形成した配線パターンの拡大写真であるが，はじめに縦横とも1ピクセルおきに塗布し，インクをある程度乾燥させた状態で残りのピクセルを塗布することによりインクの濡れ広がりが防止できていることが分かる[2]。

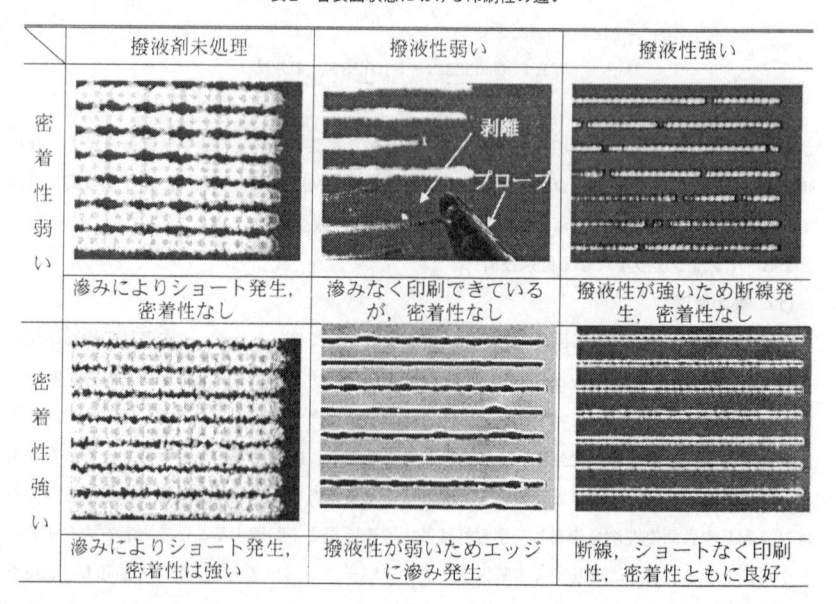

表2 各表面状態における印刷性の違い

	撥液剤未処理	撥液性弱い	撥液性強い
密着性弱い	滲みによりショート発生，密着性なし	滲みなく印刷できているが，密着性なし	撥液性が強いため断線発生，密着性なし
密着性強い	滲みによりショート発生，密着性は強い	撥液性が弱いためエッジに滲み発生	断線，ショートなく印刷性，密着性ともに良好

第1章　インクジェット印刷技術

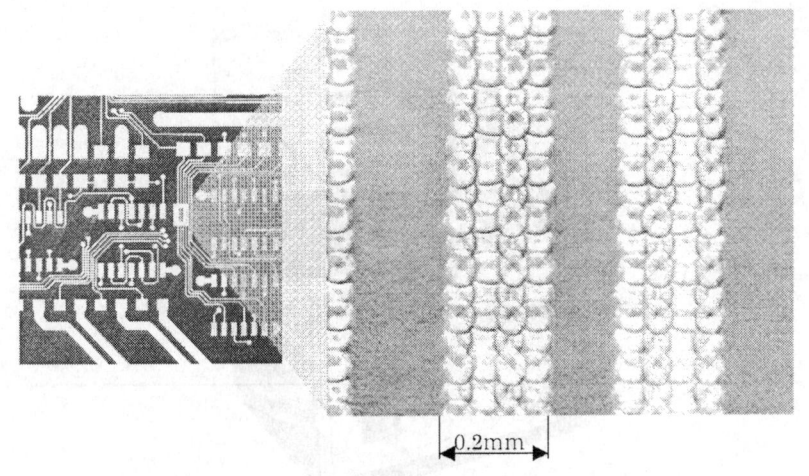

図1　ポリイミドフィルム上に形成した銀ナノペーストの拡大写真

2.2.4　インクジェット印刷装置

　金属ナノ粒子インクは水性，油性等があり使用されている溶媒も他種に及ぶ。また配線を形成する基板の材質や構成も多いため，インクジェットプリントヘッド，インク及び表面処理を含む基板の組み合わせによって塗布条件の最適化を図る必要がある。これらの検討を容易に行えるように開発された装置例としてRPS製の機能性インク対応インクジェット印刷装置を写真2に示す。この装置は最大300mm角の各種基板を加熱しながら任意のパターンが塗布可能である。塗布パターンはCAD或いはPCで作成されたパターンをビットマップデータで入力することにより，塗布が可能である。またCCDカメラを用いたアライメントが可能であり，各種のプリントヘッドを最大3個まで搭載可能なため，回路配線以外の絶縁膜としてのポリイミド等の溶液を連続的に塗布し，積層基板の製作も対応可能である。

2.2.5　今後の展開

　インクジェット技術による回路配線基板の製造は，マスクが必要なく，少量多品種の基板製造に最適である。また，製造プロセスが簡略化できるため，フレキシブル基板への多層配線や配線と同時に有機半導体を形成する等，今までにない新しい応用分野への展開が期待されている。現在，大学や各種研究機関において前節の機能性インク対応インクジェット印刷装置を用いた配線技術及び各種応用展開の検討が進められており，それらの早期実現が望まれている。

金属ナノ粒子ペーストのインクジェット微細配線

写真2　RPS製機能性インク対応インクジェット印刷装置

文　　献

1) 唐沢稔, 佐藤敏：特開昭57-10289
2) S.Morio, E.Toyama, IMI 4th Annual Printable Electronics and Display Conference October 26-28 (2005)

2.3 インクジェット印刷に影響を及ぼす要因とインクジェット印刷装置

山口修一[*]

2.3.1 はじめに

カラープリンターの普及にともない，インクジェット印刷技術は身近なものとなった。この技術を応用して金属ナノ粒子液を印刷し微細配線を形成する研究が盛んになってきている。しかしその研究の過程においては，市販のプリンターのインクをナノ粒子液に詰め替えた様な実験方法がとられているケースがまだ見受けられる。この方法は実験の精度や再現性もさることながら，印刷の際に重要となる因子を可変できないため実験装置としては，あまり適しているとは言えない。

本節では，銀のナノ粒子液を例に取り，ピエゾアクチエータヘッドを搭載した印刷装置を用いてインクジェット配線技術を研究する際に重要となる各種要因を解説し，最後に本格的な実験に必要な印刷装置に要求される機能をまとめる。

2.3.2 ドット，ラインの形状に影響を及ぼす要因

(1) 液滴形状

インクジェット法によって配線パターンを形成する場合，全てのパターンは1滴またはマルチドロップからなるドットの連続体として形成される。そのため，まず第一にこの基本となる1滴の吐出状態がドット形状に大きな影響を及ぼすことを認識しておく必要がある。インクジェット液滴と聞いて，丸い球状の液滴が吐出される状態を連想するが，インクジェットの液滴形状は，1滴の球状の液滴から成ると言うよりは，ほとんどの場合には写真1に示すように，細長い液柱から成る。これが空間で複数の液滴に分離して基板に着弾するか，もしくはこの液柱の連続体のまま基板に打ち込まれる。この液滴の吐出状態はピエゾアクチエータに印加されるパルスの形状

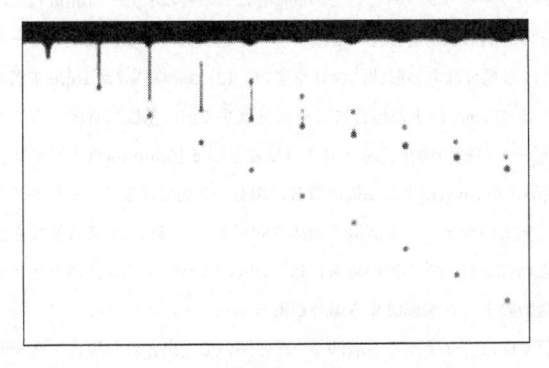

写真1

---

[*] Shuichi Yamaguchi ㈲マイクロジェット　代表取締役

金属ナノ粒子ペーストのインクジェット微細配線

や電圧によって大きく変わる。例としては印可電圧を下げていくと次第に液柱は短くなり、形成される液滴は1滴の球状のものになっていく。この場合、液滴の先頭部分（メイン液滴と呼ぶ）のスピードはおおむね3m/s以下となる。これとは逆に電圧を上げていくと液柱は次第に長くなり、やがて空間で複数の液滴に分離するようになる。この最後尾の液滴を通常サテライト液滴と呼ぶ。このサテライト液滴は基板上で形成されるドット形状に大きく影響を及ぼす。詳しくは後述する。液滴の形状だけから判断すると電圧が低い状態での形状が好ましい様に思われるため、この状態に調整した上で実験を行う例がよく見受けられる。もっともそのためには液滴を可視化し、観察する装置が必要であり、市販のカラープリンターでの実験ではこれらの液滴を見ることはおろか、駆動電圧を調整することすらできない。これがカラープリンターを実験に用いる方法の限界といえる。液滴の形状は良いがスピードが遅い場合、問題となるのは、飛行曲がりが発生しやすくなることと、ノズルの先端でおこる増粘現象の影響を受けやすくなり、吐出が不安定となりやすい点である。一般的にはこれらの影響を小さくするため、液滴の最適なスピードは7～10m/sに制御して実験を行うことが望ましい。このスピード領域では液滴の形状は多くの場合、空間で写真1の様に複数の液滴に分離した状態となる。形成される配線の形状に大きく影響を及ぼす液滴に関する他の要因としては、液滴の体積、液滴のスピード、液滴の飛翔方向等があげられる。液滴の可視化装置があれば、これらの定量的な測定も可能となる。

（2）ノズルと基板間距離およびヘッドと基板の相対的な移動スピード

液が吐出するノズル先端部と液が着弾する基板との間隔dは着弾したドットの形状に大きく影響を及ぼす。ドットの大きさや形状が変わると描画されるライン等の幅やエッジ部の形状にも影響が出る。市販のカラープリンターではこの間隔dはおおむね1.0～2.0mm程度に設定されている。図1に空間での液滴形状と着弾後のドット形状を模式的に示す。液滴スピードが遅く空間ですぐ球状となる(1)の場合は丸い形状になりやすい。(2)は、間隔dが1mm未満で基板位置Aの場合、液滴スピードが7m/s以上の場合には液が分離する前に基板に着弾する。ヘッドと基板の相対的な移動スピードが遅い場合と速い場合（目安として150mm/s以上）では、着弾形状に差が出る。(3)は間隔dが1mm以上で基板位置Bの場合、空間で着弾前に液柱が複数の液滴に分離する場合である。後方のサテライト液滴の飛翔方向がドット形状に大きな影響を及ぼす。ヘッドと基板の相対的な移動スピードが速い場合には、図1のようにメイン液滴とサテライト液滴が分離して着弾し、複数のドットを形成する場合がある。

また、図2に示す様に、サテライト液滴がθだけ傾いて吐出された場合、ヘッドの移動方向によって着弾位置はメイン液滴のドットとの間でズレの量Lが変わってくる。ヘッドと基板の相対スピードが速いほど、このズレは大きくなっていく。簡易的にはこの着弾ズレ量Lは下記の式で計算できる（$\theta=0$の場合）。　カラープリンターの高画質モードでは印刷方向が1方向になる

第1章 インクジェット印刷技術

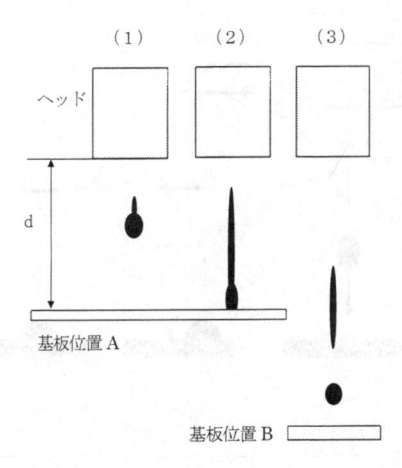

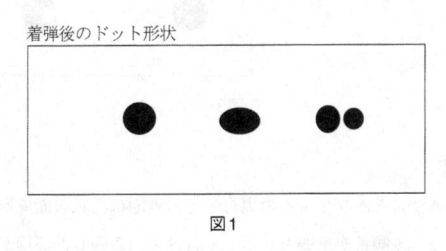

図1

のは，往復印刷ではドット形状が印刷方向で異なり，色の濃淡が変わってしまうことを防ぐためである．最近のプリンターではこのような問題も解消され，双方向での印刷が可能となっている．

$$L = V_h \times (d/V_s - d/V_m + t_1)$$

d：ノズル先端と基板間の間隔

V_m：メイン液滴スピード

V_s：サテライト液滴スピード（$V_s < V_m$）

V_h：ヘッド移動スピード

t_1：メイン液滴とサテライト液滴の吐出時間差

L：メイン，サテライトの着弾位置の中心ずれ量

金属ナノ粒子ペーストのインクジェット微細配線

ヘッド

移動方向

サテライト液滴

メイン液滴

基板

着弾後のドット形状

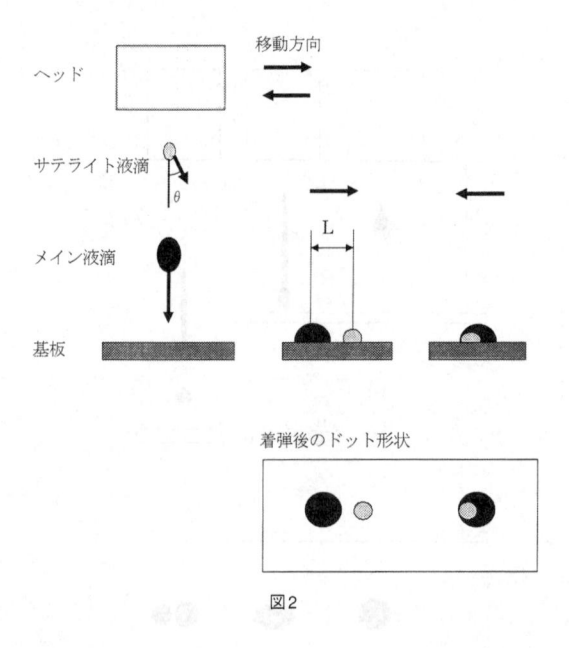

図2

(3) ドット印刷順序

　液を着弾させる面がガラスとかフィルムの場合，その表面は非吸収面で形成されている。この場合，液滴を打ち込んでいく順番が重要となる。それは先に着弾した液滴が次の着弾液滴に影響を及ぼすためである。市販のカラープリンターでは印刷の解像度が一定の値に設定されており，150dpi（dot per inch）または180dpiの整数倍になっている。そのため任意の解像度は設定できず，かつヘッドのノズル配列以上に高解像度なものは，図3の様に分割して順次印刷される。しかしナノ粒子液により面を形成する際には，この分割印刷の際に液が基板表面上で移動してしまい，均一な面を形成することが難しい場合がある。これを避けるためには，任意のピッチのノズル配列が実現できればよい。ノズル列が図3の様に1列より形成されているヘッドでは，図4の様にヘッドを傾けることによって任意の解像度が実現する。但しその場合は，描画するデータをヘッドの傾き角度に応じて補正する必要がある。任意の解像度が実現できれば，ある任意のピッチでナノ粒子液を配列したい場合でも，これが可能となる。また，一度に面を塗るため，均一な面の形成が期待できる。但し，この場合でも面のつなぎ目部分において液の移動がおこる可能性がある。境界部をどのように塗っていくかは今後の課題である。また着弾面に吸収層を設けることも今後対策の一つとなるであろう。

第1章 インクジェット印刷技術

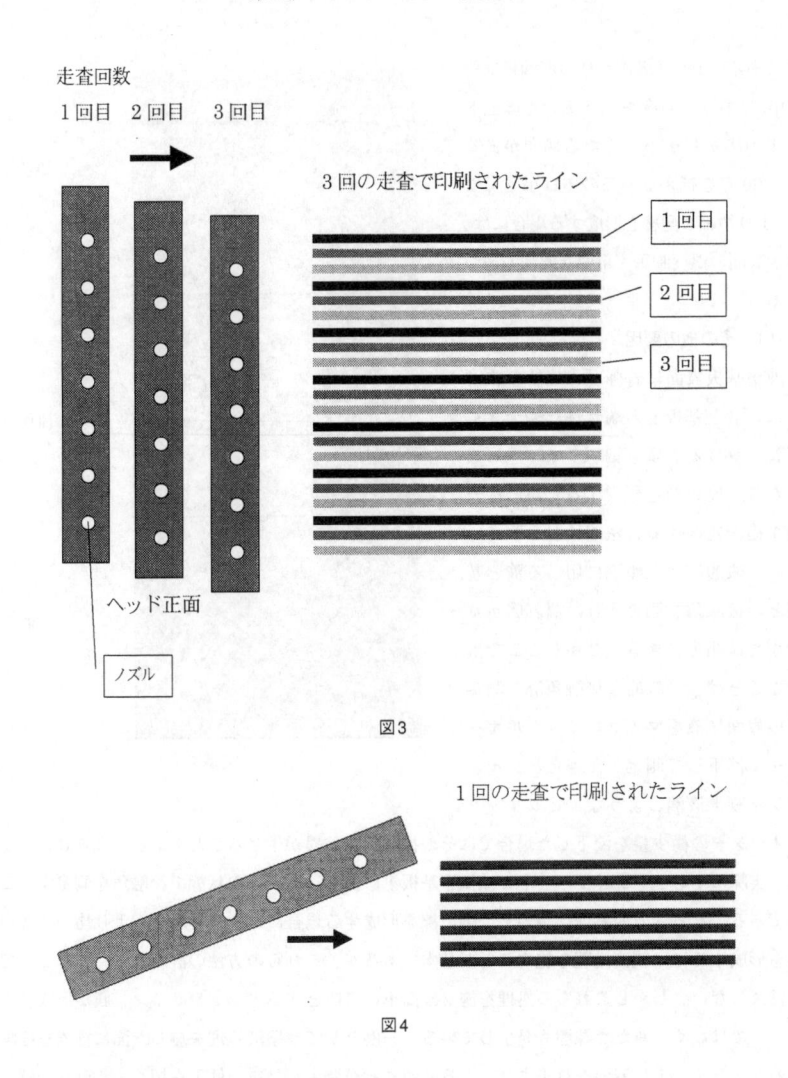

走査回数
1回目 2回目 3回目

3回の走査で印刷されたライン

1回目
2回目
3回目

ヘッド正面
ノズル

図3

1回の走査で印刷されたライン

図4

（4） 基板の表面温度

　非吸収面に液を着弾させる場合，乾燥時間は基本的には液の蒸発スピードによる。また液の着弾表面の基板温度は乾燥時間だけでなくドットの広がり具合にも大きく影響を及ぼす。写真2にガラス基板の表面温度を25℃，60℃，100℃に変えた場合のドットの広がり状態を示す。この写真の材料はアルバックマテリアル㈱のAgナノメタルインクであり，基板はホウケイサンガラ

スである。1ドットあたりの液滴量は約30plである。温度を上げていくほどドットの広がりが小さくなる傾向があるが，60℃を越えるとこの差は小さくなる。より微細な配線を形成する場合には，基板表面の温度制御も重要な要因の一つである。

(5) その他の要因

液が基板表面に着弾した場合の広がりは，液と基板との濡れ性にも大きく影響を受ける。より細いラインを形成したり，厚い層を形成するためには表面を撥液処理する方法が検討されている。一般的には，印刷に用いる液と基板との接触角を測定すれば濡れ広がりやすさは測定できる。しかしここで重要なことは，一般的な接触角計で測定基板表面に液をマイクロリットルオーダーで滴下して測定した場合と，インクジェット液滴のような，ピコリットルオーダーの微少量を滴下した場合ではその接触角に差異が生じることである。より好ましくは，実際にインクジェットヘッドで液滴を基板上に打ち込み，その状態で接触角を測定することである。なお，表面処理については細い線を形成する場合には撥液処理を，より均一で薄い膜を形成するには親液処理を施すことが基本であるが，それらの方法の詳細についてはここでは言及しない。しかしこれらの処理を施せば簡単に目的とするドットやライン，膜が形成できるものではなく，新たな課題も発生している。一例としては撥液処理を施した面に細線を描画すると，ライン上に液の寄り集まりによる液溜まりが発生し品質の低下を招く。これらの解決策の検討も今後必要である。具体的な対策例としては，分割して印刷を行い液の移動を防ぐという方法である。写真3はラインを3回に分けて塗り分けた場合の状態である。しかし単純に3回に塗り分けた際，3回目に印刷したドットはそれより前に印刷したドットの形状の影響を受けて液が移動し，ねらった位置にドットを形成できない。これらの方法も含め，様々なドットの印刷方法を今後試していく必要がある。

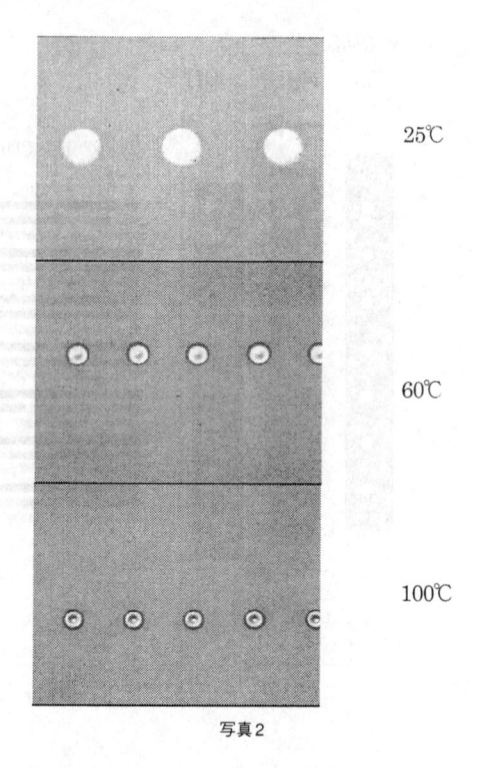

写真2

第1章　インクジェット印刷技術

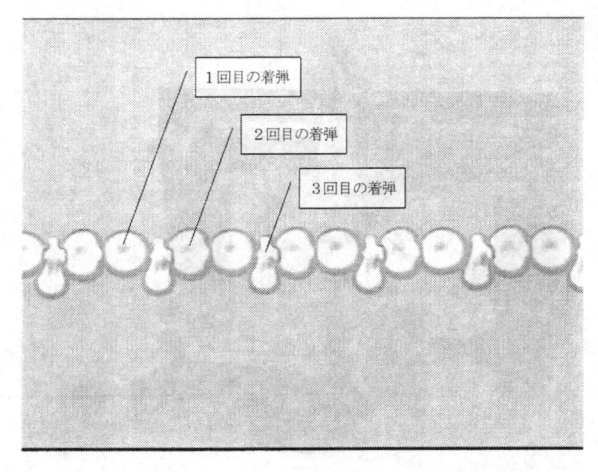

1回目の着弾
2回目の着弾
3回目の着弾

基板温度60℃

写真3

2.3.3　おわりに

　インクジェット法による配線実験を行うに当たっては，これまで見てきた印刷に影響を及ぼす要因をより定量的に可変できることが，実験用印刷装置に求められる機能といえる。これらをまとめると下記のようになる。
- ・印刷装置上で液滴が随時観察でき，吐出特性が測定できること
- ・ヘッドと液の吐出状態を最適化すべく，ヘッドの波形パラメータが任意に可変できること
- ・ノズルと基板との距離を可変でき，正確に設定できること
- ・ヘッドと基板との相対的な移動スピードを可変できること
- ・ドットの形成パターンを様々に可変できること
- ・基板の温度を可変できること

　写真4にマイクロジェットが開発した研究開発用印刷装置 NanoPrinter [R]-2000 を示す。本装置では，これまで述べてきた印刷に大きな影響を及ぼす要因は，全て可変できるようになっているが，これ以外にも下記のような特徴を備えている。
- ・配線パターン等のCADデータをビットマップデータに置き換えて出力できる
- ・用途や液種，液粘度に合わせてヘッドメーカーやヘッド種類を選択，チェンジできる

　本装置がナノ粒子液微細配線技術の研究分野及びその他のインクジェット技術応用分野で，より精度の高い実験を実現する有用な装置となる様，今後も装置を進化させていきたい。

133

金属ナノ粒子ペーストのインクジェット微細配線

写真4　Nano Printer[R]-2000

2.4 スーパーインクジェット

村田和広*

2.4.1 はじめに

　インクジェット技術は，基板上に必要最小限の物質を最小エネルギーで投入できるために，きわめて効率がよい成膜技術である。マスクレスでデータ駆動が可能なので少量多品種生産などへの適用も可能であること，さらに常温大気中プロセスで，比較的小型の装置でもたとえば大型のフラットパネルディスプレーの部材などの製造が可能であるなど[1]の様々なメリットが指摘されている。さらに，有機トランジスタなど新しい材料のパターニング法としても有望である[2]。

　現在家庭用に広く普及しているインクジェットプリンターの吐出液滴の大きさは，もっとも小さなもので1ピコリットル程度，より一般的には10ピコリットル程度が多く用いられている。これは液滴の直径でいえば10ミクロン後半から数十ミクロン程度である。最近それらよりも体積で三桁以上微細な液滴を吐出する超微細インクジェット（以下スーパーインクジェット）技術が開発され，研究が進められている[3]（図1）。本稿では，そうしたスーパーインクジェットの生まれた背景や，超微細液滴によるパターニングの特徴，応用可能性と課題などについて紹介する。

2.4.2 背景

　スーパーインクジェットは，ナノテクノロジー分野での研究開発ツールとして開発されてきた。ナノテクノロジー研究の重要なキーワードとして，トップダウンアプローチとボトムアップアプローチがある。トップダウンとは，微細加工技術を意味し，我々の生活空間のスケールであるメ

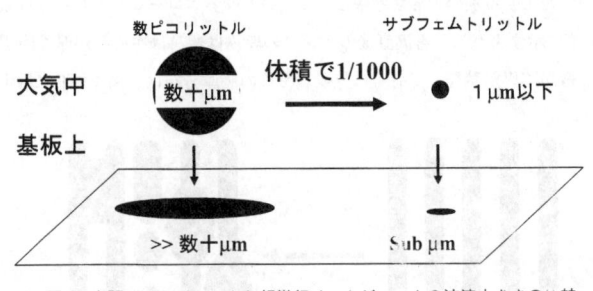

図1　市販インクジェットと超微細インクジェットの液滴大きさの比較

＊　Kazuhiro Murata　㈱産業技術総合研究所　ナノテクノロジー研究部門　スーパーインクジェット連携研究体長

金属ナノ粒子ペーストのインクジェット微細配線

ートルサイズから, 微細加工技術を駆使することで, ナノメートルスケールへアプローチしていく方法である。一方のボトムアップとは, 材料や化学反応などを制御することで, 自己組織化と呼ばれる秩序構造を発生させ, 分子などのユニットを積み重ねることで, ものづくりをしようという考え方である。こうしたボトムアップアプローチは魅力的であるが, たとえば試験管の中にあるナノ材料を入れておくと自発的に電子回路を形成しコンピューターや携帯電話ができるということは考えにくい。もしそれが可能とすれば, それはもはや物というよりも生物に極めて近い状態である。一般的には, ナノ材料の機能性を, 有効に利用し引き出すためには, 必要な場所に必要な量の材料を配置していく技術というのが不可欠で, ナノサイエンスをナノテクノロジーに橋渡しさせるための有効な手段となりうる。スーパーインクジェットは, こうした研究用ツールとしてのニーズより生まれたが, 本稿に示すようにその可能性は研究用途に限定されずに様々な応用可能性を持つ。

2.4.3 基板上での液体の振る舞い (一般的なインクジェット液滴の場合)

スーパーインクジェットの特徴についてより把握しやすくするために, まず通常のインクジェットで生成される液滴が, 基板上でどのように振る舞うか述べ, 次いでスーパーインクジェットによる液滴の特徴について述べる。

インクジェット液滴のような微細液滴では, 流体は表面エネルギーの寄与が支配的になる。このため, 基板上の液体は表面張力によってバルジと呼ばれる液溜まりを生じやすい[4]。産業用プロセスで用いられるガラスやシリコンなどの基板では, インクジェット用紙のようにインクが染み込む性質がないため, 特にこの効果が顕著である。図2に示すように, 液滴の着弾が目的の描画パターン通りにおこなわれたとしても, バルジなどの発生はパターンを崩す要因となる。

着滴後の液滴に発生する別の大きな効果として, いわゆる"コーヒーのしみ"現象がしられている[5]。図3左上に示すように, 着滴直後のインクの厚みは通常は中心部が厚く周辺部が薄い凸状となる。ところが溶媒が蒸発して完全に乾燥した後の膜厚分布は, 図3左下に示すように, む

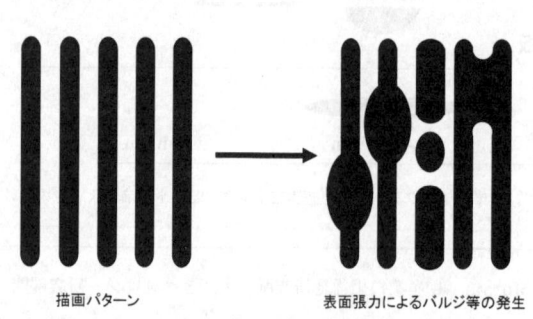

描画パターン　　　　　表面張力によるバルジ等の発生
図2　表面張力によるバルジ等印字不良の発生

第1章　インクジェット印刷技術

着滴後の液滴の断面形状　　　　　　　　　　　　　蒸発
　　　　　　　　　　拡大図

　　　　　　　　　　蒸発による物質の移動と集積

乾燥後の断面形状

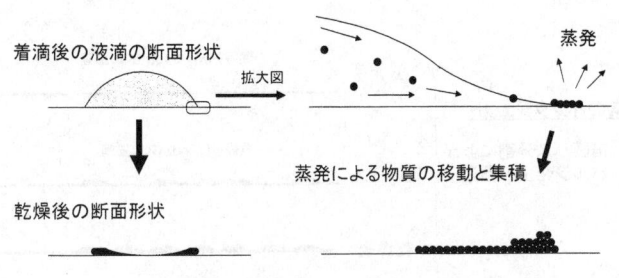

図3　基板着弾後の液滴断面形状と乾燥後の断面形状の比較
(移流集積現象の説明)

しろ周辺部が厚く中心部に厚みがない凹状ということも起こる。これは，図3右上に示すように，インク滴の周辺部では液層の厚みが薄く蒸発が盛んなために，インク滴中心部から周辺部へ流れが生ずることによって起こる。インク内部の顔料等の固形成分はこの流れによって周辺部に集積する。このため，非溶剤タイプで何らかの硬化因子を別に持つインク（たとえば，紫外線硬化樹脂など）でない限り，インクの乾燥過程において，インク内の固形分などの移動が生じ，最終的な膜厚のプロファイルは，着弾後の膜厚プロファイルと変わってくるのが一般的である。すなわち，通常インクジェットにおいてスムースな表面と均一な膜厚および目的どおりのパターンを得ることは意外に難しいのである。

2.4.4　超微細液滴の特徴

　液滴のサイズが微細になると，蒸発作用が顕著になる。たとえば，我々の身近なものでも，加湿器の水滴がすぐに乾燥するのに対し，霧吹き器でつけた水滴では蒸発速度が遅いことなど，経験するところである。スーパーインクジェットによるパターニングプロセスにおいては，単に液量が微細になったということにとどまらず，従来のインクジェットの液滴とは極端に異なった振る舞いが顕在化することに注意する必要がある。
　通常のピコリットルオーダーの液滴の場合，ドットを連続的に配置して線を描画しようすると，先行着弾滴に後続の液滴が接触した瞬間に液滴は融合する。融合した液滴は表面張力によって，表面エネルギーを最小化しようと変形をし，パターンを崩してしまう。このような液滴の基板上での融合を防ぎ，パターンの乱れを回避するために，基材表面に親液性や撥液性のパターニング処理を施すことなどが行われる[1,2]。あるいは，印字パスを分割することでパターンの乱れを回避する方法がとられている。この様子を図4に示す。まず第1のパスでは，間引きしたデータを用いて描画し，その液滴が乾燥したところで第2パスで，その間を補完するように描画する。こうすることで，液滴の融合などを防ぎ，目的パターンどおりのパターンを得ることが可能になる。

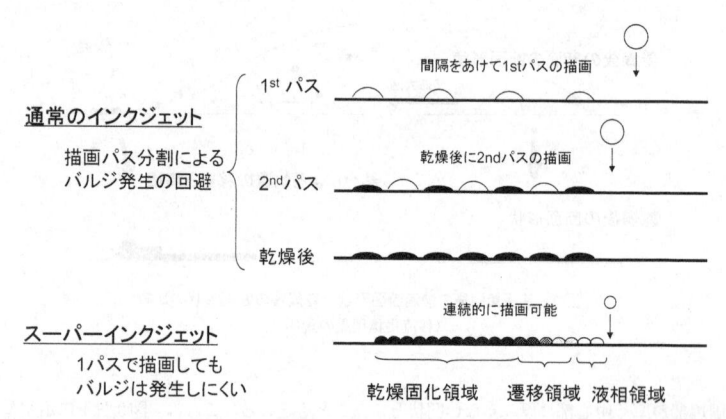

金属ナノ粒子ペーストのインクジェット微細配線

図4 通常インクジェットによるバルジ等の印字不良の回避法と、スーパーインクジェットにおける描画方法

　一方で例えば液滴径が$1\mu m$以下の超微細液滴の場合は、乾燥速度が速いために連続的に吐出した場合でも基板上における液相の存在領域は常に限定される。さらに、微細な液滴は激しい蒸発作用によりたちまち粘度が上昇するために、表面張力による形態の変化が起こりにくくなる。このために、バルジの発生を伴わない連続的な線の描画も可能になる。こうした蒸発力の高さは、スーパーインクジェットに従来のインクジェットにない恩恵を与える。ひとつは、上記のような分割描画や、乾燥過程を設けずに1パスで連続したパターニングが可能なことであり、また膜厚に関しても、パターニング法次第ではフラットな表面を得ることが可能となる。

2.4.5 材料

　スーパーインクジェットでは、通常のインクジェットで扱えるような材料は基本的にはすべて使用可能である。ただし、微細ノズルを使っているために、乾燥や粒子状の異物には注意を払う必要がある。これまで、我々が試した材料として、各種の印刷用染料インクおよび顔料インク、金属超微粒子導電性ペースト[1]、カーボンナノチューブ生成触媒[1,6]、セラミックスのゾルゲル溶液[1]、導電性高分子[1]、発光色素インク、触媒材料、紫外線硬化樹脂、樹脂材料などがある。このうち、配線描画用途として金属の超微粒子を主成分とする導電性ペーストに関する関心が高く、また実際の描画実績も豊富である。我々は、金属超微粒子インクとして、ハリマ化成のナノペーストを使用している[7]。

　超微粒子は比表面積の割合が高く活性なために、凝集しやすい性質を持つ。特に数ナノメートルの粒子径の貴金属のナノ粒子では、融点が数百度も低下することが、理論および実験などより確かめられている。描画後の基板を200度程度の熱処理することにより、分散剤が蒸散し金属超微粒子同士が融着し比抵抗値が劇的に下がる[7]。銀ナノペーストの場合、焼成後の比抵抗値はバ

ルクの銀の高々2倍程度である。一般的には，粒界が多数存在する超微粒子の焼結体のため抵抗値がかなり増加しそうに思えるが，実際には，ナノペーストではかなりの低抵抗が実現している。実際に断面を観察してみると，焼成後は超微粒子同士が融着するのみならず，さらに粒成長を起こしておりこれが，低抵抗化に寄与していると考えられる。

2.4.6 超微細配線

それでは，実際にスーパーインクジェットでどのようなパターニングが可能か実際の描画例を紹介したい。図5は，銀ナノペーストを用いて描画した，三角格子状の配線パターンである。三角形の一辺の長さが15ミクロンで，配線幅は約3ミクロンである。この図形は，ナノペーストをスーパーインクジェットで一筆書きのように連続的に走査して描画した例である。三角形の頂点では複数回ノズルが通過するために厚くなっているが，バルジの発生などはまったく認められない。通常のインクジェットで吐出する液滴のサイズでは，このような図形の描画は，サイズ的にもちろん困難であるが，そのほかにも先に述べたバルジの発生や描画不良が起こってしまうであろう。

スーパーインクジェットでは，微細な図形だけではなく，ある程度大きな図形を描画するケースでも有効である。図6左のCADデータをもとに，通常のインクジェットで描画した図形の光学顕微鏡写真が中央，スーパーインクジェットで描画した図形の光学顕微鏡写真が右側である。図形の大きさは約10mm角である。配線部の太さは50ミクロンである。超微細インクジェットで描画した図形はオリジナルデータにより忠実で，太い配線や大きなパターンを描画する場合においても精密なパターン形成に有効なことがわかる。さらに丸い電極部などを注意して比べてみると，通常のインクジェットで描画したものはドット形状による凹凸が観察されるのに対して，スーパーインクジェットで描画したものでは，より平坦性が高いことがわかる。

図7には，ナノペーストを複数回描画して作製した配線のレーザー顕微鏡の立体イメージを示

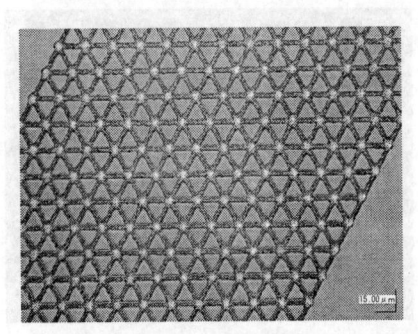

図5 スーパーインクジェットにより描画した配線パターンの光学顕微鏡写真
(3角形の一辺のピッチが15ミクロン)

金属ナノ粒子ペーストのインクジェット微細配線

す．配線幅の約2.5ミクロンに対して，厚さが2ミクロンであり，いわばマイクロメートルスケールの金属棒のようなものがインクジェットを用いて形成が可能である．これも，超微細液滴の乾燥性，蒸発作用を応用した例である．

この性質をさらに積極的に利用し，スーパーインクジェットを用いて同一箇所に連続的にインクの吐出を行うと，図8に示すようなマイクロバンプが形成できる．バンプの間隔は50ミクロン，個々のバンプの高さは約20ミクロン，各バンプの底面部の直径はおよそ5ミクロンである．バンプの形状，高さなどは吐出条件を変更することで容易に変更可能である．これを通常のインクジェットで同じことをしようとすれば，大きな液溜りができてしまうだけであろう．バンプの成長速度は，$10\mu m/sec$ 以上にもなり，他の成膜方法に比べても著しく速い成膜速度である．また，形成できる構造体のアスペクト比も10を超えるかなり大きなものまで作製可能である．従

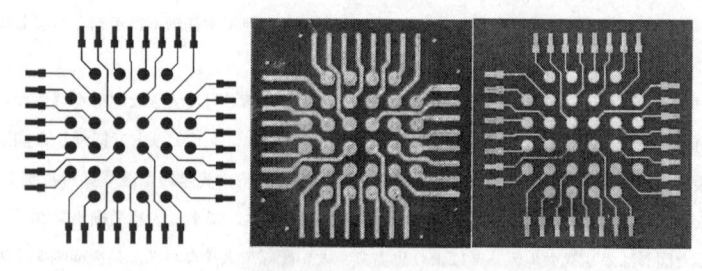

図6 配線パターンのCADデータ（左）と，通常のインクジェットによる描画例（中央）およびスーパーインクジェットによる描画例（右）

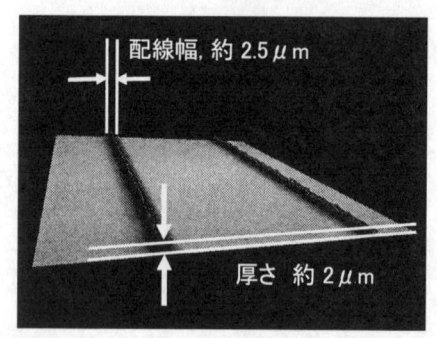

図7 スーパーインクジェットで繰り返し描画した配線のレーザー顕微鏡写真
（銀ナノペースト，シリコン基板）

第1章　インクジェット印刷技術

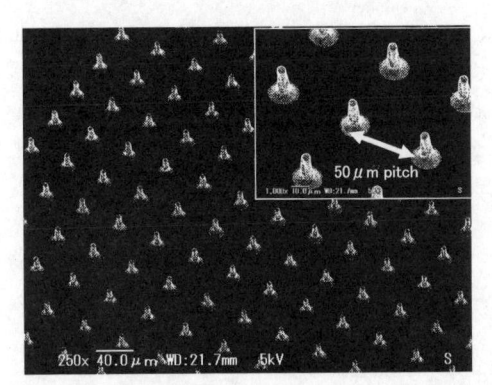

図8　スーパーインクジェットにより描画した銀のマイクロバンプ群の走査電子顕微鏡写真

来は，このような微細かつアスペクト比のある構造体の形成には，特殊な露光法や反応性イオンエッチングなど，特殊な方法や装置を使わなくてはならなかった。一方で，スーパーインクジェットを使えば，基板上の任意の場所に後からバンプ等の立体構造を形成可能であり，電子デバイスの実装分野などへの応用など期待される。

2.4.7　課題

　ここまで，スーパーインクジェットの特徴と，メリットについて述べてきた。通常インクジェットで使われるよりも格段に小さな液滴を使うことにより，特徴的なパターニングが可能なことを示したが，最後にスーパーインクジェットの課題について述べる。

　スーパーインクジェットの一番の課題は，超微細液滴ゆえの生産性の低さである。液滴径が小さくなるということは，周波数やノズル数を同じにした場合，単位時間当たりに基板へ投入できる物質量が減ることを意味する。液滴径を1/10にするということは，着弾面積でおよそ1/100に，体積では1/1000になることを意味する。この効率低下を補うためには，周波数を1000倍にするか，ノズルの本数を多連化して1000倍にしなくてはならない。

　ただし，考え方として，たとえば100ミクロンの幅の線を描くために1ミクロンの液滴で描画をすることは非常に効率が悪い作業である。

　べた塗りに近いものを超微細液滴を使って描画することはナンセンスである。

　また，すでに述べたように，大きな液滴でパターニングを行う場合，パターンによってはパスを分けて描画する必要もあるのに対して，スーパーインクジェットでは，ワンパスでの描画や，乾燥のためのインターバルを設けずに連続的に描画することも可能である。

2.4.8　おわりに

　液滴径が1ミクロン程度になると，従来の常識とは異なった，非平衡状態としての液体の振る

金属ナノ粒子ペーストのインクジェット微細配線

舞いが顕著になってくる．本稿では，そうした超微細液滴の特徴などを紹介しながら，超微細インクジェットについて概観してきた．本稿で述べたように，スーパーインクジェットは単に液量を小滴化しただけではなく，液体の利用法としてもユニークな特徴を有している．さらに，大気中で，ねらった場所に後から立体構造形成等がドライプロセスで行えるなど，他のパターニング方法と比べ，非常にユニークな特徴を有している．

文　献

1) たとえば，木口浩史，月刊ディスプレイ，**6**(9), 15-19 (2000)
2) たとえば，下田達也，川瀬健夫，応用物理，**70**(12), 1452-1456 (2001)
3) たとえば，K. Murata *et al.*, *Microsyst. Technol.* **12**, 2-7 (2005)
4) たとえば，H. Gau *et al.*, *Science* **283**, 46-49 (1999)
5) たとえば，R.D. Deegan *et al.*, *Nature* **389**, 827-829 (1997)
6) H. Ago *et al.*, *Appl. Phys. Lett.*, **82**(5), 811-813 (2005)
7) たとえば，松葉頼重，コンバーテック，**369**(12), 52-55 (2003)

2.5 PIJ法による印刷配線技術

小口寿彦*

2.5.1 金属コロイド液とインクジェット

粒径1nm～100nmの金、銀、銅、ニッケル、パラジウムなどの超微粒金属粒子の作製は、1857年にファラデーが炭酸カリウムで中和した塩化金酸の水溶液に黄りんを飽和させたエーテルを加えてワインレッド色の金コロイド液を得たことに始まる。このコロイド液は金ゾルとも呼ばれ、その後塩化金酸溶液にクエン酸やホルマリンなどの還元剤を添加しても容易に作製できるようになった[1]。

近年では、高濃度の金属コロイド液の作製法に関して多くの方法が提案されている。たとえば、小林らは、高分子分散剤を含む白金、金、銀、パラジウム、などの貴な金属塩水溶液にアミン系の弱い還元剤を添加すると、析出した金属コロイドの表面に高分子分散剤が吸着して保護コロイド層を形成する結果、安定な金属コロイド液が得られることを発見している[2,3]。また、小田らは、減圧下で種々の金属と、これらの金属の表面に吸着しやすい界面活性剤を同時に蒸発させると、生成した超微粒金属粒子の表面には界面活性剤が吸着して保護コロイド層が形成され、得られた金属粒子を保護コロイド層となじみの良い液体中に分散させると金属コロイド液が得られることを報告している[4～6]。

これらの金属コロイド液は分散媒の種類を適当に選択すると、金属含有率が20～50wt%と高いものであっても10mPa·s以下の粘度を示すので、これに適当な界面活性剤を加えてインクジェット描画に適した金属コロイドインクを作製することが出来る。描画された金属コロイドインク層は、100～300℃でベーキングすることによって導電性を示す。この現象はインクジェット法によって配線回路が作製できることを示唆しており、最近この技術を応用して配線回路の実現に向けた多くの試みがなされている[7～9]。以下では、インクジェット法による微細配線技術の現状を概観し、今後この技術の実用化に向けての問題点をブレークスルーできる方法の一つと考えられるPIJ（Plating on Ink Jet Pattern）法を紹介する。

2.5.2 金属コロイドインクを用いたインクジェット配線回路

Oguchiらは、高分子界面活性剤を保護コロイド層とした金属コロイド水溶液[3]を用いてインクジェットインクを作製し、ポリイミドフィルムやガラスなどの絶縁性基板上への配線回路の直接形成を試みている[8]。インクジェット法で基質上に描画できる配線の線幅はインク滴のサイズに依存する。図1は吐出インク滴の体積が2pl（液滴径：約20μm）の市販インクジェットプリンタ（解像力：4800dpi（横）×1200dpi（縦））を用い、シングルドットを重ね打ちして印字され

---

* Toshihiko Oguchi 森村ケミカル㈱ 技術部 本部長

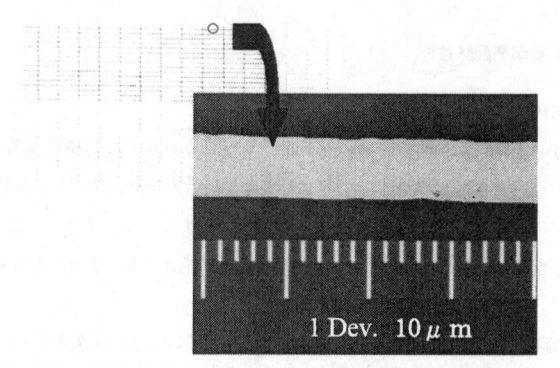

金属ナノ粒子ペーストのインクジェット微細配線

図1 市販インクジェットプリンタで印刷した銀コロイド細線

た細線の顕微鏡写真を示す。線幅約25～30μmでエッジの乱れが比較的少ない細線が描画できている。線幅は液滴の径，液滴の基板表面への供給速度，供給された液滴の重なり度合い，液滴の乾燥速度（基板表面の温度），液滴と基板表面との接触角，などによってきまるが，印字条件および乾燥条件を最適化すると液滴径より小さな幅の細線を描画することが可能である[10]。しかし，現状のインクジェットで実現できる液滴の小粒径化はすでに限界近くに達しつつあることから，インクジェットで描画可能な線幅は20μmが限度と考えられる。

印字された金属コロイド層は，150℃のオーブン中に約30秒静置することにより固有抵抗値が10$\mu\Omega$・cmオーダの導電性を示すようになり，この方法で微細配線回路が形成できる。最近Kimらは，ポリエステルフィルム上に印字して得た銀コロイドインク層を100～300℃で30分間ベーキングし，ベーキングとともにコロイド層を形成する銀粒子相互の接触状態をSEM観察し，4点法で層の固有抵抗変化を調べている[10]。その結果によると，ベーキング温度が高いほどコロイド粒子が成長して粒子間の空隙が小さくなり，ベーキング温度が300℃で層の固有抵抗が銀の固有抵抗（1.6$\mu\Omega$・cm）に達している。ベーキング温度と固有抵抗の関係はKowalskiによっても調べられ，ほぼ同様の傾向が得られている[11]。これらの結果から，銀の固有抵抗に近い配線回路が得られる基板は，ポリイミドフィルム，シリコン基板，ガラス基板など，300℃以上の耐熱性を有するものに限定され，ほとんどの有機フィルムでは，熱収縮や変形などによりベーキング温度が100～200℃に限定されるため，銀コロイド層の固有抵抗は10$\mu\Omega$・cm以上になってしまうことがわかる。

ベーキングした金属コロイド層と基板表面との接着強度の確保は実用できる配線パターンを得るために重要であり，接着性が確保できるプライマーの探索，金属コロイドインク中への接着性改良剤の添加，などが試みられているが，現在のところこの問題に対する信頼性の高いブレーク

スルーは見つかっていない。Curtisらは，シリコンや窒化珪素SN_xなどの無機基板上に形成する金属コロイドインクとして，基板に対してエッチング性を示す薬剤を添加したインクを使用している[12]。このインクを用いると，得られた配線回路は基板上に埋め込まれた形で得ることができる。興味深い試みではあるが，いまのところ当初の期待を満足するほどの結果は得られていない。小田らは，ガラス基板上に描画した銀コロイド層のガラス面への接着が，インク中に銅コロイドを添加することによって著しく向上するとしている[13]。しかし，この場合の固有抵抗値への影響に関しての記述はなされていない。

インクジェット法では，一回の印字で得られる金属コロイド層の厚みが薄いので，ベーキングした後の金属コロイド膜の固有抵抗値がその金属の固有抵抗値に達していても必要電流容量を得ようとする際の配線の実質抵抗値が高くなる。実用に耐える金属コロイドの配線回路を得るためには所望の厚さの金属コロイド膜が形成されるまで同一パターンを複数回重ね打ちすることが試みられる。しかしながら，線幅および線間が狭い高精細回路では，重ね打ち精度を維持することが難しい。特に線幅に対して層厚が大きい細線で抵抗値の小さい配線回路を作製するには，何等かのブレークスルーが必要になる。

2.5.3 PIJ法による配線回路

前項では，金属コロイドインクをインクジェット法に適用することにより直接微細配線回路を作製できる可能性について述べた。しかしながら，実用できる配線回路を得るためにはいくつかの問題点に関するブレークスルーが必要で，とりわけ，①低ベーキング温度で金属そのものの固有抵抗が確保できる，②基板表面との接着性が確保できる，③低抵抗の配線回路が確保できる，などは必須である。これらの問題点を解決する基板として，OguchiらはPIJ法（Plating on Ink Jet Pattern法）を提案している[14]。図2にはPIJ法による配線回路の作製プロセスをしめす。インクジェットプリンタにより有機フィルムの上に金属コロイドインクで配線回路を描画し，得られた回路を120～150℃で30秒間ベーキングしたのち，銅の無電解めっき浴に浸漬して金属コロイドの配線回路上のみに銅の配線回路を析出させる。この方法に適した基板表面は，インク

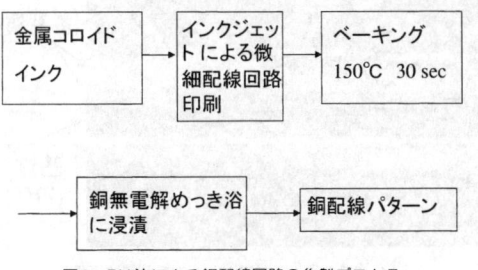

図2 PIJ法による銅配線回路の作製プロセス

金属ナノ粒子ペーストのインクジェット微細配線

を保持できる多孔質層で形成されていることが望ましい。厚さ$50\mu m$のポリエステルフィルムの両面に，厚さ$30\mu m$のスチレンの多孔質層を設けたフィルム基板上に銀コロイドインクを用いて作製した配線回路を図3に示す。図4には得られた配線部の断面を示す。多孔質層の内部から表面に向けて厚さ約$5\mu m$の銅のめっき層が形成されている。PIJ配線回路では，基板表面への接着性が確保されるだけでなく，銅めっき層により電流容量も確保される。図5には上記によってポリエステルフィルム基板上に作製したPIJ配線回路を示す。この回路はLEDの表示用モジュールを作製するためのもので，フィルム基板上に実際に部品を実装したモジュールを用いて，表示装置を駆動できることが確認されている。

インクジェットのノズルから吐出して着地した金属コロイドのインク滴は細孔の内部に浸透して細孔壁に付着する。ベーキング後のコロイド粒子は相互に結合して細孔壁に固着するので，描

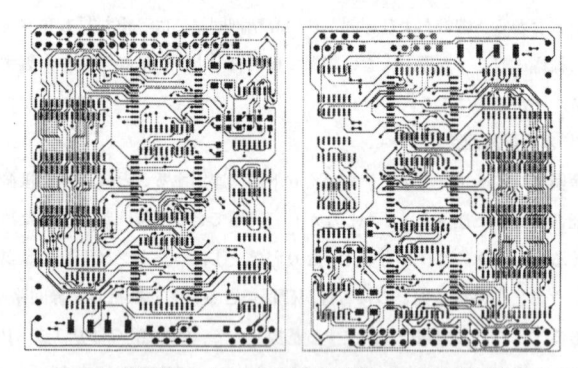

図3　多孔質フィルム上に作製された銀コロイド配線回路

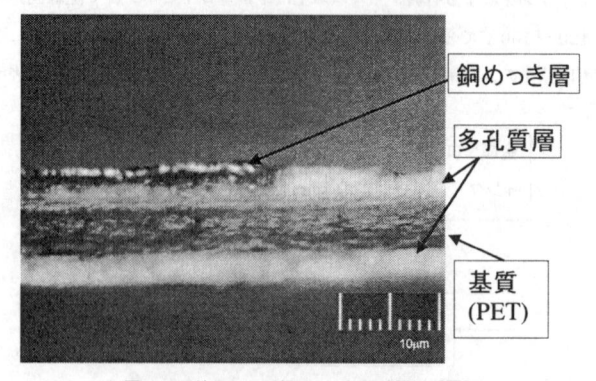

図4　PIJ法によって得られた銅配線膜の断面図

第1章 インクジェット印刷技術

画パターンを無電解メッキ浴中に浸漬しても金属コロイド粒子はメッキ液中に溶出しなくなる。無電解メッキ工程において、細孔壁に固着した銀粒子はメッキ核として働き、銅メッキ層は先ず細孔を満たし、次いで基板表面に向かって成長し、最終的には描画パターンに応じた銅の配線パターンが得られる。細孔中に析出した銅は基板表面へのアンカー剤としても働くので銅メッキ層の接着性が確保される。めっきされた銅の厚みが$2 \sim 5\mu m$に達すると、銅そのものの固有抵抗を示す配線パターンを作製することが出来る。両面に多孔層を有する基板では、表面・裏面の双方に金属コロイドインクによる配線回路を印刷できる。両面の回路の結合部に貫通孔を設けると、印刷された金属コロイドインクは貫通孔の側面にも浸透し、銅の無電解めっき工程を経た後の貫通孔は信頼性の高い結合回路として使用できることが確認されている。

上記のPIJ法では銀コロイド粒子をめっき核として用いるので、金属コロイド層は導電性である必要がなく、配線を形成する金属コロイドの必要量は細孔壁も含めた基板表面を薄く被覆する程度で十分である。

最近Oguchiらはこのような目的に用いる金属コロイドインクとして、銀コロイドとパラジウムコロイドを表1に示す混合割合で分散させた各種のインクを評価している。図6には混合コロイドインクをPIJ法に応用したときの効果を比較するための配線回路を示す。インクジェットプリンタで描画された図6の回路を無電解めっき浴に浸漬すると銅線回路が形成されるが、この際の銅の析出速度は、回路を一定時間ごとに取り出して端子AB間の抵抗値変化測定することにより検知できる[15]。図7には、銀粒子に加えて極微量のパラジウム粒子を添加したとき、めっき速度が著しく速められる代表例を示した。たとえば、銀コロイド粒子のみを15wt％含むインク（インク#1）を用いて作製したパターンに比較して、混合コロイドを0.1wt％（銀コロイド粒子0.097wt％＋パラジウムコロイド0.003wt％）しか含まないインク（インク#12）で作製したパターンの方が銅の析出速度が速いことが、また、混合コロイドが1.0wt％（銀コロイド粒子0.97wt％＋パラジウムコロイド0.03wt％）とインク#1に比較して1/15の金属コロイドしか含

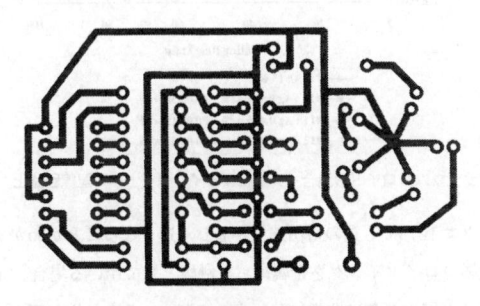

図5　PIJ法で作製された銅配線回路

金属ナノ粒子ペーストのインクジェット微細配線

表1 インクジェットインクを作製するための銀コロイド液とパラジウムコロイド液の配合組成

Ink No.	Ag Colloid conc.	Pd Colloid conc.
1	15.0wt%	0
2	$PdCl_2$ solution conc. 1.0wt%	
3	0	1.0wt%
4	0	0.5wt%
5	0	0.1wt%
6	15.0wt%	0.5wt%
7	15.0wt%	0.1wt%
8	15.0wt%	0.01wt%
9	15.0wt%	0.001wt%
10	0.970wt%	0.030wt%
11	0.485wt%	0.015wt%
12	0.097wt%	0.003wt%

図6 PIJ法における銅析出速度を調べるための抵抗測定用回路パターン

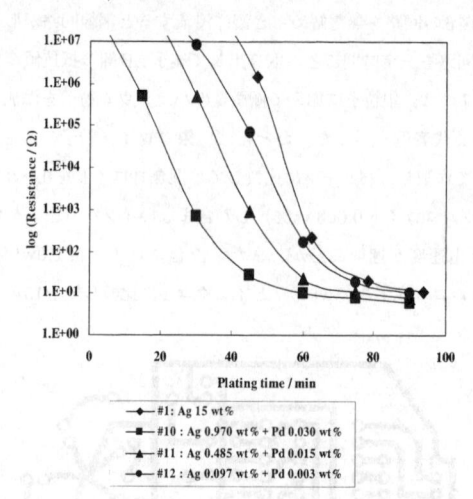

図7 銀コロイドとパラジウムコロイドの混合インクによるインクジェット配線回路上への銅の析出速度比較

まないインク（インク#10）でも銅の析出速度が著しく速くなることがわかる。

　上記のように，金属コロイドインクを金属めっき触媒として用いる場合，インクジェット法で印刷された金属コロイド層の厚みは非常に薄いもので済む。その結果，PIJ法に適用すると，イ

148

第1章 インクジェット印刷技術

ンクジェットによる配線パターン形成でブレークスルーするべき必須項目となっていた，①低ベーキング温度で金属そのものの固有抵抗の確保および，②低抵抗配線回路の確保，の2点は完全にクリヤできる．また，③配線の基板表面との接着性の確保に関しても，先に述べた多孔質層の応用のみでなく，インク中へのバインダーの併用，基板表面へのプライマー層の応用，などが可能となり，今後の実用可能な微細配線回路形成法として期待できる．

文　献

1) 北原文雄，古沢邦夫，分散・乳化の化学，p.24，工学図書 (1979)
2) 特開平11-8064
3) 小林敏勝，色材75，66 (2002)
4) R. Uyeda, *Progress in Material Sci.*, **35**, No.1 (1991)
5) T. Suzuki and M. Oda, Proc. of the 9th International Microelectronics Conf., p.37 (1996)
6) G. Kutluk *et al.*, Proc. of Advanced Metallization Conf. 2000, p.199 (2001)
7) 特開2002-13487
8) T. Oguchi, K. Suganami, T. Nanke and T. Kobayashi, Proc. of IS & T's NIP 19, International Conference on Digital Printing Technologies, p.656 (2003)
9) M. Furusawa and H. Kiguchi *et al.*, Tech.Digest of SID 02, p.753 (2002)
10) D. Kim, J. Park, S Jeong and J. Moon, Proc. of IS & T's Digital Fabrication 2005, p.93 (2005)
11) M. Kowalski, J. Caruso, K. Vanheusden and C. Edwards, Proc. of IS & T's Digital Fabrication 2005, p.158 (2005)
12) Carvin J. Curtis *et al.*, Proc. of IS & T's Digital Fabrication 2005, p.160 (2005)
13) M. Oda *et al.*, Proc. of IS & T's Digital Fabrication 2005, p.185 (2005)
14) T. Oguchi and K. Suganami, Proc. of IS & T's NIP 20, International Conference on Digital Printing Technologies, p.291 (2004)
15) T. Oguchi and K. Suganami, Proc. of IS & T's Digital Fabrication 2005, p.82 (2005)

第2章 その他の印刷配線技術と応用

1 インクジェット法を利用する樹脂表面への銅微細配線

池田慎吾[*1]，赤松謙祐[*2]，縄舟秀美[*3]

1.1 はじめに

　ガラスや樹脂などの低誘電率材料への銅微細配線の形成は，現在のエレクトロニクス産業における要素技術の一つである。近年，デバイス機能の高度化に伴うLSIの高集積化，配線の微細化および低コスト化が要求されるようになり，湿式成膜法による金属配線形成技術が注目されるようになってきた。基板材料については，従来の無機系材料から有機系高分子材料へと移行し，また一方では従来のアルミニウム系合金配線に比べて比抵抗の小さい銅配線技術の開発が求められている。高分子樹脂の基板材料としての利用の一つにフレキシブルプリント配線板が挙げられ，携帯電話などの可動部への利用を中心にその需要は増大している。

　特に耐熱性および誘電特性に優れたポリイミド系樹脂の利用が注目されており，ポリイミド樹脂上への微細銅配線の形成は，今後のエレクトロニクス分野における重要な要素技術である[1]。従来のプロセスでは銅箔とポリイミドを接合し，有機レジストを用いて回路部以外の銅を溶解除去（エッチング）した後，レジストを剥離して配線板とするのが一般的である。しかし，この方法では配線の微細化への対応に技術的限界（レジスト印刷やエッチング工程の解像度）があり，近い将来の目標値となるサブミクロンオーダーの微細銅回路を形成することは困難である。また，この他にポリイミド樹脂上に蒸着・スパッタなどを行うことによって銅回路を形成する手法では，大規模で高価な装置を必要とするため生産コスト，消費エネルギー面に問題が残る。したがって，次世代プリント配線板に要求される配線の微細化や製造工程の簡略化に対応するためのポリイミド樹脂のメタライズに関する新規手法の開発が待望されている。

　このような要求の中で，ポリイミド系樹脂上への銅配線形成技術はエレクトロニクス実装業界におけるメジャープロジェクトに成長してきた。現行の配線パターンの形成プロセスにおいては，成膜，レジストパターンの形成，エッチングなど複雑な処理工程が多く，回路の微細化への対応に問題がある。このような観点から，ポリイミド樹脂上に銅配線を直接パターニングする技術と

[*1] Shingo Ikeda　甲南大学　理工学部　博士研究員
[*2] Kensuke Akamatsu　甲南大学　理工学部　講師
[*3] Hidemi Nawafune　甲南大学　理工学部　教授

第2章　その他の印刷配線技術と応用

して種々のダイレクトパターニング法が提案されている。たとえば，樹脂上にレーザー照射を行いエッチングし，触媒処理を施して無電解めっきにより銅を析出させる方法や，無電解めっき浴中でレーザー照射し，局所的な温度上昇を利用して照射部に銅を析出させる方法などがある。しかしながら，配線描画に時間がかかりすぎることや，高価な装置を必要とするなどの問題点がある。また，レジストを用いず回路パターンを形成する方法としては，電子線や紫外光照射により金属イオンを還元することによりパターン描画する方法が提案されているが，銅イオンについては直接還元が困難であることから報告例は少ない。また，現行の樹脂の導電化プロセスにおいては，樹脂表面または銅箔接合面に前処理を施し，マイクロスケールの凹凸を形成させるアンカー効果によって密着性を確保している。したがって，必然的に銅配線間隔，厚みともにマイクロオーダーとなり，サブマイクロオーダーとなりつつある配線の微細化には対応できない。将来的にサブマイクロオーダーにおける密着性確保を可能にする新たな接合概念の構築が望まれるところである。

ここでは，ポリイミド樹脂表面の部位選択的改質および金属イオン吸着を利用したダイレクトメタラリゼーション法について，薄膜形成過程および金属・樹脂界面の構造制御に関する検討を行った結果を紹介する。

1.2　ポリイミド樹脂の部位選択的表面改質

ポリイミド系樹脂は一般に化学的安定性に優れているが，アルカリ加水分解によりイミド環が開裂し，カルボキシル基とアミド結合が形成することが知られている[2~4]。図1に示すように，

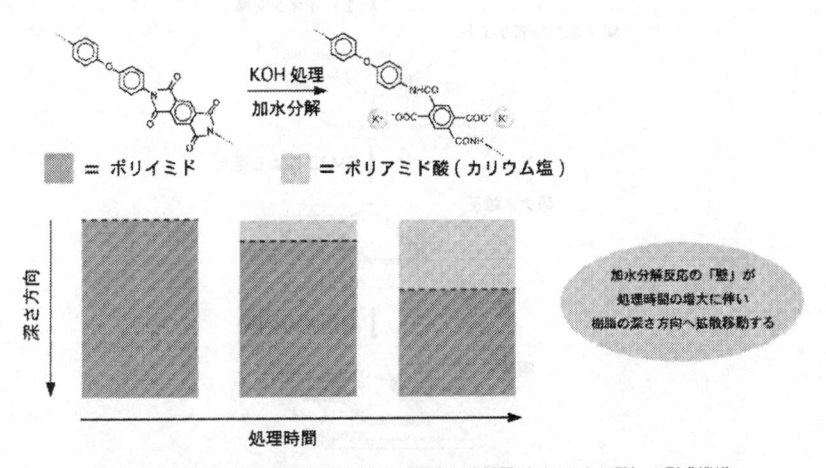

図1　KOH処理に伴うイミド環の加水分解反応と改質層（ポリアミド酸）の形成機構

樹脂をアルカリ水溶液に浸漬すると加水分解反応とともに溶液が樹脂中に拡散し，樹脂表面に「改質層」が形成する。この改質層はポリアミド酸のアルカリ金属塩であり，イオン交換反応により種々の金属イオンを導入させることができる[5, 6]。この表面改質法は，樹脂がアルカリ水溶液と接触することによる固・液界面反応を利用している。したがって，アルカリ水溶液を樹脂表面に部分的に接触させれば，樹脂表面を選択的に改質させることが可能となり，部位選択的に金属イオンを樹脂表面に導入することができる[7]。

図2に部位選択的表面改質および樹脂上への銅回路パターン形成プロセスの概略図を示す。部位選択的表面改質には，市販の微少液滴吐出描画装置（ファインディスペンサー）を使用した。水・エチレングリコール混合溶液（1：3vol%）に水酸化カリウムを溶解させた溶液（KOH濃度：5mol/ℓ）をインクカートリッジに充填し，CAD上で設計したドットおよびラインパターンをPMDA-ODAタイプのポリイミドフィルム上に描画した。樹脂表面にファインディスペンサーを用いてKOH溶液を描画し，水洗した試料の光学顕微鏡像を図3に示す。幅約200μmの暗いラインが表面改質された部位であり，このコントラスト変化は加水分解反応による屈折率変

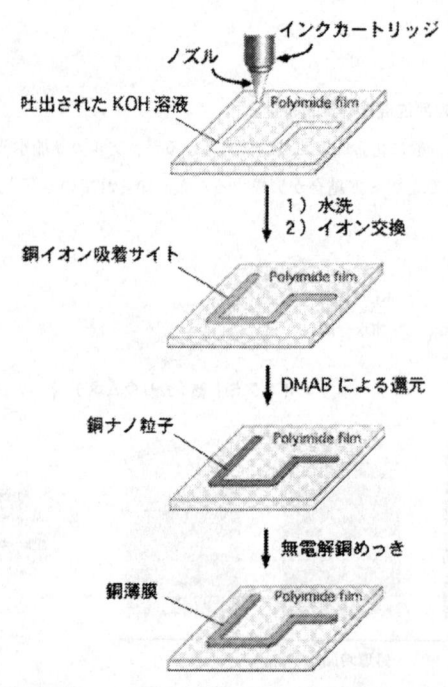

図2 部位選択的表面改質法によるポリイミド樹脂上への銅回路パターン形成プロセスの概略図

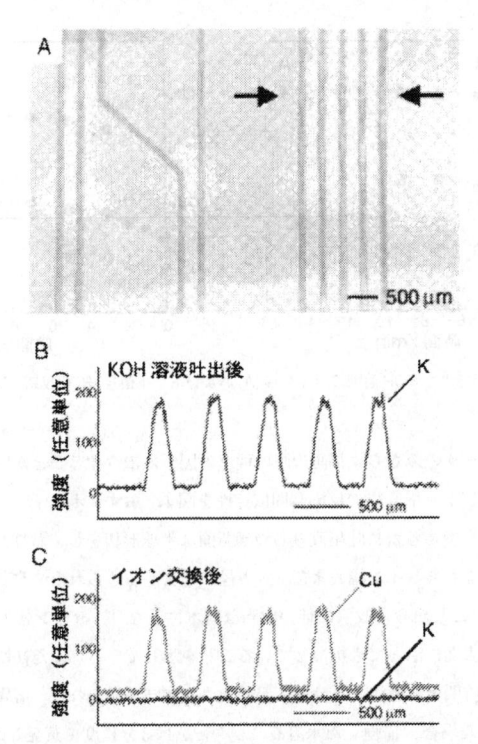

第2章 その他の印刷配線技術と応用

図3 (A) KOH溶液描画後の樹脂表面の光学顕微鏡像（矢印は線分析を行った領域を示す）(B) KOH溶液描画後の樹脂のEDXによるカリウムの線分析結果 (C) KOH溶液描画後$CuSO_4$水溶液に浸漬した試料におけるカリウムおよび銅の線分析結果

化に起因している。イミド環の加水分解によりポリアミド酸のカリウム塩が形成することから，図3Bに示すEDXによるカリウムの線分析結果より，ポリイミド樹脂が部位選択的に表面改質されていることがわかる。さらに，部位選択的表面改質を施した試料を硫酸銅水溶液（50mmol/ℓ）に5分間浸漬させることにより，銅イオンを改質部位にドープさせることが可能である（図3C）。このとき，室温にて5分間の反応でカリウムイオンはほぼ完全に除去され，銅イオンと交換する。さらにICP分析結果から，カリウムイオンと銅イオンの交換反応はイオン価数に依存し定量的（2：1）に進行し，KOH濃度5mol/ℓの溶液を用いて描画し5分間反応させた場合，銅イオン吸着量は約$1\mu mol/cm^2$に達した。

パターン解像度は用いたディスペンサーのノズル径，スキャン（描画）速度および吐出速度に依存する。スキャン速度の増大および吐出速度の減少に伴いライン幅は減少したが，解像度はこ

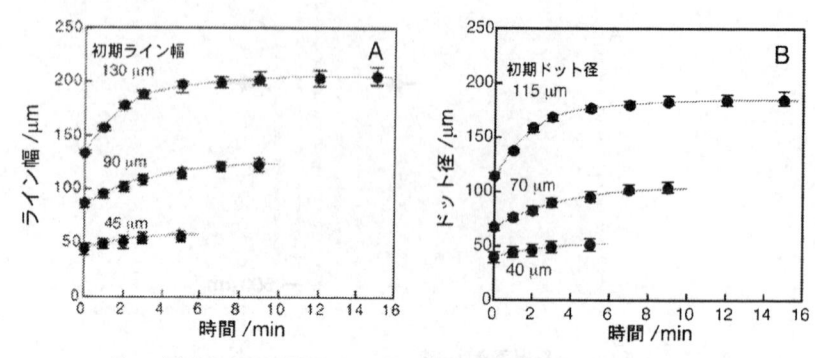

図4 吐出されたKOH溶液のライン幅(A)およびドット直径(B)の反応時間依存性

れらの機械的パラメータのみならず描画の際の種々の因子に依存することが明らかとなった。描画したライン幅およびドット直径の反応時間依存性を図4に示す。ポリイミド樹脂表面は疎水性（水滴接触角：73.4°）であるため吐出直後の液滴断面は半球形状をしており，時間経過とともにその直径の増大，すなわちライン幅およびドット径の増大が認められた。改質部分の水滴接触角は減少（43.6°）したことから，改質に伴い樹脂は親水性となり，ライン幅の増大は液滴が樹脂内部だけでなく樹脂表面に沿っても拡散していることを示している。また初期ライン幅およびドット径が大きいほど時間とともによりサイズが増大する傾向が見られた。溶媒にエチレングリコールを添加しなかった場合，描画した水溶液のパターンは3分程度で蒸発し改質ムラが生じた。エチレングリコール添加により蒸発を抑制し，樹脂表面方向への溶液の拡散をある程度抑制することが可能であった。以上の結果から，パターン解像度は溶液濃度，溶媒混合比，温度および反応時間に依存する。

1.3 湿式還元による銅薄膜の形成

銅イオンを部位選択的にドープしたポリイミドフィルムをジメチルアミンボラン水溶液（0.1mol/ℓ）に浸漬すると樹脂表面に銅パターンが析出した。得られた銅パターン表面のAFM像を図5に示す。還元後の表面は粒子径数十nmの銅ナノ粒子で構成されている。図5Bに示す断面TEM像から，樹脂表面に厚さ約200nm程度の比較的緻密な銅ナノ粒子分散層が存在することが明らかとなった。また，銅ナノ粒子サイズはAFM観察により確認されたものとほぼ一致した。同様の条件で改質処理を施した場合に改質層の厚みは約3μmであったことから，ナノ粒子分散層の存在はジメチルアミンボランによる還元によって銅イオンが表面へ拡散していることを示唆しており，銅薄膜の形成に関して以下の反応メカニズムが考えられる。

第2章　その他の印刷配線技術と応用

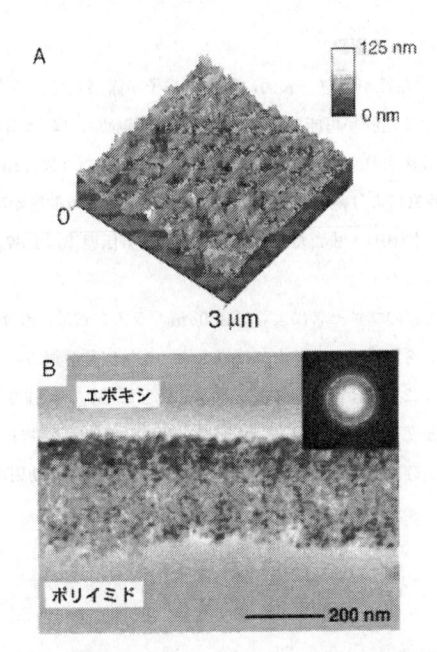

図5　ジメチルアミンボランにより還元・析出した銅パターン表面のAFM像(A)および断面TEM像(B)

アノード反応　$(CH_3)_2NHBH_3 + 4OH^- \rightarrow (CH_3)_2NH + BO_2^- + 2H_2O + 3/2H_2 + 3e^-$ 　(1)

カソード反応　$(-COO^-)_2Cu^{2+} + 2e^- \rightarrow (-COO^-)_2 + Cu^0$ 　(2)

$$nCu^0 \rightarrow (Cu^0)_n \tag{3}$$

$$(-COO^-)_2 + 2H^+ \rightarrow 2(-COOH) \tag{4}$$

まず，ジメチルアミンボランによりカルボキシラートイオンと結合していた銅イオンが還元され銅ナノ粒子が形成する。生成したカルボキシラートイオンはプロトン化され，その結果カルボキシル基が生成する。改質層表面が溶液と接触するため，まず表面層に存在する銅イオンが還元され，生じたカルボキシル基は再びイオン交換基として作用し樹脂深部に存在する銅イオンが表面へ拡散すると予想される。その結果，樹脂表面にナノ粒子で構成された銅薄膜が成長すると考えられる。還元後の改質層は金属イオンを含まない（カルボキシル基を有する）ポリアミド酸であることから，イオン交換により再び銅イオンを導入し，ジメチルアミンボランによる還元を繰り返すことにより増膜することも可能である。

1.4 中性無電解めっきによる増膜

還元処理後の試料は導電性があり,表面に銅ナノ粒子が露出しているため,電気銅めっきまたは無電解銅めっきによる増膜が可能である。中性無電解銅めっきによる増膜の結果を図6に示す[8]。図6Aに示すAFM像より,増膜後は比較的結晶子の大きい(数百 nm 程度)銅薄膜が形成しており,断面TEM観察により銅薄膜／樹脂界面に銅ナノ粒子分散層がめっき増膜前とほぼ同じ状態で存在している(図6B)。また得られた銅薄膜の電気伝導率は $1.67\mu\Omega$cm であり,バルクの銅と等しい比抵抗を示した。

図7に示すように,上記のプロセスにより幅 200μm のラインおよび直径 300μm のドットを描画し,微細回路パターンを形成させることに成功した。中性無電解銅めっきにより厚さ 10μm の増膜後,引張試験を行うことによりプル強度を測定したところ,プル強度は 1.4kgf/mm^2 の値を示し,微細配線の接合強度としては充分高い値が得られた。この密着性は,界面に銅ナノ粒子／ポリイミド樹脂複合体が存在することによるナノスケールのアンカー効果に起因すると考えられる。

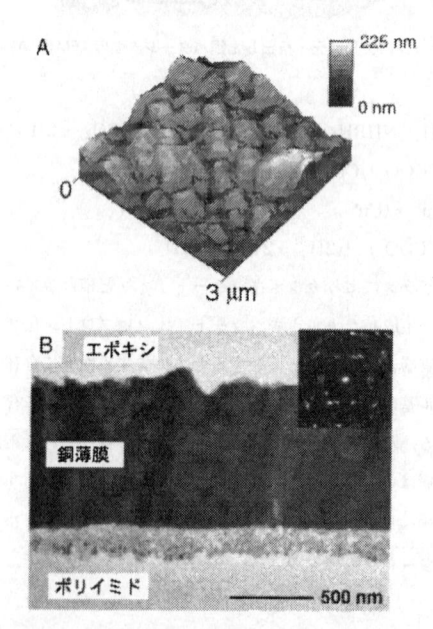

図6　無電解銅めっきによる増膜後の試料表面のAFM像(A)および断面TEM像(B)

第2章 その他の印刷配線技術と応用

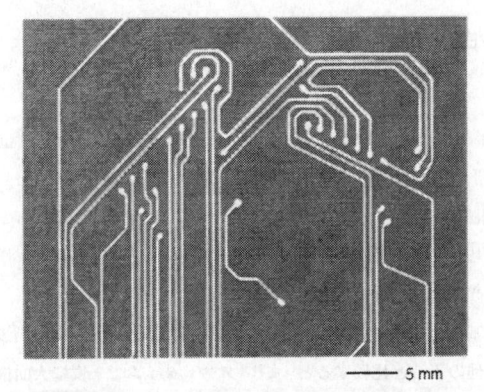

図7 部位選択的表面改質法によりポリイミド樹脂上に形成した銅回路パターンの光学顕微鏡像

文　献

1) 技術情報協会編；次世代のエレクトロニクス・電子材料に向けた新しいポリイミドの開発と高機能付与技術．p.3．技術情報協会（2003）
2) K.-W. Lee, S. P. Kowalczyk, J. M. Shaw；*Langmuir*, **7**, 2450（1991）
3) M. M. Plechaty, R. R. Thomas；*J. Electrochem. Soc.*, **139**, 810（1992）
4) N. C. Stoffel, M. Hsieh, S. Chandra, E. J. Kramer；*Chem. Mater.*, **8**, 1035（1996）
5) S. Ikeda, K. Akamatsu, H. Nawafune；*J. Mater. Chem.*, **11**, 2919（2001）
6) K. Akamatsu, S. Ikeda, H. Nawafune；*Langmuir*, **19**, 10366（2003）
7) K. Akamatsu, S. Ikeda, H. Nawafune, H. Yanagimoto；*J. Am. Chem. Soc.*, **126**, 10822（2004）
8) 縄舟秀美．中尾誠一郎．水本省三．村上義樹．橋本　伸；表面技術．**50**．374（1999）

2 スクリーン印刷微細配線

久米　篤*

2.1 はじめに

　SMT分野および半導体業界におけるセラミック基板やフィルム・テープ上への導電性ペーストを用いた微細配線形成やソルダーレジスト印刷，半田バンプのファインピッチパターン印刷用に，スクリーン印刷法が利用されている。また，フラットパネルディスプレイ分野においては，LCDでのシール材印刷，PDPでの蛍光体印刷，等にも応用されており，より高精細・高精度化の要求が求められてきている状況にある。
　アディティブ法で基板上に導体形成を行うことに関して，スクリーン印刷法は簡便な方法であるばかりではなく，他の工法と比較すると，短いタクトタイムで一度に大面積を精度良く印刷できるというメリットがあり，製作工程の短縮化が図れる。また，スクリーン印刷法は，製造設備および材料費でのコスト削減，製造設備の省スペース化が図れると共に，環境問題にも大変有利な工法と言える。本節では，エレクトロニクス業界での微細配線形成において，有望な工法のひとつであるスクリーン印刷法を採り上げ，高精度印刷機の特徴と現状での印刷の実力について述べる。

2.2 スクリーン印刷法について
2.2.1 基本原理

　ここでは，一般的なスクリーン印刷であるオフコンタクト印刷における基本原理について，簡単に説明を行う。まず，図1に示すように，目的のパターンを焼き付けたスクリーンと被印刷物である基板の間にある適度なクリアランスを取り，先端部が主にゴム等の材質で構成されるスキージに印圧を印加することで版が下方に押し下げられ，版と基板が線接触する。引き続いて一定の印圧を印加しながらスキージを一定速度で走行すること（通常，スキージングと称す）で，版と基板の線接触が連続して繰り返されるのと同時に，版の張力により版が上方に復元しようとすることで版が基板から連続して離れるという現象（以降，版離れと略称）が起こり，版離れする際にスクリーン紗の中に充填されたペーストが開口部から基板上に転写される。スクリーン印刷法が，他の印刷手法と大きく異なる点としては，これらの印刷のメカニズムに加え，ペースト特性，スクリーンマスク仕様，スクリーン印刷機による印刷条件，の3つの要素の適正化が基本となることが挙げられ，これがスクリーン印刷法の最大の特徴と言える。
　スクリーン印刷において適正な印刷条件を得るためには，スキージ印圧，スキージ速度，スキ

---

　*　Atsushi Kume　マイクロ・テック㈱　技術開発部　課長　プロセス技術担当

第2章　その他の印刷配線技術と応用

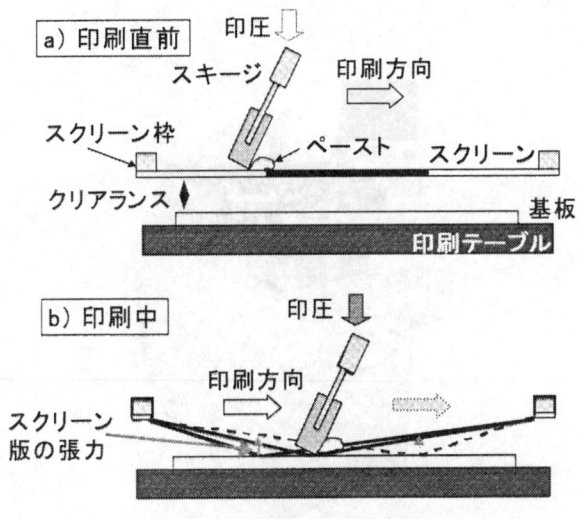

図1　スクリーン印刷法の基本原理

ージのアタック角度，クリアランスの4つの条件を制御する必要がある[1]。スキージ印圧は，版と基板を接触させ，スクリーンマスク上のペーストを掻き取り，基板全体に均一に圧力が加われば十分であり，必要以上の印圧は，スクリーンマスク及びスキージにダメージを与えることになる。スキージ速度とアタック角度はペーストのスクリーンマスク開口部からの吐出量に影響し，スキージ速度とクリアランスは版離れを制御するための要因である。

2.2.2　高精度印刷に要求される印刷機の特徴について

　高精度印刷を実現するための方式として我々が提唱するのは，高剛性を有する版枠部及び架台の安定構造，印刷時に適切なスキージ印圧のみを印加する低印圧方式とその方式を最大限に活かすために必要なスキージ構造，印刷位置精度・繰り返し位置精度を高めるために必要なテーブル駆動及び停止方式，等が挙げられる[2]。

　高精度印刷に対応したスクリーン印刷機の一例として，写真1に自動画像認識装置を装備した高精度低印圧スクリーン印刷機「MT-320TVC」を示す[3]。版枠部と架台をアルミ製の鋳物構造とすることで機械的に高い剛性を持たせ，スキージ印圧の制御には「垂直フロート型エアーバランス方式」を採用することで印圧をエアー圧の数値のみで管理することができ，微妙な印圧制御と適正な低印圧での印刷が可能となることから，低印圧印刷時の印圧再現性や安定性に優れる。また，エアーバランス方式での印刷機の能力を最大限に活かしたスキージ構造としては，ペーストのローリングを考慮に入れ，ゴム部分の硬度を変えたマイクロスキージと角度研磨によりアタ

金属ナノ粒子ペーストのインクジェット微細配線

写真1　自動画像認識装置付高精度低印圧スクリーン印刷機「MT-320TVC」

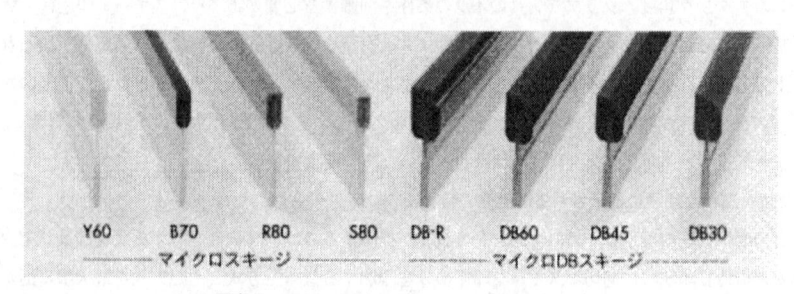

写真2　マイクロスキージとマイクロDBスキージ

ック角度を変えたマイクロDBスキージを我々は推奨する。そのラインナップを写真2に示す。ペースト特性と印刷用途に応じてスキージの選択ができ，高精度印刷に対応でき，低印圧でのエアーバランス方式の導入により，版，スキージの寿命が伸び，コスト削減も期待できる。また，自動画像認識機構を活用することで，繰り返し位置精度が要求される重ね刷り多層印刷に対しては，写真3に示すPDP用リブの形成（隔壁9層重ね刷り）が実績として挙げられる[4]。

2.3　微細配線印刷

ここでは，グリーンシート基板上において，銀ペーストにより微細配線を印刷することで現状

第2章 その他の印刷配線技術と応用

のスクリーン印刷技術の実力を示す。また、ポリイミドフィルム上へ銀ナノペーストにより微細配線印刷を試みた結果についても報告する。

2.3.1 銀ペーストを用いたグリーンシート基板上への微細配線印刷

　高テンション・高解像度のスクリーン版を用い、高精細印刷用ペースト・高精度の印刷機との組み合わせにより、グリーンシート（低温焼成）基板上に、写真4に示すようなLine/SpaceがL/S＝10μm/10μmからL/S＝30μm/30μmにわたるファインパターンと電極用微細配線の混在したパターンを印刷した。印刷速度は、50mm/secであった。

　写真5にL/S＝20μm/20μmの顕微鏡写真を示すが、版仕様の設計値に対しLine/Spaceがほぼ

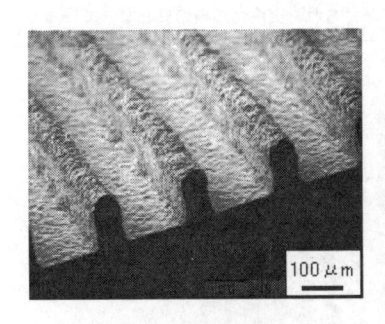

a) 全体像　　　　　　　　　　　　　b) 断面拡大像

写真3　高精度の重ね刷り多層印刷によるPDP用リブ形成（隔壁9層重ね刷り）

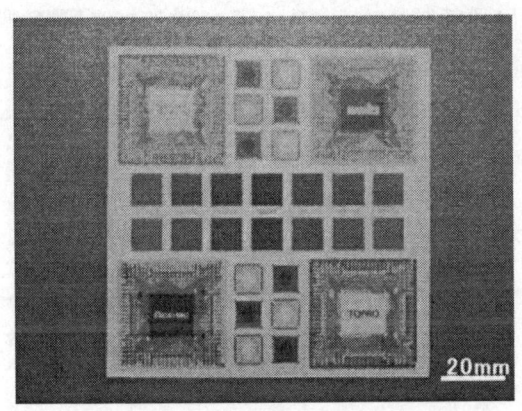

写真4　銀ペーストを用いてグリーンシート基板上へファインパターンを印刷したサンプル
（協力：ナミックス㈱，東京プロセスサービス㈱）

金属ナノ粒子ペーストのインクジェット微細配線

再現性良く印刷できていることがわかる。一方,現状では最高レベルであるL/S＝10μm/10μmの印刷を試みた結果の顕微鏡写真を写真6に示す。ダレの問題を含むペーストの特性や版の解像度等の特性がさらに向上すれば,L/S＝10μm/10μmをスクリーン印刷法により再現する可能性を見出すことができた。

2.3.2 フィルム基板上への微細配線印刷

近年のナノテクノロジー技術の急速な向上に伴い,金属導電性ペーストにおける粒子径がナノオーダーサイズまで製造が可能となり,金属ナノ粒子の低温焼結性のメリットを活かし,これまで熱処理温度の問題で困難とされたフレキシブルなフィルム基材上への微細配線形成が期待されている。ポリイミドフィルム上へ導電性ペーストをダイレクト印刷する場合には,ペーストとフィルムの密着性が悪いことが最大の問題点として挙げられ,実用化への妨げとなっていることか

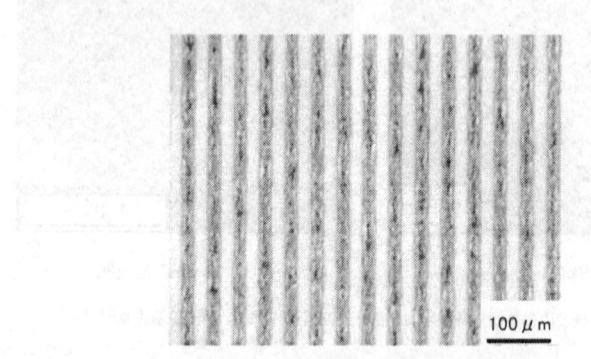

写真5 銀ペーストを用いてグリーンシート基板上へL/S＝20μm/20μmの微細配線を印刷したサンプル
(協力：ナミックス㈱,東京プロセスサービス㈱)

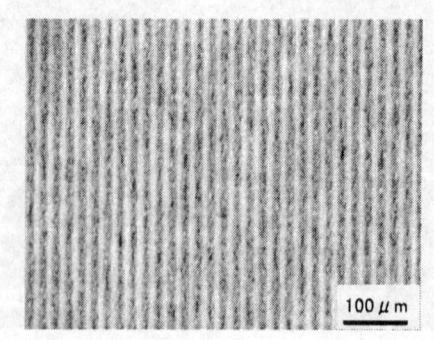

写真6 銀ペーストを用いてグリーンシート基板上へL/S＝10μm/10μmの微細配線を印刷したサンプル
(協力：ナミックス㈱,東京プロセスサービス㈱)

第2章 その他の印刷配線技術と応用

ら, 日々, 材料メーカー等が密着性改善に向けた開発に取り組んでいる。密着性については別の問題であるために, ここでは考慮には入れずに, ポリイミドフィルム上へ銀ナノペーストを用いて微細配線印刷を試みた際の印刷性について述べることにする。

低温焼成が可能な銀ナノペーストを用い, ポリイミドフィルム上へ微細配線を印刷した後に焼成した試料の外観写真を写真7に, また, 微細配線部の顕微鏡写真を写真8に示す。一般的に, スクリーン印刷の場合には, フィルム上への印刷ではグリーンシート等の基材上と比較するとペーストはダレ易く, 形状保持が難しい傾向にある。今回は開発段階にあるペースト及び版仕様にて印刷を試みた訳であるが, 設計ライン幅がペーストのダレ等の問題により, 実際には約40％

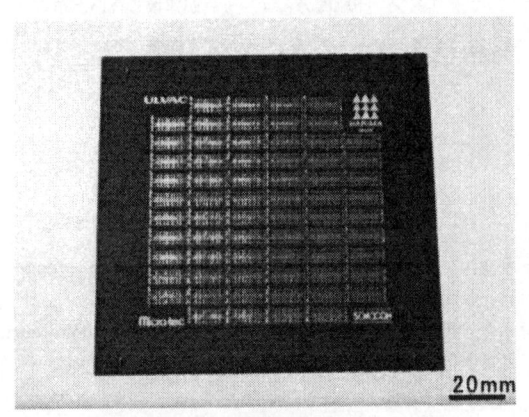

写真7 ポリイミドフィルム上へ銀ナノペーストで微細配線をスクリーン印刷で形成したサンプルの外観写真
(協力:ハリマ化成㈱, ㈱アルバック・コーポレートセンター, ㈱ソノコム)

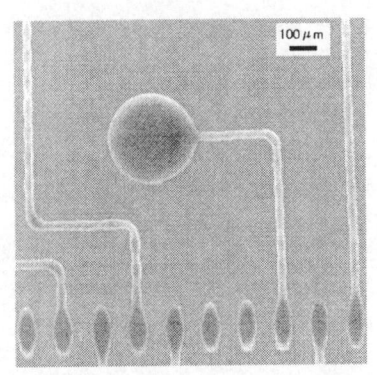

写真8 スクリーン印刷法によりポリイミドフィルム上へ銀ナノペーストを用いて形成した微細配線の拡大写真
(協力:ハリマ化成㈱, ㈱アルバック・コーポレートセンター, ㈱ソノコム)

程度まで太くなっている箇所が見られ，また，長さ方向に対しての印刷ラインのうねりが見られる。印刷ラインのフラット性改善に関しては，今後のペースト特性及びスクリーン版の向上により十分解消が可能であると考えられる。

2.4 まとめ

微細配線形成で有望な工法とされるスクリーン印刷法において，高精細・高精度印刷に必要とされる印刷機及びスキージの構造と，微細配線形成に対する現状の実力について述べた。短いタクトタイムで一度に大面積を精度良く印刷できるというスクリーン印刷工法の最大の利点を活かすと共に，ペースト，スクリーン，印刷機の各メーカーが連携し合いながら，ハイグレードでかつフォト法に一歩でも近づくスクリーン印刷技術の確立を推進していくつもりである。

文　献

1) 佐野　康．スクリーン印刷のススメ．p.89．イー・エクスプレス（2003）
2) 久米　篤．エレクトロニクス実装技術．20．No.6．p.30（2004）
3) マイクロ・テック．2004電子回路基板技術大全．p.207．Electronic Journal別冊（2004）
4) 久米　篤．エレクトロニクス高品質スクリーン印刷技術．p.92．シーエムシー出版（2005）

3　金属ナノ粒子ペーストの高精細塗布

富山和照*

3.1　はじめに

携帯電話，デジタルカメラなどのデジタル家電，FPDをはじめとして最近の工業製品の製造工程において，液体精密制御技術は不可欠の要素となっており，高機能・高精細化が進む中で，高精細塗布工程の占める重要性はますます大きくなっている。

高精細化に伴い，各種液剤の制御も，微少化・高精細化に対応しなければならない。数十μの径の打点や同様の線幅の線引き，nlオーダーの液剤を，μ単位の位置精度で制御することが必要とされている。また，単に微少量を制御するのではなく，再現性，信頼性が要求されることはいうまでも無い（写真1）。

このような微少な液体制御においては，従来問題とされていなかった現象が精度・再現性を損なう原因になり描画での問題を発生させる。これらを解決するためには液体制御の二つの要素，吐出と塗布において，どのような現象が発生しているかを認識し，これらの問題を一つずつ解決していくことが必要である。

本節では，液体制御用コントローラとして多く用いられているエア式ディスペンサを中心に吐出および塗布で発生する基本的な問題点をとりあげ，各々の解決法を検討することで高精細液体制御を実現する方法を説明する。加えて，最近新たに用いられてきたメカニカルディスペンサについても考察する。

3.2　接着剤の定量吐出における問題点

3.2.1　吐出量の再現性

エア式のディスペンサは，吐出機構部に接液部が無く，広範囲の粘度の液剤に利用が可能で，

写真1　描画幅18μの超極細塗布サンプル

---

*　Kazuteru Tomiyama　武蔵エンジニアリング㈱　総合企画室　室長

金属ナノ粒子ペーストのインクジェット微細配線

かつランニングコストが安価なため、液体制御において卓越して用いられている。この方式では容器（シリンジ）に封入された液剤を空気圧で押し吐出を行なう（図1）。吐出量は、吐出圧力と吐出時間の積に比例し、この時間と圧力を制御することで再現性（吐出精度）を得ている。

この機構では、吐出圧力と吐出時間を正確にコントロールするほど吐出精度が高くなる。高精度タイプのディスペンサでは吐出時間の設定にはデジタルタイマーを搭載し、吐出圧力の設定にもデジタル表示を用いているものが多い。

吐出圧力の到達圧力は、一般にディスペンサに設定した圧力と同等と考えられがちだが、短いタクトでかつ短時間の吐出を連続して行なうと、到達圧力にばらつきが発生する（図2）。例えば一般的な金属ペーストを1mg吐出するような条件で調べてみると、到達圧力には10％近いばらつきが発生する。これが、そのまま吐出量のばらつきとなる。

この現象を解消するには、吐出に際して消費されるエアを安定して供給する必要がある。ディ

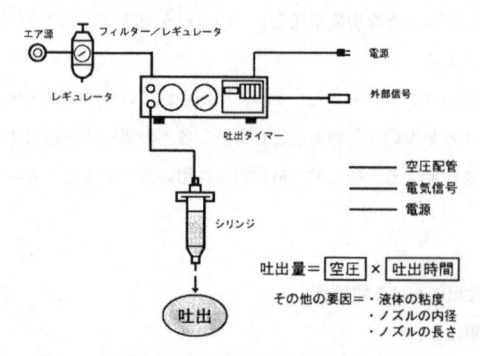

図1　エア式ディスペンサの構成

エアパルス安定回路なしのディスペンサ
max. 641.5mV
min. 581.0mV
ばらつき：9.4％以内

エアパルス安定回路搭載のディスペンサ
max. 618.0mV
min. 615.0mV
ばらつき：0.4％以内

〈条件〉 吐出圧：0.08MPa　吐出圧時間：0.1sec.
ディスペンサからのエアパルスを電圧値に変換したものです

図2　吐出圧力のばらつき

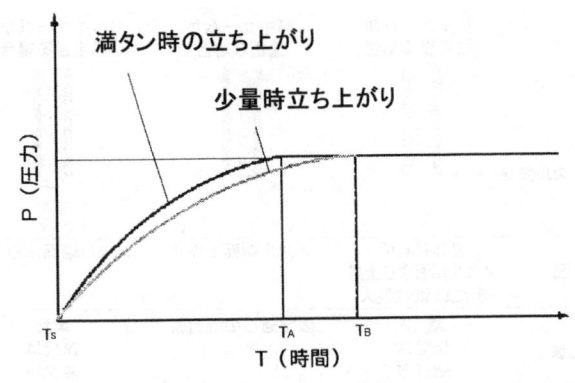

第2章 その他の印刷配線技術と応用

図3 吐出時のシリンジ内の圧力推移

スペンサに投入する圧力を吐出圧力に比べ十分高くかつ安定して保つことや、レギュレーションされたエアの量を十分に保つことが必要である。これらの対応を行なった場合は前述の条件でもばらつきは0.5％以内に抑えられ、安定した吐出を行なうことが可能である。高精度のディスペンサではこのように、エアパルスを安定させるための空圧回路が不可欠の要素である。

実際の吐出においては、圧縮流体であるエアを媒体として用いるため、シリンジ内の圧力変化は図3のようになる。前述したエアパルス安定回路を使用することで、圧力の立ち上がりを早くしシリンジ内の圧力変化を矩形に近付けることができ、これによっても、吐出の再現性を高めることが出来る。また、図3に示される圧力変化が後述する自動化における問題点の水頭差を発生させる要因となっている。

3.2.2 液ダレの防止

シリンジの先端にはニードルが用いられ、塗布位置、塗布量の制御を行なっているが、その先端は開放になっているために、低粘度の液体では吐出していない間も、液剤が自重で自然落下してしまう。エア式のディスペンサでは吐出していない間は、シリンジ内の液剤に負圧をかけて、自重とバランスを取り、自然落下を防止している。

負圧が安定しないと、吐出の度にノズル先端の液剤の形状が変化してしまい、次の吐出の量がばらついてしまう。ペースト状の液剤でもこの影響は受け、特に微少量の塗布を行なう場合このばらつきの与える影響が大きく作用する（図4）。このため、微小塗布では、ノズル先端の液剤の形状を安定させることが塗布精度を確保するために不可欠な要素である。

エア式ディスペンサでは、真空イジェクターを用いて負圧を発生させるが、真空イジェクターへの供給圧力が不安定だと負圧の安定も得られず、高精度ディスペンサでは吐出圧だけでなく負

金属ナノ粒子ペーストのインクジェット微細配線

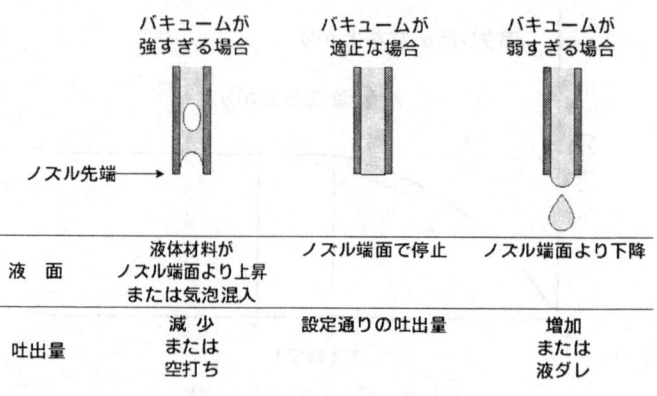

	バキュームが強すぎる場合	バキュームが適正な場合	バキュームが弱すぎる場合
液面	液体材料がノズル端面より上昇または気泡混入	ノズル端面で停止	ノズル端面より下降
吐出量	減少または空打ち	設定通りの吐出量	増加または液ダレ

図4 バキュームの設定と吐出量の関係

圧にもエアの安定回路を用いるべきである。

簡便的に液ダレを止める吐出方法として機械的に流路を閉じる方法もあるが，液ダレの発生は抑えられても機械的な動作によるバラ付きが，微量塗布に影響を与えることが多い．低粘度の液剤で微量塗布を行なうには，エア式で負圧を精密に制御するか，あるいは後述するプランジャ式のディスペンサを用いることになる．

3.2.3 自動化における問題点

(1) 液ダレによる吐出量の変化

前段で述べたように，微量吐出には液ダレの防止が必要である．ところが，自動機等で連続して液剤を用いていると，液剤の残量に応じて吐出量が減少する傾向が発生する（図5）．これは，液剤の減少に伴い自重が小さくなり，当初のバキューム設定値ではバキュームが強くなりすぎるためである（図4の左の状態に移行する）．

この問題を解決するためには，液剤の残量にあわせて，バキュームの強さを制御することが必要であり，液剤の残量検知（液面検知）を行なったり，吐出カウントによる制御を行なったりすることで実現している．液面の検知のためには外部センサーを用いたり，シリンジ内の圧力の変化を捉え，その変異によって液面を算出する方法がある．現在エア式で自動補正の実績があるディスペンサでは，エアの安定回路とセンシング技術を併用して用いている（写真2）．

(2) 水頭差の影響

ペースト状の液剤や，高粘度の液剤を連続して吐出すると，シリンジの残量に応じて吐出量が減少する．これは水頭差の影響である．図3で示すように吐出の開始においては，シリンジ内の圧力は徐々に高くなるが，液面が低下し圧縮すべき体積が増加すると圧縮の立ち上がりが鈍くな

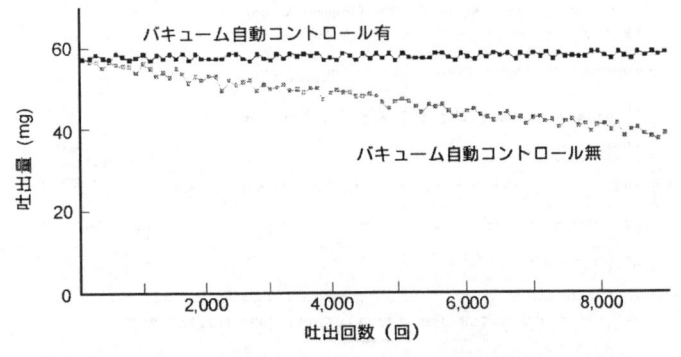

第2章　その他の印刷配線技術と応用

図5　自動化における液ダレの影響
吐出圧力：0.1MPa　吐出時間：20msec.　吐出液体材料：30Pa·S シリコンオイル

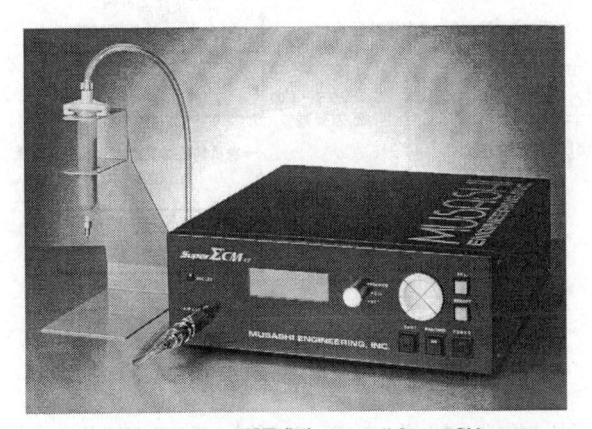

写真2　マイコン補正式ディスペンサ Super ΣCM

り，吐出量は徐々に減少していく。この現象を解決するには，液面の変動に応じて吐出時間または吐出圧力を調整し図3での面積が等しくなるように補正をかける必要がある。

　実際の吐出では，液面の検知を行ない，バキューム自動制御と水頭差自動補正を同時に行なうことが有効である（金属ペーストの場合両方の機能を必要とすることが多い）。同時に，残量を検知することにより，シリンジの交換時期を把握することが可能である。図6に銀エポキシの塗布量の水頭差補正の評価結果を示す。

3.2.4　供給圧力の変動

　エア式ディスペンサに供給される圧力が変動することが吐出量（流量）を変動させる。一般の

金属ナノ粒子ペーストのインクジェット微細配線

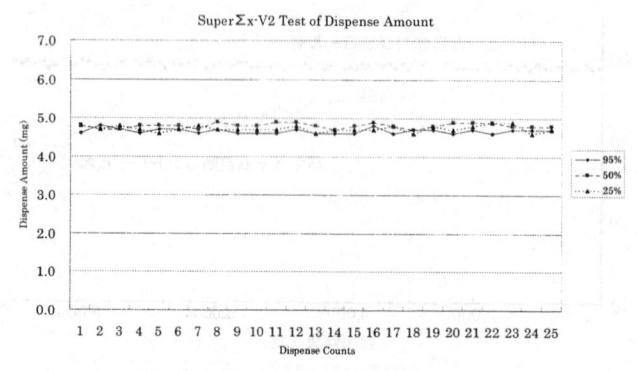

図6 水頭差の自動補正例

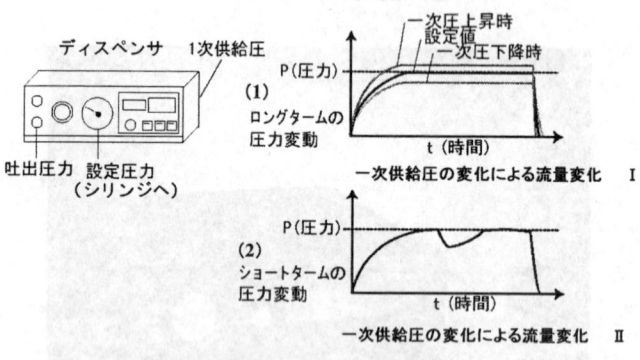

図7 供給圧力の変動による流量の変化

ディスペンサではメカニカルなレギュレーションを行なっており，吐出圧力（2次圧）は供給圧力（1次圧）により影響を受けるからである．一般的には，工場エアーは中心値に対して±20％程度の変動をすることがあり，設定時の1次圧と現在での1次圧の差により2次圧は相当変動する（図7）．また，装置などでエアの供給源を他の部品と共有している場合，共有している他の部品で急激なエアの消費が発生した場合，供給圧が急速に低下し吐出時の流量が極端に少なくなることもある．

これらを考慮し，吐出系へのエアの供給は独立して十分な容量があること，可能であれば供給側で複数のレギュレーションを行い，極力1次圧を安定させることが必要である．線引き塗布では，流量を一定にすることが必要であり，レギュレータ自体に1次圧の変動を吸収し一定の2次圧を得るような機能が求められる．このため，線引き塗布，ポッティング等では電空レギュレー

第2章 その他の印刷配線技術と応用

タを装備したディスペンサが効果的である。

このディスペンサは単に流量を安定させるだけでなく、外部信号により任意に2次圧を変化させることができるため、部分的に流量を変化させたり、粘度変化に対応することが可能になる。

3.2.5 粘度変化

(1) 温度による粘度変化

液剤の粘度は温度により変化し、特に最近は粘度が大きく変化する傾向にある。液体を用いた作業を行なう場合、装置内の設備からの輻射・対流等で温度が上昇したり、短タクトで吐出を繰り返した場合、エアの断熱圧縮によりシリンジの温度が著しく上昇したりする。このため、液剤の粘度が大きく変化し吐出量のばらつきを生じると同時に塗布形状も変化する。このような温度変化の影響を避けるにはシリンジを冷却・加熱できる容器の中に入れ、一定の温度に保つ必要がある。従来は適当な冷却機構が無かったために加熱温調が主流であったが、最近ではペルチェ素子等を利用した冷却温調が広く用いられるようになっている。また、温度による粘度変化を利用し、液剤を加熱し粘度を低くして吐出したり、逆に冷却することで、粘度を高くし塗布形状を安定させたり、液剤のポットライフを延ばすなどの目的で積極的に温調機構を用いている。

(2) 経時的な粘度変化

液剤の特性を高めるために、複数の液剤を混合して使用する場合は、混合後時間経過とともに液剤の粘度が上昇する。吐出量が多い場合は、複数の液剤を混合しながら吐出する方式も有効であるが、微量吐出ではこの方式は向いていない。微量吐出の場合、作業の直前に液剤を混合するか、あるいはあらかじめ混合し、シリンジに充填した液剤を冷凍保管しておき、作業の直前に解凍して用いるなどの方式が一般的である。

粘度変化が経過時間により把握できる場合は、経過時間とともに吐出圧力を最適値に調整することで自動化が可能になる。前述した空圧制御方式のディスペンサはこの場合最適であり、あらかじめ経過時間毎の最適吐出圧を記憶させ、自動的に圧力を調整することで、粘度変化による吐出量の変化を抑えることができる（図8）。

(3) 不規則な粘度変化

作業中に粘度変化がどのように変化するか予測できない場合については、各種の検知機構を用いて吐出量あるいは単位あたりの流量を測定し、変化を打ち消すように吐出圧を制御することで対応することができる。この場合にも空圧制御式のディスペンサが有効である。

粘度変化の影響を受けにくいメカニカルディスペンサを利用する場合も増加している。この場合には、常温硬化性の有無や、メンテナンス性を考慮する必要がある。

3.2.6 脱泡

作業時に、液剤をシリンジに詰め替えて利用する場合については、液剤中の気泡を取り除いて

171

図8 2液性材料への圧力

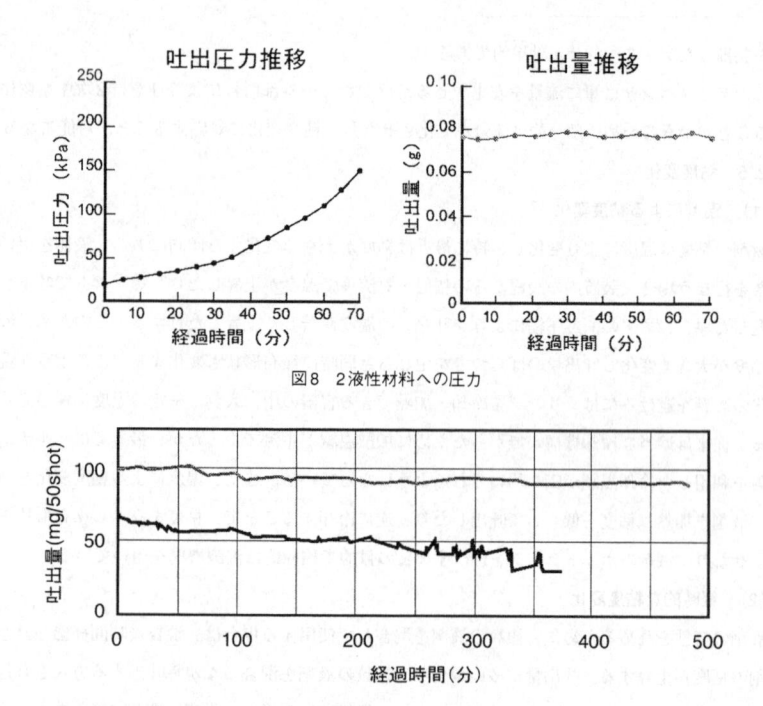

■使用材料:10ml 入りクリームハンダ(40g)

図9 シリンジの形状による流動特性の違い

おく必要がある。液剤中に気泡が残っていると，吐出量がばらつくのみでなく，線塗布での液切れ，点塗布での空打ち，吐出後の後ダレの原因にもなる。また，塗布面に気泡が残ることで密着性が損なわれる。

3.2.7 周辺機器の影響

　高精細な吐出を行なうためには，コントローラのみでなく周辺の機器についても考慮する必要がある。液剤を入れる容器であるシリンジには吐出時大きな力がかかる。このため強度の無いシリンジは変形を起こしばらつきの要因になる。更に，シリンジ毎に個差があれば，シリンジを交換するたびにばらつきが発生する。十分な強度を持ち均一な製品を選択する必要がある。

　シリンジの容器としての流動特性も重要な要素で，これはシリンジの形状による。ディスペンサ専用のシリンジは先端部が適度のテーパー状になっているものが望ましい。図9にシリンジ形状による流動特性の差の例を示す（図9）。

　高粘度の液剤を吐出する場合，シリンジ内の液面の形状を一定に保ち，壁面の掻取効果をあげ

第2章 その他の印刷配線技術と応用

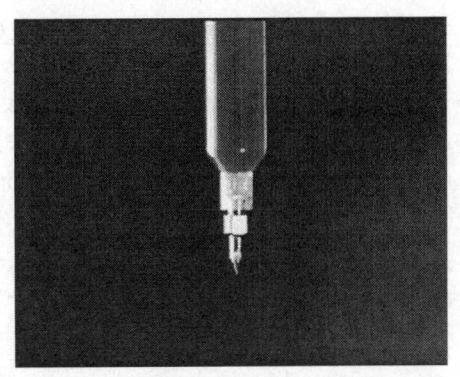

写真3 高精細塗布用ノズル（内径φ20μm）

るためにプランジャ（ピストン）を用いる。この場合の掻取の効率はプランジャとシリンジ内壁の勘合性による。勘合性が高いと掻取効果は上がるが，吐出量が減少する。また，プランジャと液剤の間にエアが混入すると，脱泡されていない液剤と同様のばらつきが発生する。また，これらの部品は成型品であるため，成型時の寸法ばらつきが大きいと，シリンジとプランジャの組み合わせ毎に吐出量が変化する不具合が生じる。プランジャの利用時には液剤の特性を考え，適当な勘合性を持ち，寸法ばらつきの小さなものを用いなければならない。

高精細塗布ではシリンジと同様に先端のノズルも選択が必要になる。ノズルの形状，材質により液切れの状態が変わるため目的にあった選択が必要になる。例えば低粘度（表面張力の弱い）液剤を塗布する場合には，液剤がノズル外壁に付着するのを防止するため，撥水性のある材質を用いたり，ノズル先端の肉厚を薄くしたりする。また，塗布形状を安定するためノズル先端の外壁をテーパー状にし，打点塗布の径のばらつきを抑えることも行われている。

極微量の塗布や粒子を含む液剤の塗布あるいは高粘度の液剤の塗布では，シリンジのみならずノズル内での液剤の流動性も重要となる。テーパー上のノズルを用いたりノズルの長さを調整するなどの対応が必要となる（写真3）。

3.2.8　メカニカルディスペンサ

プランジャ式のディスペンサは，計量性があり，最近は1nlの吐出を可能にしている。この方式では，液ダレは発生しないため，低粘度の液剤の吐出に向いている。また，時間をかけてゆっくりと吐出することも可能で，マイクロコイルへの含芯や触媒の連続供給など従来のディスペンサでは適応できなかった分野でも利用可能である。

スクリューポンプ式のディスペンサは高粘度の液体の吐出に効果がある。また，クリーム半田のように温度による粘度変化が大きい液剤には，粘度変化の影響を受けにくいため適している。

また，メカニカルポンプを用いて，高速描画を実現するシステムも実用化されている。

ジェット式ディスペンサは，液体を飛ばして塗布するため，後述のクリアランスの影響を受けずに塗布することが出来，かつ高タクト（毎秒数十回）の塗布が可能になる。また，ノズルが届き難い場所への塗布を可能にしたり，下方向以外の方向への塗布が出来るなど従来難しいとされてきた場所への塗布も可能になる。着弾位置の精度やパーティクル発生等の問題はあるが，徐々に適用範囲が広がっている。

これらのメカニカルディスペンサは，特定の条件下で特性を発揮することが多く，利用に際しては適応性を確認して用いることが必要である。また，接液部分のメンテナンス性も考慮に含める必要がある。

3.3 接着剤の塗布形状における問題点

3.3.1 クリアランスの影響

点塗布では，ノズル先端と対象物（ワーク）の間に液剤を充填して，ワークに液剤を付着させる。このため，ノズル先端とワークとのギャップ（クリアランス）が異なれば，塗布の形状も変化し，塗布量も変化する。クリアランスが小さすぎると，液剤は溢れて外に広がってしまい，ノズルの外周に付着してしまうこともあり，ばらつきの原因となる。逆にクリアランスが大きすぎると，ワーク側に付着させる力が足りず，吐出した液剤がノズル側に残ってしまうことになる。残った液剤は次回またはそれ以降の塗布でワークに付着するために，極端にばらつく結果となる。

最適なクリアランスを設定し，常に一定のクリアランスで塗布することが大切である。

線塗布でも液剤を充填しながら描画していくことになるため同様の現象が生じる。クリアランスが大きすぎる線引き塗布では，液剤をワークの上に置いて行く状態になり，線切れや剥離の原因になる。小さすぎると，十分な塗布高さが得られず，線幅も広がってしまう。

クリアランスを確定させるためにワークを吸着したり，塗布の直前に物理的にワークと接触させギャップを確認したり，レーザ等でギャップを測定しクリアランスを一定にする方法が取られている。線引き塗布においてもレーザを用いた非接触の倣いヘッドの実用化により，液晶基盤へのシール剤塗布のように従来印刷で行われた工程をディスペンサで行なう等ディスペンサによる塗布の応用範囲が拡大している。

3.3.2 液切れ

塗布形状を安定させるためには，吐出完了時に液剤が素早くノズルから切れ，かつノズルの外面を汚さないことが必要である。このため，メカニカルディスペンサやバルブを用いた塗布では吐出完了時に液剤を吸い戻すサックバックをかけることが多い。

液切れはノズルの形状，材質にも依存し，ノズルの端面が鋭角になっていることで，液剤がノ

第2章 その他の印刷配線技術と応用

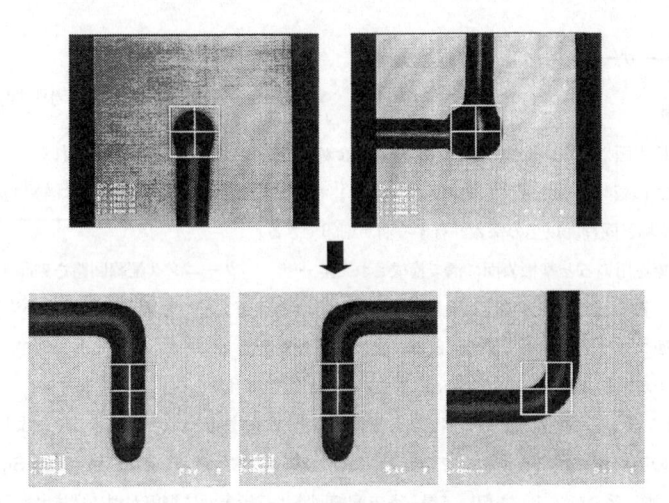

写真4 始点・終点での塗布形状の改善

ズルの側面に回り込むのを防ぎ，液剤の切れを良くする働きを持っている。従って，ノズル端面の形状も精細塗布のための要素である。

3.3.3 描画システム

　線引きで塗布を行なう場合，始点・終点あるいはコーナーに液溜りが生じることがある。通常これらの作業ではXYテーブルに吐出ヘッドを付けて塗布を行なうが，テーブルの動きにより溜りが生じる。一般のXYテーブルでは線の引き始め，コーナー，終点ではヘッドが一時停止し，そのために溜りが発生してしまう（写真4）。

　高精細線引き塗布を行なうためには，塗布専用に開発された駆動系を用い滑らかな動きを実現すると同時にディスペンサとのインターフェースを密にし，吐出開始・終了のタイミングを調整することが必要である。

4 レーザーパターニング微細配線

小口寿彦*

4.1 背景

有機基板表面にUVレーザービームを照射しながら走査した跡には溝が刻印される。ビームを適当な太さに絞り、走査速度（照射エネルギー）を調節すると、基板の表面には溝幅$1\mu m$〜数十μmで線幅と同程度以上の深さを有する溝が刻印できる。

この現象を用いると基板表面に溝で構成されたレーザーパターニング配線回路を刻印することができる。得られた配線回路上に金属コロイドインクを塗布して、基板表面をスキージすると、溝内は金属コロイドインクで満たされる。次いで基板を乾燥・ベーキングすると、溝中の金属コロイド粒子が相互に結合して刻印溝は導電性の配線として使用できるようになる。

Oguchiらは上記で得られた刻印溝による配線回路上に無電解銅めっきを施すことにより、さらに実用性の高い配線回路を作製している[1]。この方法はPFS（Plating on Fill and Squeegee Pattern）法と呼ぶが、これを用いて得られる配線回路は基板表面に銅線が埋め込まれた形になっており、溝の断面が設計通り精密に刻印されていれば、所望の電流容量が確保された低抵抗の配線回路が形成できる。以下ではレーザーパターニング技術にPFS法を適用して得られる微細配線回路の問題点と特徴を概観し、将来への展望をのべる。

4.2 基板

レーザーパターニング微細配線回路を作製するための典型的プロセスを図1に示す。このプロセスに使用される最も重要な材料は基板である。表1には基板およびその表面の必要物性をまとめた。

基板は所望の機械的特性・電気的特性・熱的特性を満足するものでなくてはならないが、レー

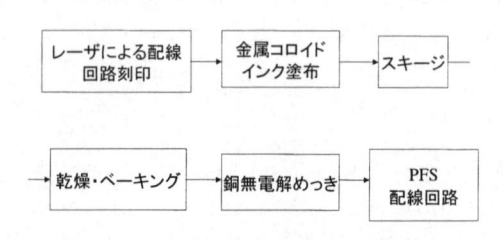

図1 PFS法によるレーザーパターニング微細配線回路の形成プロセス

* Toshihiko Oguchi　森村ケミカル㈱　技術部　本部長

第2章 その他の印刷配線技術と応用

表1 レーザーパターニング配線基板およびその表面の必要物性

物性	特性・適用等
電気的特性・機械的特性	電気絶縁性,抗張力,硬さ,耐擦傷性
熱的特性	粘弾性特性,耐熱性,熱変形性,熱収縮性,耐半田リフロー性
UV吸光度	刻印速度に影響
金属コロイドおよび金属めっき膜との接着性	耐剥離強度
表面粗さ	接着性改良
インクとの接触角	溝の壁面および底面への濡れ性
透明性	透明導電回路としての応用

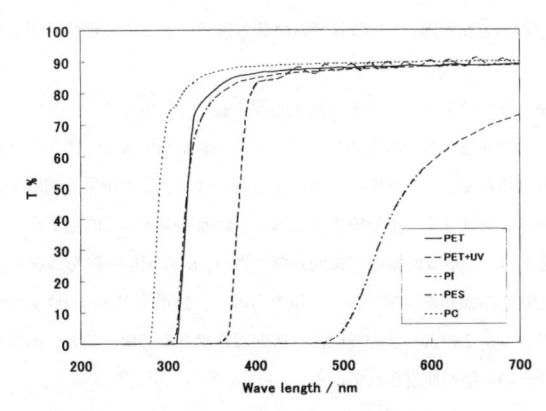

図2 各種フィルムのUV光吸収特性

PET:ポリエステルフィルム,PET+UV:ポリエステルフィルム上に5μmのUV吸収層を塗布したもの,
PI:ポリイミドフィルム,PES:ポリエーテルサルフォンフィルム,PC:ポリカーボネートフィルム

ザーパターニングの際に熱的特性や機械的特性が刻印の難易に関係してくる。また,刻印を可能にするためには,基板表面でUVレーザ光が吸収されることが必要である。たとえば,ポリイミドフィルムPI,ポリエーテルサルフォンフィルムPES,などはUV光を吸収するので,レーザーパターニングには適した基板としてそのまま使用できる。一方,ポリエステルフィルムPET,ポリカーボネートフィルムPC,シクロオレフィン共重合フィルムCOC,などはUV光を吸収しないのでそのままではレーザーパターニング用フィルムとして使用できない。UV光が吸収されないフィルムでは,フィルム中にUV吸収剤を練り込むか,フィルム表面に厚さ5〜10μmのUV吸収層を塗布したものを用いる。UV吸収層を塗布する場合,塗布層の構成材料をレーザーパターニングに適した熱的・機械的特性を有するように選択すると,PIやPES表面と比較して刻印速度を著しく高めることが可能になる。

図2にはレーザーパターニングに適した各種フィルムのUV-V吸光特性を比較した。刻印を

355nmのUVレーザービームで行なう場合，ポリエステルフィルムPETでは刻印が難しい。しかし，フィルム表面にUV吸収層を塗布したPET＋UVフィルムでは355nmの光をほぼ100％吸収するので，レーザーパターニングが容易になる。

　実用できる配線回路を得るためには，金属コロイド層あるいは金属めっき膜と基板との接着性も考慮する必要がある。しかし，レーザーパターニングによる配線では基板の表面に金属線が埋め込まれた形になるので，金属めっき後得られた配線回路上に保護層を塗布してモールドすれば配線を基板内に固定できる。この場合，基板と配線の接着性に対する要求は通常のプリント配線パターンにおけるほどシビアなものにはならない。接着強度がそれほど要求されない場合は保護層を施さずに，基板の表面処理，UV吸収層の材質の選択によって接着性の向上をはかることができる。

　表面にフッ素系あるいはシリコーン系の撥水処理を施した基板上にレーザーパターニングを施したのち，表面張力の大きな水系の金属コロイドインクを塗布すると，インクは刻印された溝内のみを充填し，非刻印部ではインクがはじかれて付着しない。この現象を利用すると，細線で形成された配線溝中に金属コロイドを充填する工程での信頼性を著しく向上する。

　透明基板上に線幅5〜10μmの細線で線間距離が数百μmの配線回路を形成すると，配線部の面積に対して非配線部の面積を非常に大きく取れるので，透過率が80〜90％の配線回路が形成できる。後述するようにこのような配線回路は透明導電膜として使用でき，高精度・高信頼性の電磁波シールド膜への応用が検討されている。

4.3　金属コロイドインキ

　金属コロイドインキとしては表面に有機物の保護コロイド層が被覆された粒径1〜100nmの金属粒子を保護コロイド層になじみの良い分散媒に分散させたものが用いられる[2, 3]。通常インキ中の金属コロイド粒子の含有率は1〜50wt％の範囲に設定され，金属コロイドとしては銀コロイドが最も一般的に使用される。

　PFS法を適用すると，金属コロイド層の上には銅のめっき層が形成される。得られた銅めっき層の剥離テストを行った場合，金属コロイド層のベーキングがよほど完全になされていない限り，剥離は金属コロイド層の粒子間で起きる。このことから，溝中に充填される金属コロイド層の厚みは，溝内でのめっきが均一に進行する厚みを有していれば十分で，この条件が満たされる範囲内では，金属コロイド層をできるだけ薄くする方が大きな接着強度が確保されることを示唆している。

　銀コロイド液にパラジウムコロイド液を混合した場合には，金属コロイド層を銅の無電解めっきのための触媒層として用いるため，溝内の金属コロイド層はさらに薄いもので十分となり，イ

第2章　その他の印刷配線技術と応用

ンキ中の混合コロイドが1wt％以下の濃度であっても十分なPFS膜を形成できることが確認されている[4]。

4.4　PFS配線回路の作製

図3はレーザーパターニング法により各種フィルムの表面に刻印された線幅10μm，深さ約5μmの溝パターンを顕微鏡で観察したものである。PIフィルム上の刻印パターン(a)は比較的滑らかであるが溝の淵に膨らみが形成されている。PESフィルムおよびUV吸収剤を練り込んだPETフィルム上の刻印パターンでは溝のエッジ部にバリが生じている。レーザー光照射パターンに最も忠実な刻印パターンが得られたのは表面にUV吸収層を塗布したPETフィルム(d)で，(d)では溝の淵にバリが全く見られないだけでなく線幅の均一性も保たれていることがわかる。

図4にはPESフィルム上に図3(b)に示すような十字の刻印パターン（線幅15μm，深さ5μm）およびこれを用いて作製したFSおよびPFSパターンを横溝に沿って引き裂き，その断面を観察したSEM写真を示す。Aはレーザー刻印後，Bは金属コロイド充填後（FSパターン），Cは無電解銅めっき後（PFSパターン），をそれぞれ示す。

図4Aでは，表面から深さ5μmの部分がUVレーザービームの照射で削り取られた後の溝壁面の状態が観察できる。溝の壁面は平滑なものの，刻印時の熱により壁面および底面の一部に気泡

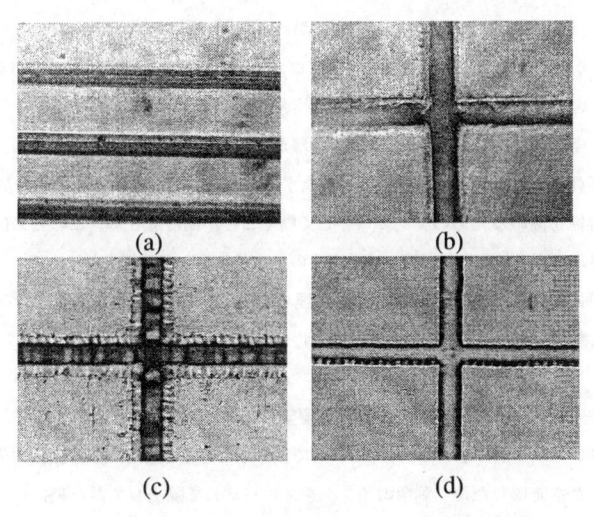

図3　各種フィルム表面上のレーザー刻印回路
(a)ポリイミドフィルム，(b)ポリエーテルサルフォンフィルム，(c)UV吸収剤練り込みポリエステルフィルム，(d)UV吸収層塗布ポリエステルフィルム

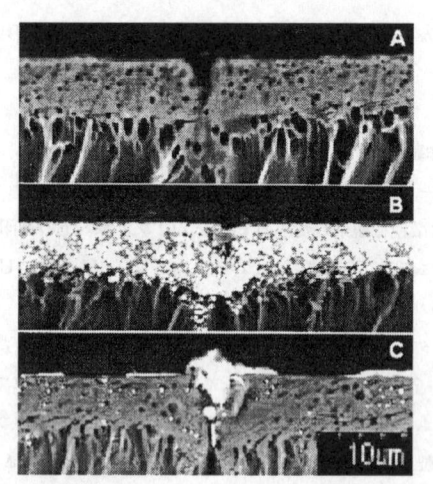

金属ナノ粒子ペーストのインクジェット微細配線

図4　レーザーパターニング工程における回路溝の断面
A：レーザーパターニング後の回路溝断面，B：Aの回路上に形成したFS回路溝断面，C：FS回路上に形成したPFS回路溝断面

を生じたような跡が見られる。

図4Bでは，壁面の気泡およびその周囲に銀コロイド粒子が付着しているのが観察できる。

図4Cでは，溝の引き裂きにより，横方向の銅めっき層が淵の部分を残してほとんど取り去られていることが分かる。しかし縦線と横線がクロスした中央部には，溝いっぱいに銅のめっき層が充填されている。また気泡の一部にも銅めっき層が残っており，気泡内に銀コロイドが浸入して固定された後に，コロイド粒子上に銅めっき層が形成されていることがわかる。

これらの写真から，レーザー刻印回路を形成するとき生じた溝内の気孔や凹凸がPFS配線の溝内での接着性を高めるためのアンカーとして働くことが期待できる。この効果は，得られたPFS配線回路のセロテープ剥離強度は十分なものであることから確認されている。

図4Cから明らかなようにPFS配線は溝内を埋め尽くした銅線から形成されている。この結果，配線の電気伝導度は銅そのものの値に限りなく近づけることができる。

4.5　レーザーパターニング配線回路の応用と展望

図5はPESフィルム上にUVレーザービームで刻印した線幅15μm，深さ5μmの溝回路内に銀コロイドインクを充填した後，剰余のインクをスキージして除去して得たFSパターンである。回路は上下，左右とも線間が300μmの格子で形成されている。

図6はこのFS配線回路を銅の無電解めっき浴に浸漬し，FS回路上に銅めっき層を施して得た

第2章 その他の印刷配線技術と応用

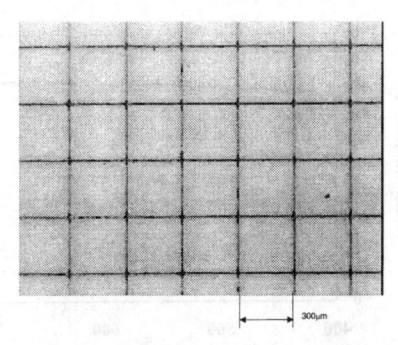

図5 PES上のレーザーパターニング回路に銀コロイドインクを充填して作製したFS回路の例

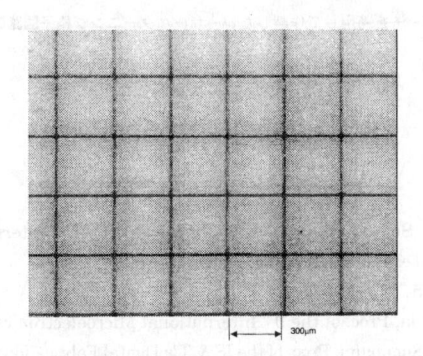

図6 PES上のFS回路に無電解銅めっきを施して作製したPFS回路例

銀―銅めっき回路（PFS回路）を示す。銅めっきはFS回路上のみに付着しておりPFS回路はFS回路の線幅（15μm）および線間距離（300μm）を再現している。

　図6において非配線部と配線部それぞれの面積比率は，線幅が小さくなるにつれて大きくなり，これに応じて可視光下での光透過率が増加する。図7は線幅15μmのPFS配線が施されたPESフィルムの分光透過率である。可視光下での透過率として80％以上が確保されている。この配線回路は透明導電基板として使用することができその表面抵抗がITO膜よりひくいので，プラズマディスプレイのフロントパネルに取り付ける電磁波遮蔽膜などに用いることができる。

　PFS法を適用したレーザーパターニング配線回路では，インクジェット法では実現できない微細配線回路の形成が可能で，現状でも線幅が1〜5μmの微細配線回路の形成が可能であると考えられる。しかしながら，この配線回路形成法の実用化にあたっては，曲線や斜線を含む所望のパターンを自在に，迅速にかつ安価に刻印できるレーザーパターニングシステムのさらなる改良が望まれる。

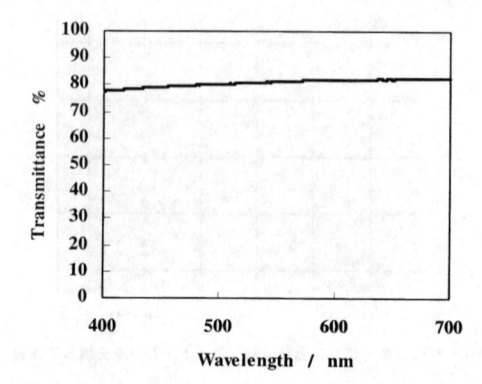

図7 PFS法を適用して作製したレーザーパターニング格子回路の光透過率

文　献

1) T. Oguchi and K. Suganami, Proc. of the IS & T's NIP 20 : International Conference on Digital Printing Technologies, p.291 (2004)
2) 小林敏勝：色材 75, 66 (2002)
3) Suzuki and M. Oda, Proc. of the 9th International Microelectronics Conf., p. 37 (1996)
4) T. Oguchi and K. Suganami, Proc. of the IS & T's Digital Fabrication 2005, p. 82 (2005)

5 高温はんだ代替応用

廣瀬明夫*

5.1 はじめに

ナノテクノロジーについては、2001年にクリントン前米国大統領が、NNI（National Nanotechnology Initiative）を打ち出して以来、世界的に急速な注目を浴び、我が国でも「新科学技術基本計画案」における4大重点分野の一つに選定されている。ナノテクノロジーの主要な分野の一つであるナノ粒子適用技術に関しては、久保効果[1]や融点、焼成温度の低下[2,3]などナノ粒子そのものの特徴的な物性については知られているが、工業的には未だその適用用途が十分に開拓されていないのが現状である。筆者らはナノ粒子の有する多大な表面エネルギーと低温焼成機能を利用し、ナノ粒子を接合材として用いた新しい接合法の提案を行っている[4〜14]。本接合法では、低温で接合した後、ナノ粒子の焼成により接合部を高融点化できる特長を有している。これにより本接合法は、エレクトロニクス分野において、これまで代替が困難であると考えられていた高温対応鉛フリー実装への適用が期待されている。本節では有機－銀複合ナノ粒子を用いた接合プロセスの特長とその高温はんだ代替応用への適用可能性について述べる。

5.2 有機-銀複合ナノ粒子の熱分析

ナノ粒子は表面が活性であるため、その工業的な利用にあっては自己凝集を防止するための表面制御が必要である。われわれが用いたナノ粒子は、平均直径10nm程度の金属銀ナノ粒子の表面を有機物の保護層で被覆した独立分散ナノ粒子であり、化学的合成法により生成している[15,16]。有機-銀複合ナノ粒子（以下銀ナノ粒子と記す）の透過電子顕微鏡（TEM）像を図1に示す。

本ナノ粒子は有機殻の保護層が除去されたときにナノ粒子としての機能を発現する。図2に銀ナノ粒子の熱分析結果（DTA/TG曲線）を示す。DTA曲線で発熱反応が開始すると同時に大きな重量減少が生じていることから、この時に有機殻が分解、除去されていると考えることができる。また、熱分析の加熱速度を速くすると、分解温度は高温側に移行している。分解終了温度と加熱速度の関係は、図3に

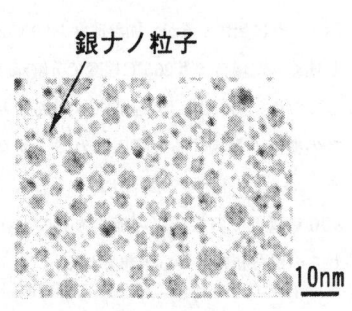

図1 銀ナノ粒子TEM像

* Akio Hirose 大阪大学大学院 工学研究科 マテリアル生産科学専攻 生産科学コース 助教授

(a) 加熱速度 1℃/min

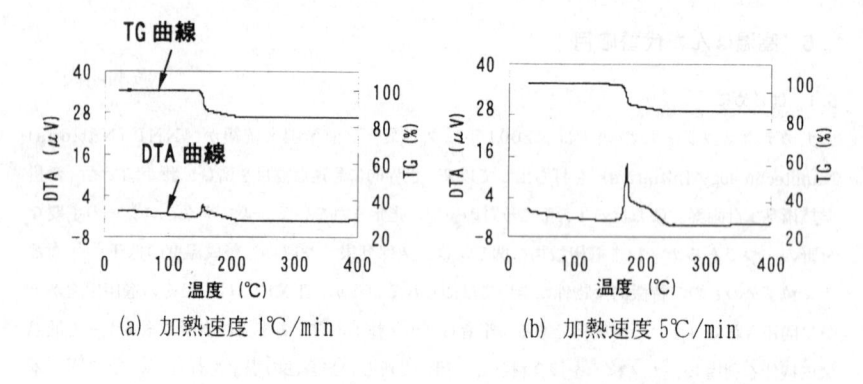

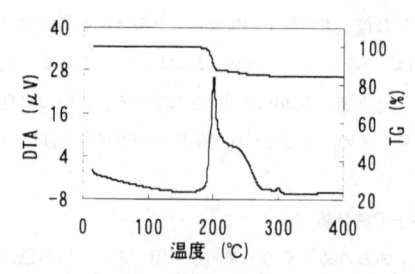

(b) 加熱速度 5℃/min

(c) 加熱速度 20℃/min

図2 銀ナノ粒子の熱分析結果（DTA/TG曲線）

示すように変化するが，加熱速度を20℃/minと速くした場合でも265℃程度で分解が終了しており，300℃以下の温度でナノ粒子としての機能が発現すると考えられる。すなわち，本ナノ粒子を接合に用いる場合，300℃以下での接合が可能であることがこれらの熱分析結果から予想される。

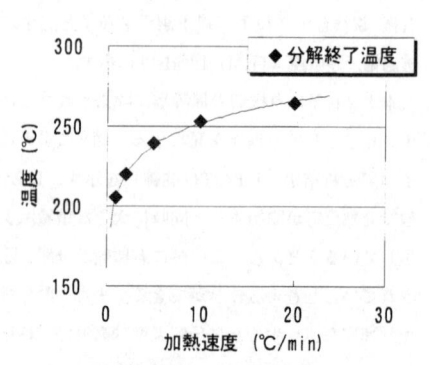

図3 有機殻分解終了温度と加熱速度との関係

5.3 有機-銀複合ナノ粒子を用いた銅の接合

銀ナノ粒子を用いて金属の接合が可能かどうかを検証するため，銅の円板型接合試験片（JIS Z 3198-5）を銀ナノ粒子により接合し，せん断強度を測定した。その結果を図4に示す。なお，接合は温度300℃，保持時間300s，加圧

第2章 その他の印刷配線技術と応用

力5MPaで行い,比較として同条件で銀微粒子(平均粒径100nm)を用いて接合した場合の強度を併記して示している。ナノ粒子を用いた接合では微粒子を用いた場合に比べて遥かに高い接合強度を示すことがわかる。図5にそれぞれの接合部断面の電子顕微鏡写真を示すが,銀微粒子を用いた場合は,銅との接合界面にボイド状の欠陥が認められ緻密度が低いのに対して,銀ナノ粒子を用いた場合は,欠陥のほとんど存在しない界面が得られている。このような界面構造を反映して,銀微粒子を用いた継手の破壊は,図6に示すように銀／銅界面で生じており,銅側表面に銀の付着が認められないことから,得られた5MPa程度の継手強度は,両者のアンカー効果による機械的接合の結果と考えられる。これに対して,銀ナノ粒子を用いた継手の破面は,図7に示すように,銀が伸長して塑性変形した痕跡が認められ,界面近傍の銀層中の破断であった。このことから銀ナノ粒子を用いた接合では,銀微粒子を

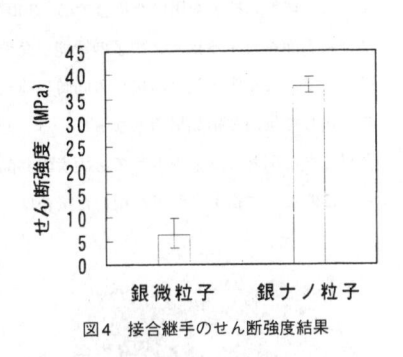

図4 接合継手のせん断強度結果

(a) 銀微粒子   (b) 銀ナノ粒子

図5 接合部断面組織

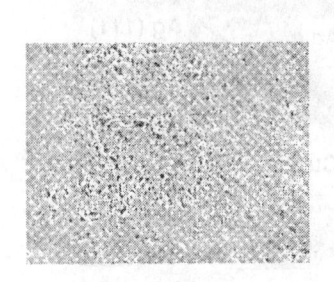

(a) 銅側破面   (b) 銀側破面

図6 銀微粒子継手の破面

用いた場合に比べて，界面でより強固な接合が行われていることが示唆される．

そこで，銀ナノ粒子を用いた継手の銀焼成層と銅との界面をTEMで詳細に観察した結果を図8に示す．銀焼成層は粒径サブミクロンの多結晶構造となっており，また接合界面には剥離やボイドなどが認められず，銀と銅が直接金属接合していることが確認できた．このような接合形態の違いが，銀微粒子を用いた継手と銀ナノ粒子を用いた継手の接合強度の大きな差異の原因となっている．銀ナノ粒子を用いた接合では，300℃程度の接合温度で有機殻保護層の分解が生じると，清浄な表面を有する銀ナノ粒子の機能が発現し，大きな表面エネルギーを駆動力として銀層の焼成だけではなく銀と銅との接合も同時に達成されているものと考えられる．接合後の接合層はバルク化して銀の多結晶構造となっていることから，その融点は銀の融点まで上昇しており，被接合材である銅との反応を考えても両者の共晶温度である779℃までは安定な継手が形成されている．このように銀ナノ粒子を用いた接合は，被接合材や接合材の融点より遥かに低くまた両者の

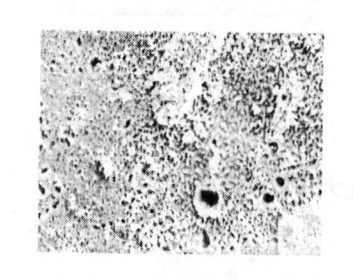

(a) 銅側破面　　　　(b) 銀側破面

図7　銀ナノ粒子継手の破面

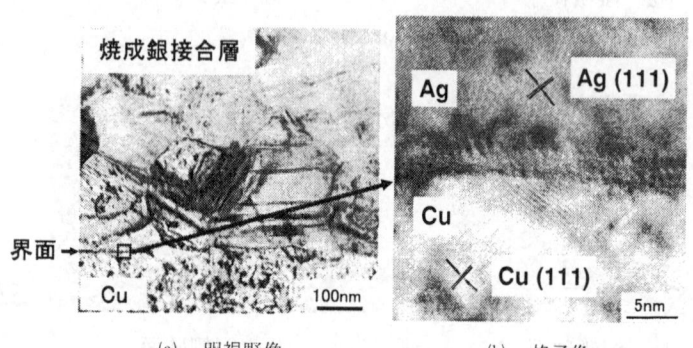

(a) 明視野像　　　　(b) 格子像

図8　銀ナノ粒子焼成層／銅界面近傍のTEM像

第2章　その他の印刷配線技術と応用

相互拡散もほとんど生じない温度と時間で強固な接合を達成することが可能な新しい接合法であると言える。またこの接合過程では、接合前に銅表面に存在していた酸化皮膜は接合後には除去されており、ナノ粒子の有機殻分解過程で銅酸化物を還元する作用が機能していることが示唆される。そこで、次に酸化物の安定性が異なる各種金属を対象として接合実験を行い、この効果について検討を行った。

5.4　各種金属との接合性

アルミニウム、ニッケル、チタン、銅、銀、金を対象に有機-銀複合ナノ粒子との接合性の検討を行った。なお、銀、金に関しては、銅表面にそれぞれの金属をスパッタリングにより蒸着した。各種金属に対して、300℃-300s-5MPaの条件で接合し、せん断試験を行った。図9に各種金属との継手のせん断試験結果を示す。平均強度はアルミニウム＜チタン＜ニッケル＜銅≒銀≒金の順であることがわかる。銅、銀、金の継手では40MPa程度の接合強度が得られた。アルミニウムとチタンは殆ど強度が得られず、ニッケルはアルミニウムと銅とのほぼ中間程度の強度で約16MPaであった。破面観察結果より、アルミニウムとチタンの継手は殆ど未接合であった。これに対して、銀、金の継手では銅継手と同様銀層とそれぞれの金属との間に金属接合が達成されていることがTEM観察結果より確認できた。

これらの金属による接合性の差異は、それぞれの金属の酸化物の安定性と密接に関連している。図10に各金属の酸化物標準生成自由エネルギー・温度図を示す。300℃における各金属の酸化物生成標準エネルギーに着目すると、その順位

図9　各種金属との継手のせん断強度

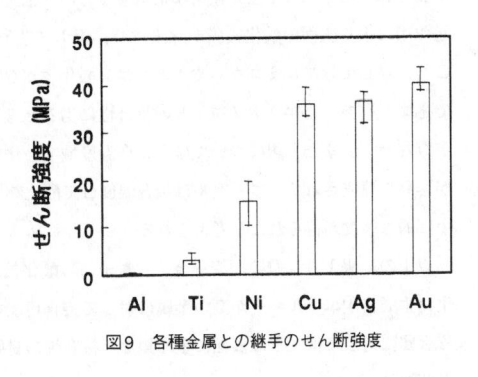

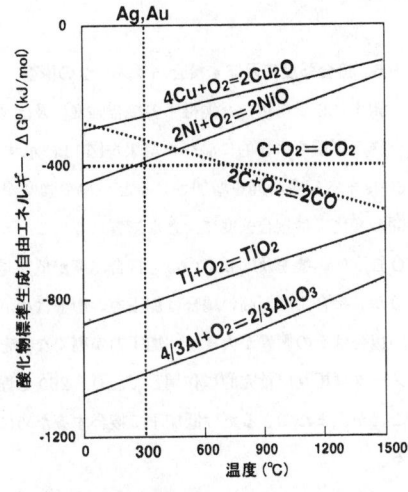

図10　酸化物標準生成自由エネルギー・温度図

は低い方からアルミニウム＜チタン＜ニッケル＜銅＜銀，金となり，これはせん断強度の順位と同一であることがわかる．従って，有機—銀複合ナノ粒子による酸化皮膜の還元作用が，そのまま接合強度の差として現れている可能性がある．すなわち，アルミニウム，チタンでは接合強度が得られず，銅，銀，金ではほぼ同等の高強度が得られ，ニッケルがこれらの中間的強度であったことから，有機殻分解反応は酸化反応でありこれによる還元効果は，

$$C + O_2 \rightarrow CO_2$$

あるいは，

$$2C + O_2 \rightarrow 2CO$$

で表される炭素による還元作用に相当するものと推定される．すなわち，銅については，この還元作用により表面の酸化被膜が除去され，銀ナノ粒子との接合が達成されていると考えられる．これに対して，アルミニウムやチタンは，酸化物が CO_2 や CO より安定なため，酸化被膜が除去できず，有機—銀複合ナノ粒子との接合性に劣ると考えられる．一方，金については，酸化被膜が存在せず，また，銀については，接合温度域で酸化皮膜が不安定なため，銀ナノ粒子との接合が容易に達成される．ニッケルは接合温度域で酸化物の ΔG^0 が CO_2 のそれとほぼ同等となるため中間的な強度が得られたと考えられる．

以上の結果より，有機—銀複合ナノ粒子には酸化被膜還元作用が存在し，CO や CO_2 よりも酸化物生成自由エネルギーが高い金属に対して接合可能であることがわかった．従って接合性に劣る金属に対しては，その表面に金や銀など接合性の良好な金属のコーティングを行って接合する必要がある．

5.5 接合強度に及ぼす接合パラメータの影響

銀ナノ粒子を用いた銅継手の接合強度に及ぼす接合温度，接合時間，加圧力などの接合パラメータの影響を系統的に調べた結果を図11に示す．まず，接合時間の影響については，150sから600sまで接合時間を増加させると，やや強度が上昇する傾向が見られるが，この範囲の接合時間の変化では接合強度に大きな影響はないことが分かる．一方，接合温度と加圧力は，ともに接合強度に影響を及ぼしている．接合温度が低い場合は，加圧力の増大とともに接合強度が上昇するが，接合温度が高い場合は加圧力の影響は小さくなる．また接合温度については，加圧力が低い場合はその影響が大きく，加圧力が高くなると影響が小さくなる．このように，これらのパラメータは相互に補完的に作用しており，260℃程度の低温で接合する場合は加圧力を大きくすることが，またできるだけ低加圧で接合するためには接合温度を高くすることが有効であると言える．

第2章 その他の印刷配線技術と応用

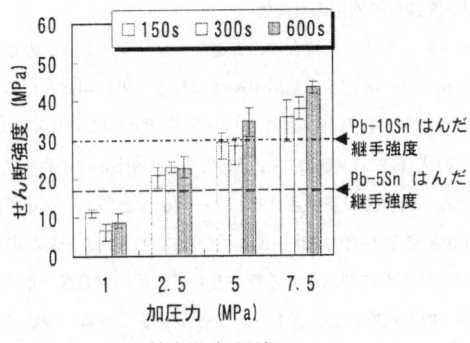

(a) 接合温度 260℃

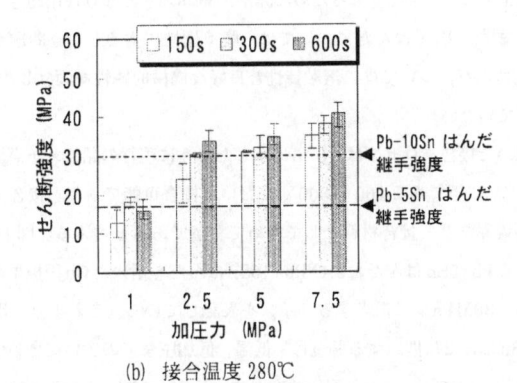

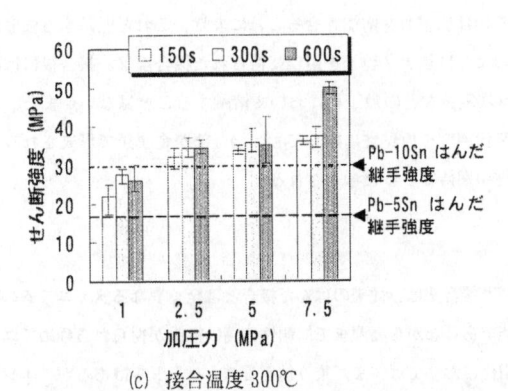

(b) 接合温度 280℃

(c) 接合温度 300℃

図11 銀ナノ粒子を用いた銅継手の接合強度に及ぼす接合パラメータの影響

5.6 高温対応鉛フリー実装への適用の可能性

本節で紹介した銀ナノ粒子を用いた接合法の有望なアプリケーションのひとつにエレクトロニクスにおける高温対応鉛フリー実装への適用が挙げられる。実装用はんだの鉛フリー化については，数年前から積極的な開発が行われており，パッケージ実装に用いられてきたSn-Pb共晶はんだ（低中温はんだ）の代替については，Sn-Ag系[17〜20]やSn-Zn系[21〜23]で代替が可能となっている。しかしながら，耐熱性が要求されるパワー素子などのパッケージ内実装に用いられる鉛リッチなはんだ（Pb≧85％を含むPb-Snはんだ）については，未だ決定的な代替材がないのが現状である[24]。高温はんだに要求される特性として，その接合部が低中温はんだによる2次実装時（リフロー温度260℃程度）に溶融しないことが必要である。現状で，このような溶融特性を満足するはんだ材料としては，Au-20SnはんだおよびBi系はんだしか存在しない。しかしながら，前者はAuリッチな組成であるために非常に高コストとなり使用範囲が限定される点が指摘されている。また，Bi系はんだについては，脆く延性に劣るという問題がある。このように，鉛フリー高温はんだについては，溶融特性と良好な機械的特性を両立した合金が存在せず，その開発が進展していない。

銀ナノ粒子を用いた接合プロセスは，5.5に示したように現行の鉛リッチ高温はんだの液相線温度（300，315℃）以下である260〜300℃において接合可能であり，接合後は接合部が高融点化するので，高温鉛フリー接合材料として極めて有望であると言える。図11中には現行の鉛リッチはんだであるPb-5SnはんだおよびPb-10Snはんだを用いたCu円板型継手のせん断強度（それぞれ18MPa，30MPa）に相当するラインを表記している。これより，現行の主な高温はんだであるPb-5Snはんだに匹敵する強度は，低温，低加圧までの広い接合条件範囲で達成可能であることが分かる。次に，前者より高い強度を有するPb-10Snはんだに対しては，接合温度を上昇させるかあるいは加圧力を増加させることにより，これと匹敵する強度が得られることが分かる。また，このように銀ナノ粒子を用いて得られた接合部は，接合後には高融点を有しているので，その後の2次実装などの熱工程において溶融することはない。また，ダイボンディング部に要求される電気伝導度や放熱性に関しても，接合部が金属銀で形成されるので，現行の高温はんだを上回る特性が期待できると考えられる。

5.7 おわりに

銀ナノ粒子を用いた接合法は，従来のはんだ接合とは全く異なるメカニズムの接合プロセスであり，低温で接合可能でありながら高温まで信頼性の高い継手が得られる極めてユニークな特長を有している。その実用化においては，まだ乗り越えるべきハードルはあるが，エレクトロニクス実装の大きなブレークスルーになり得る接合プロセスとしての可能性を有していると考えられる。

第2章 その他の印刷配線技術と応用

文　　献

1) R. Kubo："Electronic Properties of Small Metallic Particles", *Physics Letters*, 1, 2, pp.49-50（1962）
2) M. Takagi："Electron-Diffraction Study of Liquid-Solid Transition of Thin Metal Films", *J. Phys. Soc. Japan*, 9, 3, pp.359-363（1954）
3) J. R. Groza and R. J. Dowding："Nanoparticulate Materials Densification", *NanoStructured Materials*, 7, 7, pp.749-768（1996）
4) 井出英一，安形真治，廣瀬明夫，小林紘二郎："銀ナノ粒子を用いた接合プロセス—高温はんだ代替プロセスの検討—"，溶接学会全国大会講演概要，第73集，pp.140-141（2003）
5) 井出英一，安形真治，廣瀬明夫，小林紘二郎："銀ナノ粒子を用いた高温はんだ代替接合プロセスの検討"，日本金属学会講演概要，第133回，p.378（2003）
6) 井出英一，安形真治，廣瀬明夫，小林紘二郎："銀ナノ粒子を用いた実装プロセスの基礎的検討"，第13回マイクロエレクトロニクスシンポジウム論文集，pp.96-99（2003）
7) 井出英一，安形真治，廣瀬明夫，小林紘二郎："銀ナノ粒子を用いた接合プロセス—Cuとの接合性の検討—", Proc. 10th Sympo. on Microjoining and Assembly Technologies for Electronics．10．pp.213-218（2004）
8) 井出英一，安形真治，廣瀬明夫，小林紘二郎："銀ナノ粒子を用いた接合プロセス—接合条件の影響—"，日本金属学会講演概要，第134回，p.107（2004）
9) 廣瀬明夫，井出英一，小林紘二郎："ナノ粒子を用いた新しい接合技術"，エレクトロニクス実装学会誌．7．6．pp.511-515（2004）
10) 井出英一，安形真治，廣瀬明夫，小林紘二郎："銀ナノ粒子を用いた接合プロセス—接合パラメータの影響—"，第14回マイクロエレクトロニクスシンポジウム論文集．pp.193-196（2004）
11) E. Ide, S. Angata, A. Hirose, and K. F. Kobayashi, "Novel Bonding Process Using Ag Nanoparticles-Influence of Bonding Conditions-"：Proc. Material Solution Conference and Exposition, Columbus, OH, USA, Oct. 18-21（2004）
12) E. Ide, S. Angata, A. Hirose and K. F. Kobayashi, "Bonding of Cu Using Ag Metallo-Organic Nanoparticles", Proc. International Conf. New Frontiers of Process Science and Engineering in Advanced Materials（PSEA'04, The 14th Iketani Conference）, Nov. 24-26, Kyoto, Japan, Part2, pp.233-238（2004）
13) 井出英一，安形真治，廣瀬明夫，小林紘二郎："銀ナノ粒子を用いた接合プロセス—各種金属との接合性の検討—", Proc. 11th Sympo. on Microjoining and Assembly Technologies for Electronics, 11, pp.223-228（2005）
14) E. Ide, S. Angata, A. Hirose, and K. F. Kobayashi, "Metal-Metal Bonding Process using Ag Metallo-Organic Nanoparticles"：*Acta Materialia*, 53, pp.2385-2393（2005）
15) H. Nagasawa, M. Maruyama, T. Komatsu, S. Isoda and T. Kobayashi："Physical Characteristics of Stabilized Silver Nanoparticles Formed Using a New Thermal-Decomposition Method", *Physica Status Solidi*(a), 191, Issue 1, pp.67-76（2002）
16) 特開2001-131603　複合金属微粒子及びその製造方法

17) A. Hirose, T. Fujii, T. Imamura and K. F.Kobayashi : "Influence of Interfacial Reaction on Reliability of QFP Joints with Sn-Ag Based Pb Free Solders", *Materials Transactions*, **42**, 5, pp.794-802 (2001)
18) K. Uenishi, T. Saeki, Y. Kohara, K. F. Kobayashi, I. Shoji, M. Nishiura and M. Yamamoto : "Effect of Cu in Pb Free Solder Ball on the Microstructure of BGA Joints with Au/Ni Coated Cu Pads", *Mater. Trans.*, **42**, 5, pp.756-760 (2001)
19) 平森智幸，伊藤元剛，吉川正雄，廣瀬明夫，小林紘二郎："無電解Ni-P/AuめっきとSn-Ag系鉛フリーはんだの界面反応と継手強度", エレクトロニクス実装学会誌，**6．9**，pp.503-508 (2003)
20) T. Hiramori, M. Ito, M. Yoshikawa, A. Hirose and K. F. Kobayashi : "Sn-Ag Based Solders Bonded to Ni-P/Au Plating-Effect of Interfacial Structure on Joint Strength-: *Mater. Trans.*, **44**, 11, pp.2375-2383 (2003)
21) H. Iwanishi, A. Hirose, K. Tateyama, I. Mori and K. F. Kobayashi : "Properties of Quad Flat Package Joints Using Sn-Zn-Bi Solder with Varying Lead-Plating Materilas", *J. Electronic Mater.*, **32**, 12, pp.1540-1546 (2003)
22) 柳川博人，今村武史，井出英一，廣瀬明夫，小林紘二郎："Sn-Zn-Bi系鉛フリーはんだとCu電極との界面反応現象の解明", エレクトロニクス実装学会誌，**7．1**．pp.47-53 (2004)
23) Y. Sogo, T. Hojo, H. Iwanishi, A. Hirose and K. F. Kobayashi : "Influence of Interfacial Reaction Layer on Reliability of CSP Joint Using Sn-8Zn-3Bi Solder and Bi/Au Plating", *Mater. Trans.*, **45**, 3, pp.734-740 (2004)
24) 菅沼克昭．鉛フリーはんだ付け技術．工業調査会 (2001)

第3編　ナノ粒子と配線特性評価方法

第1章　ペーストキュアの熱分析法

井上雅博＊

1　はじめに

　金属コロイドペーストや導電性接着剤ペーストの特性は，多くの場合，加熱キュアプロセスを通じて発現するため，これらのペーストの材料設計やプロセス条件設定を行う際には，加熱過程で起こる諸現象について十分な情報を得ておく必要がある。加熱過程での現象の基礎的な解析手法としては，示差熱分析（DTA），示差走査型熱分析（DSC），熱重量分析（TGA）などの熱分析が挙げられる。これらの熱分析は既に広く普及している分析技術であるが，近年，質量分析（MS）や赤外線（IR）分光分析などとの複合分析法や，微小領域の分析を目的とする走査型熱顕微鏡（μTA）が開発されるなど今なお進化を続けている。一般的な装置原理や分析方法については既に多くの良書[1,2]が出版されているので，本稿では金属コロイドペーストや導電性接着剤ペーストのキュアプロセス解析法としてのDTA，DSC，TGAに内容を絞って概説したい。

2　導電性ペーストのキュアプロセスの熱分析

　本稿では，大きく分けて2種類の導電性ペーストのキュアプロセスに関する熱分析技術を対象とする。ひとつは金属ナノ粒子を（低分子の）有機溶媒中に分散させたものである。このタイプのペーストはスクリーン印刷などの印刷手法に加え，インクジェット法に対応できるようにペースト特性を調整可能である。この場合には，金属ナノ粒子の凝集を防止するために有機保護層が形成されており，キュアプロセスにおいてこの保護層を除去し，金属ナノ粒子の焼結を誘導することで導電性を発現させる。また，金属ナノ粒子を有機溶媒中に分散させるのではなく，出発原料として有機金属錯体を用いることも可能である。有機溶媒中に溶解させた錯体を加熱分解させることで金属配線を形成させることができる。これらのタイプのペーストでは，分散媒として使用した有機溶媒はキュア後にはほとんど残存しない。もうひとつのタイプのペーストは高分子バインダー中に金属粒子を分散させたもので，一般に導電性接着剤と呼ばれるペーストである。現在のところ，インクジェット法にこのタイプのペーストを使用することはほとんどないが，イン

＊　Masahiro Inoue　大阪大学　産業科学研究所　産業科学ナノテクノロジーセンター　助手

金属ナノ粒子ペーストのインクジェット微細配線

クジェット法による導電性接着剤塗布技術に関する検討を進めている研究グループもある[3]。導電性接着剤ペーストの場合でも金属ナノ粒子をフィラーの一部として混合しておけばナノ粒子の焼結による導電性の向上を期待できるが、有機高分子バインダーが最終的に残存することになるので、特性の支配因子としてバインダーの硬化状態も考慮する必要がある。

導電性ペーストの加熱過程で起こり得る現象としては、揮発性成分の気化、構成成分の熱分解、高分子バインダーの硬化反応などである。これらの過程を熱分析で観測するとそれぞれ特徴的な熱分析曲線が得られるので大雑把に憶えておくとデータ解析を行う際に便利である。まず、非反応性希釈剤などの揮発性成分が除去される過程をDSCやDTAで観測すると、図1(a)の例のように低温域にブロードな吸熱ピークが現れる。このときTGAの同時測定を行えば、重量変化を検出できるので判断が容易になる。これに対して、構成成分の熱分解が起こる場合には反応熱と重量変化が検出されるものの、揮発性成分除去の場合とは異なり、特定の温度で比較的シャープに反応熱や重量変化が見られるという特徴がある。図1(b)には、銀含有化合物の分解反応の一例として、Ag_2CO_3の分解反応過程のDSC曲線を示しておいた。一方、高分子バインダーの硬化反応が見られる場合には上記の2つの過程とは異なり重量変化は見られないが、図1(c)の例のように、発熱ピークが見られるとともに比熱(DSCのベースライン)が変化する。

しかし、熱分析ではあくまでも反応による熱の出入りや重量変化を観測しているだけで、反応メカニズムを詳細に理解するためにはフーリエ変換型赤外線分光分析(FT-IR)やX線回折(XRD)

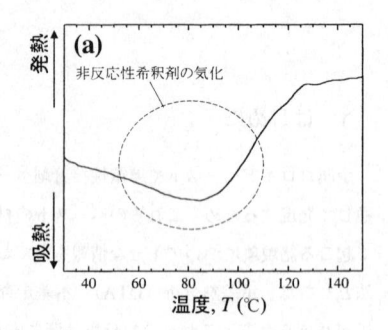

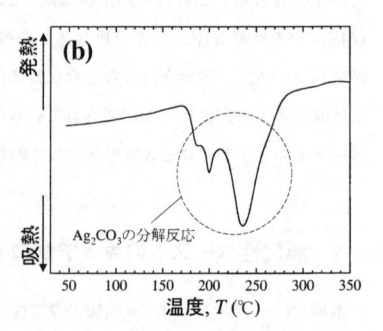

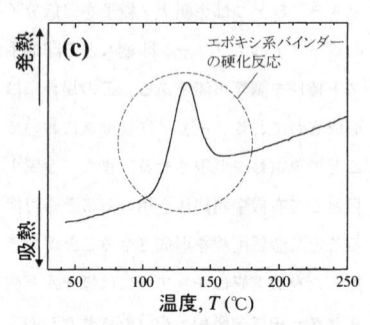

図1 種々の現象に伴う典型的な熱分析(DSC)曲線
(a)導電性接着剤ペースト中の非反応性希釈剤の揮発、(b)Ag_2CO_3の分解反応、(c)エポキシ樹脂の硬化反応

第1章 ペーストキュアの熱分析法

など複数の手法による分析結果と組み合わせて議論する必要がある。また，DTAやDSC測定中に発生する気体を分析する発生気体分析（evolved gas analysis, EGA）を併用することにより有益な情報を得ることができる[1,2]。EGAとしてはガスクロマトグラフィー（GC），MS，IRを用いることができるが，TG-DTA-MSやTG-DTA-GC-MSを利用することが多い。さらに最近では，DSC測定中に試料自体のXRDやFT-IRのリアルタイム測定技術[1]の開発も進められており，今後の発展が期待される。

3 反応率（転化率）の見積

DSCとTGAではそれぞれ反応熱，質量変化の定量測定が可能であるので，加熱過程で起こる反応の反応率（転化率）を見積もることができる。熱分析では一般的に個々の素反応過程を分離して測定するのではなく，総括反応挙動を検出しているので，熱分析で見積もられる反応率は正確には見かけの反応率ということになる。

構成成分の分解反応などの重量変化を伴う反応の場合には，TGAの分析結果から(1)式を用いて反応率を求めることができる。

$$\alpha = \left\{ \frac{(m_0-m)}{(m_0-m_f)} \right\} \times 100 (\%) \tag{1}$$

ここで，m_0，m_f，mはそれぞれ反応前重量，反応完了時の重量，反応途中の重量である。

また，高分子バインダーの硬化反応のように基本的に重量変化を伴わない反応の反応率はDSCによる反応熱測定を利用すればよい。例えば，ある加熱条件で硬化させた高分子バインダーの硬化反応率を知りたい場合，DSCによる反応熱測定を利用することができる。まず，未反応のペーストのDSC測定を行い，全反応熱Q_{total}の測定を行う。次に所定の加熱条件で硬化させた試料のDSC測定を同一条件で行い，残留発熱量Q_{res}を測定する。見かけの硬化反応率αは，(2)式で求めることができる。

$$\alpha = \left\{ \frac{(Q_{total}-Q_{res})}{Q_{total}} \right\} \times 100 (\%) \tag{2}$$

ただし，この方法は硬化反応によるピークが明瞭に観測される場合にのみ適用でき，硬化反応と他の現象が重なって観測される場合などには適用できない。DSC測定を利用できない場合には，反応に関与する官能基の変化量をFT-IRで測定する方法やガラス転移点の変化から見積もる方法，レオロジー測定を利用する方法など，他の手法を検討する必要がある。

4 熱分析による速度論解析

一定の昇温速度条件下でDSCやDTA,TGA測定を行えば簡単に反応温度等を見積もることができるので,そこまでの検討で終わっている研究が多い。しかし,熱分析を行った条件と同じ状況でキュアプロセスが実施されるケースはほとんどない。加熱条件が異なれば,当然のことながら同じ現象でも発現の状況が異なる。例えば,反応温度を熱分析から見積もれると言っても,昇温速度が速くなるほど反応ピークは図2の例のように高温側にシフトする。また,一定の温度に保持したり,段階的に温度を上昇させていくプロセスでの反応の進行状況を,一定の昇温速度で温度を上昇させていく過程で測定した熱分析曲線のみから正確に理解することは容易ではない。そのため,熱分析結果はキュアプロセス解析やキュア条件設定を行う際に補助的な情報として利用されることが多いのが実状であろう。しかし,適切な反応速度論解析を行えば,熱分析結果から総括反応速度論に基づく見かけの速度論パラメータを得ることができる[1,2,4]。この見かけのパラメータを用いると類似した条件での反応挙動を速度論的に予測することが可能になり,反応条件設定のためのより有用な情報を引き出すことができる。本節では,熱分析を利用した速度論解析について簡単に紹介したい。

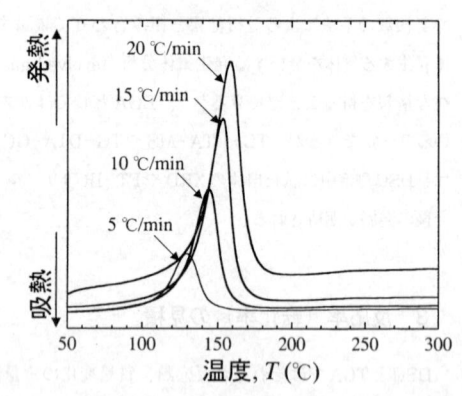

図2 同一のエポキシ系樹脂の硬化反応によるDSC曲線の昇温速度依存性

DSCを利用した速度論解析手法は等温法と非等温法に大別される。一般に反応速度$d\alpha/dt$は(3)式のような反応速度式で表される。

$$\frac{d\alpha}{dt} = k \cdot f(\alpha) \tag{3}$$

ここで,kと$f(\alpha)$はそれぞれ反応速度定数と速度論モデル関数である。等温法の場合,複数の温度条件で等温DSC測定を行い,測定結果を適切な速度論モデル関数でフィッティングすることでkを求める。kの温度依存性は(4)式のようにアレニウスの式(ただし,Rは気体定数)で表現できるので,アレニウスプロットを行うことで,前指数因子Aおよび見かけの活性化エネルギーE_aを算出できることになる。

$$k = A \exp\left(-\frac{E_a}{RT}\right) \tag{4}$$

第1章 ペーストキュアの熱分析法

(4)式を(3)に代入すると

$$\frac{d\alpha}{dt} = f(\alpha) A \exp\left(-\frac{E_a}{RT}\right) \tag{5}$$

となる。

　等温法でE_aを求める場合には適切な速度論的モデル関数を仮定する必要があるが，定速昇温下での熱分析を利用する非等温法ではモデル関数の仮定なしにE_aを求めることができる。例えば，Kissinger[5]は種々の昇温速度ϕで測定した熱分析結果（DSCやDTGなどの微分型熱分析曲線）を用いてE_aを見積もる方法としてピーク法を提案している。反応ピークのピークトップまでの反応率をα_pとすると反応率0からα_pまでの範囲で(5)式を積分すると，

$$\int_0^{\alpha_p} \frac{d\alpha}{\phi(\alpha)} = A \int_{t_r}^{t_p} \exp\left(\frac{-E_a}{RT}\right) dt = \frac{A}{\phi} \int_{T_0}^{T_p} \exp\left(\frac{-E_a}{RT}\right) dT \approx \frac{AE}{\phi R} p \tag{6}$$

ここで，pはp関数と呼ばれる関数である。p関数としてDoyleの近似式，

$$\log p \approx -2.315 - 0.4567 \left(\frac{E_a}{RT_p}\right) \tag{7}$$

を適用すると，(8)式のようにE_aを表すことができる。

$$E_a \approx \left(-\frac{R}{1.052}\right)\left\{\frac{\Delta \ln \phi}{\Delta(1/T_p)}\right\} \tag{8}$$

したがって，$\ln \phi$と$1/T_p$の関係をプロットすることでE_aを見積もることができる。このKissinger法は簡便な方法であるが，α_pにおけるE_aで反応全体の見かけの活性化エネルギーを表していることに注意する必要がある。しかし実際には，α_pがϕに依存して変化したり，E_aが反応の進行に伴って変化する場合があるため，詳細な速度論解析を行う際に問題になる場合もある。

　等変化率法と呼ばれる非等温的手法では，このKissinger法における問題点を回避することができる。等変化率法においても異なるいくつかのϕで測定した熱分析結果を用いるが，同一のαにおけるデータ点の関係からE_aを決定するため，種々のαにおけるE_aを求めることができる。この方法として積分型のOzawa法[6]と微分型のFriedman法[7]が良く知られているが，ここではOzawa法について述べることにする。Ozawaは(9)式を用いて，反応全体を通じて，見かけの活性化エネルギーを見積もる方法を提案している。

$$E_a \approx \left(-\frac{R}{1.052}\right)\left\{\frac{\Delta \ln \phi}{\Delta(1/T_i)}\right\} \tag{9}$$

ここで，ϕとT_iはそれぞれ昇温速度，および同じ反応率が実現される温度（等反応率温度）であり，$\ln \phi$と$1/T_i$の関係をプロットすることでE_aを見積もることができる[2,4]。Flynn[8]は，Ozawa

法ではp関数としてDoyleの近似式を用いるために系統的な誤差を生じることを指摘し，$\ln(\phi/T_i^2)$と$1/T_i$の関係をプロットした際に直線の傾きが（$-E_a/R$）となることを用いてE_aを見積もることを提案している．図3に同一のエポキシ系樹脂の硬化反応に関するE_aをOzawa法とFlynn法で見積もった結果を示す．Ozawa法ではFlynn法に比べ，E_aがやや高めに見積もられる傾向がある．

総括反応速度論では(4)式によって定義されるE_aは全反応過程を通じて一定であると仮定している．しかし，反応の種類やその他の条件によってはこの前提条件が成立しない場合もある．図4にあるエポキシ系バインダーの硬化反応のE_aをOzawa法およびFlynn法で見積もった結果を示す．これは，複数の反応機構が競合していること，硬化反応の進行に伴い拡散律速が顕著になるなどが原因であると考えられる．

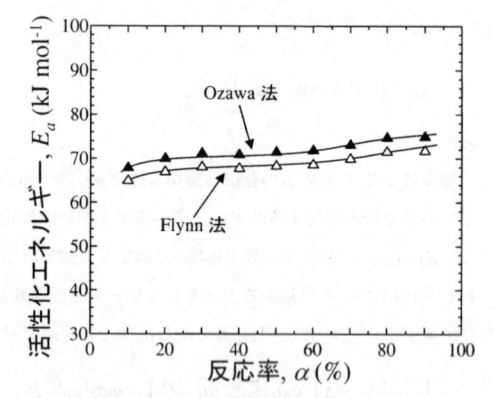

図3 Ozawa法およびFlynn法で算出した同一のエポキシ系樹脂の硬化反応における見かけの活性化エネルギーの反応率依存性

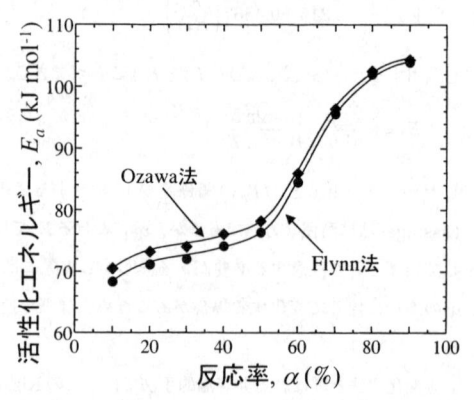

図4 見かけの活性化エネルギーが極端な反応率依存性を示す反応の一例

5 導電性ペーストのキュアプロセスの速度論解析法

前節では速度論解析の一般論を述べたが，この節では高分子バインダーを用いた導電性ペーストのキュアプロセスに関する速度論解析のいくつかの例を述べることにする．

キュアプロセスで起こる反応が，所謂，n次反応モデルで近似できる場合には(10)式のような反応速度式を用いることができる．

$$\frac{d\alpha}{dt}=k(1-\alpha)^n \tag{10}$$

第1章　ペーストキュアの熱分析法

ここで, n は反応次数である。等温法で解析する場合には, 複数の温度条件での等温DSC測定から各温度での k を見積もり, アレニウスプロットを行うことで A と E_a を決定する。また, 非等温法で解析する場合には, Kissinger法などにより A と E_a を見積もる[4]。A と E_a が決定できれば(4)式によって任意の温度での k が算出できるので, 適切な反応次数値 (n) を与えることで任意の温度での反応挙動を速度論的に予測することができる。

ところで, キュアプロセスでの反応が常に n 次反応モデル関数で記述できるわけではない。例えば, エポキシ系樹脂等の硬化反応のカイネティクスは自己触媒型速度論モデルで記述できるとされている[2,4]。

$$\frac{d\alpha}{dt}=k_a(1-\alpha)^l+k_b\alpha^m(1-\alpha)^n \tag{11}$$

ここで, 右辺第1項は非自己触媒型反応項で k_a と l はそれぞれその反応速度定数と反応次数であり, 右辺第2項は自己触媒型反応項で k_b は自己触媒型反応速度定数, m と n はその反応次数である。初期反応率が0の場合には非自己触媒型反応項は無視することができ, 反応速度式は(12)式のように表すことができる。

$$\frac{d\alpha}{dt}=k\alpha^m(1-\alpha)^n \tag{12}$$

硬化反応挙動に影響を与える不純物などが存在しない理想的な状況で m と n の和（全反応次数）は3になるはずであるが, 現実には2〜2.5になると報告されている。RyanとDutta[9]は, 様々なエポキシ樹脂の硬化挙動を包括的に検討した結果から, 全反応次数を2とおいて解析すれば現実の硬化挙動を良く再現できると主張しており, 現在ではこのRyan-Duttaの仮定が硬化挙動解析の際に用いられることが多い。ところで, 硬化反応過程の等温DSC曲線のピーク位置においては, (12)式の2次微分が0となるので, α_p をピーク位置において達成される硬化率とすると, 次式が成立する。

$$\frac{m}{(m+n)}=\alpha_p \tag{13}$$

したがって, 反応解析を行う温度で等温DSC曲線を測定し, (13)式とRyan-Duttaの仮定を用いて反応次数 m と n を決定すると共に, 等温DSC曲線のカーブフィッティングから k を見積もると, (12)式を用いた速度論解析が可能となる。

しかし, この等温DSC曲線による解析には, 実験操作の観点から見るといくつかの問題がある。基本的に解析したいすべての温度で等温DSC測定を行う必要があるが, 等温条件で反応を進行させようとしても一定温度に到達する前に反応が始まってしまう場合もあるので注意が必要である。

高分子の硬化反応の速度論解析では，このような自己触媒型反応モデル等のモデル関数を与えて解析する方法のほかにTTS（Time-Temperature-Superposition）原理に立脚したより簡便な方法[2]を適用することができる。この方法は，有機高分子材料のレオロジー特性を評価する際の時間換算則と同様の考え方に基づくもので，基準硬化条件で測定した基準硬化曲線に対して適切なシフト因子をかけることにより，別の条件での硬化挙動を予測する方法である。さらに，EIT（Equivalent Isothermal Time）[10]やAECT（Accumulated Equivalent Curing Time）[11]などのパラメータを用いることにより等温過程のみならず，昇温過程や降温過程を含めた一般的な硬化プロセスパターンの解析も可能であることが明らかにされている。この方法は実験操作の観点からも，1つの温度条件での等温DSC測定と数種類の昇温速度条件でのDSC測定を行うだけでよく，上記の各温度における等温DSC曲線のカーブフィッティングによる方法に比べて簡便である。

Primeら[2,10]は，EITを下記の式で記述した。

$$EIT = t_2 = t_1 \exp\left\{\frac{E_a(T_1-T_2)}{RT_1T_2}\right\} \tag{14}$$

ここで，t_1は温度T_1である反応率α_1が達成されるまでの保持時間で，t_2は温度T_2で反応率α_1が達成されるまでの保持時間である。(14)式によりEITを求めるためには，E_aを見積もる必要があるが，これには前述のOzawa法などの等変化率法を用いればよい。このようにTTS法が適用できる場合には速度論的モデル関数を仮定することなく，任意の温度での反応挙動を速度論的に予測することが可能になる。

最後に注意しておきたいが，ここで述べた手法はあくまでも一例であり，他にも様々な速度論モデルや解析手法が提案されている。実際に熱分析を用いて速度論解析を試みる場合には，取り扱う試料で起こる現象を適切に評価できる手法を各自検討されたい。

6　おわりに

近年，DTA，DSCやTGAなどの熱分析装置のハード，ソフトの両面からの進歩は著しく，簡単に高度な測定やデータ解析を行えるようになっている。しかし，測定操作が簡単であっても真に有用な情報を引き出すためには，測定原理やデータ解析の理論的な基礎の習得が必要であることは言うまでもない。是非とも他の優れた参考書[1,2]を参照されることを薦めたい。本稿では筆者の浅学のため，熱分析技術のほんの一部分しか紹介できなかったが，一人でも多くの読者が熱分析技術に興味を持っていただき，導電性ペーストの研究開発において効果的に活用していただければ幸いである。

第1章 ペーストキュアの熱分析法

文　献

1) 小沢丈夫．吉田博久．最新熱分析．講談社サイエンティフィック (2005)
2) R. B. Prime, Thermal Characterization of Polymeric Materials, 2nd edition (ed. by E. A. Turi), p.1379, Academic Press, San Diego (1997)
3) J. Kolbe, A.Arp, F. Calderone, E. M. Meyer, W. Meyer, H. Schaefer, M. Stuve, Proc. Polytronic 2005, p.160, IEEE CPMT, New Jersey (2005)
4) L. Li, J. E. Morris, Conductive Adhesives for Electronics Packaging (ed. by J. Liu), p. 99, Electrochemical Publications, Port Erin (1999)
5) H. E. Kissinger, *Anal. Chem.*, **29**, 1702 (1957)
6) T. Ozawa, *Bull. Chem. Soc. Jpn.*, **38**, 1881 (1965)
7) H. L. Friedman, *J. Polym. Sci.*, **C6**, 183 (1964)
8) J. H. Flynn, *J. Thermal Anal.*, **27**, 95 (1983)
9) A. Dutta, M. E. Ryan, *J. Appl. Polym. Sci.*, **24**, 635 (1979)
10) C. M. Neag, R. B. Prime, *J. Coating Technol.*, **63**, 37 (1991)
11) M. B. M. Mangion, G. P. Johari, *J. Polym. Sci.*, **B29**, 437 (1991)

第2章 高周波信号伝送の要点と特性評価法

大塚寛治[*]

1 はじめに

　金属ナノ粒子の配線の電気特性で直流的特性は一つの大きな指針であるが，これはすでに材料系の人々にとってもなじみの深い測定法で特にここで説明する必要はない．良導体の配線と異なり，直流抵抗の高い配線の場合，高速信号はどのように振舞うのかを問う明確な書物はない．

　チップの中では配線間の容量Cと配線抵抗Rで有名なRC遅延を引き起こしてタイミングの遅延と信号振幅のなまりで，誤動作をするため，銅配線とロウk（我々材料系技術者はεrと表現している）絶縁材料の組み合わせがプロセスの必須条件と騒がれている．チップ上の配線で最大線路長は数mmであるため，集中定数回路として取り扱いが可能であることから，この考えが正論として普遍的に広まっている．しかし，最大線路長を5mmとすると，その長さを1波長とする周波数は$\varepsilon r=3$で34.7GHz．共振の最低周波数となる1/4波長で見ると8.7GHzとなる．次に説明するパルスとサイン波の違いから見ると3GHzパルスで動くCPUは集中定数回路で取り扱うには多少無理なレベルとなっている．

　当然，LSIパッケージやそれを搭載する基板の配線長はチップの1桁から2桁長い配線を取り扱うため，分布定数回路的な概念で設計しなければならない．当然，「配線抵抗は？」「配線間容量は？」という集中定数回路の延長線上でものを考えることができない．それではどのように考えればよいか，また接合部のように構造的不連続部はどのように扱えばよいか，一般概念としてわかりやすく解説する．

　予備知識としてパルス（矩形波）とサイン波（正弦波）の違いを知っておく必要がある．デジタル信号は全て前者であり，これが何者であるかは重要な出発知識となるため，図1で説明する．

　図1の縦軸は電圧でも電流でもよく，強度とする．横軸は時間である．ある時間で一周期の正弦波と30％程度の強度を持つ1/3の周期を持つ3倍高調波を加算したものが(a)に太線で書かれている．パルス波形に多少似てきたと感じられるであろう．10％強度の5倍高調波を足し算したものが図(b)である．さらにパルス波に近づいている．このように7倍，9倍，11倍と奇数の高

---

　[*]　Kanji Otsuka　明星大学　情報学部　情報学科　教授

第2章　高周波信号伝送の要点と特性評価法

(a) 基本波＋3倍高調波の合成

(b) 基本波＋3倍高調波＋5倍高調波の合成

図1　正弦波の合成でできるパルス波形

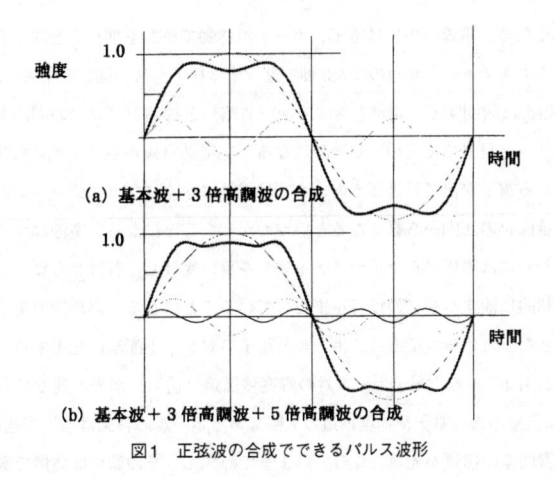

調波を加算すると，非常にきれいなパルス波形となる．パルス波形は正弦波の合成でできている．すなわち，パルス波形は単一クロック周波数でも広帯域周波数を持つ波である．したがって配線は周波数特性を持たない状態を保つ必要がある．ある正弦波周波数だけを取り扱うRF回路より難しい波がデジタル回路に流れていることになる．

2　広帯域の実装技術

ほとんどの固体物質は原子の質量と原子間距離である共振周波数を持っている．振り子の原理である．その周波数はほとんどの物質で同じような帯域，すなわち赤外領域にある．赤外線で原子・分子格子を振動させ，その振動周波数エネルギがそこに補足されることで赤外吸光分析（FTIR分析）を行っている．これと同様なことが実装分野の世界で起こっている．周波数が高いGHz帯域の世界ではその波長が実装技術の世界に近い長さになる．構造的に共振点があちこちにでき，エネルギ吸収され，貯まったエネルギが時間を経て電磁放射される．実装基板では素子接合部分で不連続になることが多く，エネルギ反射という問題が起こる．不連続部から次の不連続部までの間を反射で往復する状態を多重反射という．これがその波長と一致すると共振状態になる．巷ではエネルギ反射と共振は区別して考えられているが，本質はまったく同じものである．原子振動の波長はその原子の寸法の多重反射であるといえる．均質な媒体であれば反射を抑えることができる．不連続部分を作らないことが実装設計における基本要素であると断言できる．

伝送線路の中では電磁波により電子とホールが誘起され，この空間的密度が電位となり，その

金属ナノ粒子ペーストのインクジェット微細配線

移動が電流となるため，電線の中では電子，ホールの移動で概念を掴むことにする。電気エネルギがプラスとマイナスチャージが対の2人3脚で進行する様子を次の図2で理解しよう。

図2の上から順番に説明する。電池とスイッチ（省略）と線路とランプの回路を示した。スイッチ（トランジスタと見立ててよい）がオンになると，電池陰極からマイナス電荷が下の線に注入される。陰極から電子が出て行けばそのままでは電池はすぐにプラスチャージの何万ボルトにもなること，質量保存の法則から軽くなるというおかしなことになる。電池はマイナス電荷を陰極から放出するためには陽極からマイナスチャージを貰い受けなければならない。電池とは電子を上から下へ強制的に流すポンプの役目を果たしていることになる。陽極側の電子が抜けた穴はプラスチャージとなったホールである。ホールと電子の対が上下配線に発生する。これを示したのが図2の2番目の図である。電子ホール対の濃度差伝達（信号）が光の速度で右のほうに移動することになる。質量のある電子や物理構造の欠陥であるホールの移動は当然光速にはならない。電子やホールの濃度差の伝達が光速となる。いままでのスイッチの動作は緩慢で潮の満ち引きのようなものであった。このようなときは電子が1周回ってきたと見ても矛盾は生じない。高速信号ではスイッチの立ち上がりが急峻で図2のように瞬時となる。電池はランプの何たるかを知らないが取りあえず電流を流さなければならない。接続されている電線の抵抗感で電流を流すしかない。未来の分からない人生と同じように高周波ではこのような現象が起きる。もし潮の満ち引きのように徐々に電荷密度が上がるような場合には，目的地まで到達した使者がその時々に応じて帰って（後述する反射エネルギ），目的物の状態を知らせるため，電荷が満杯になったときは

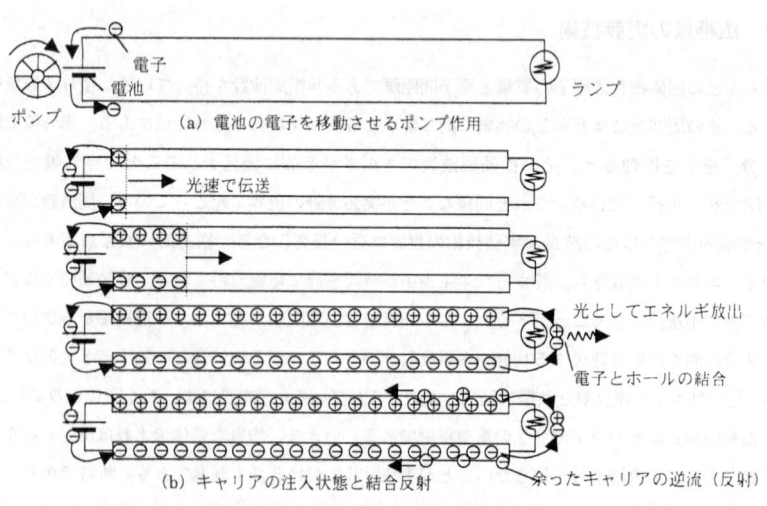

(a) 電池の電子を移動させるポンプ作用

(b) キャリアの注入状態と結合反射

図2　高速電気信号の流れ方の概念図

第2章　高周波信号伝送の要点と特性評価法

目的物にふさわしい供給をしていて，不都合が一見して見えない。

　さて図2の2番目3番目の図を良く見ると，±電荷の電圧0の中心はペア線路の物理的な中間になる。マイナス電荷が進行している下の線，グランドは何も無かった時に比べてマイナスチャージしているため，電位はマイナスに振れたことになる。ここで重要な概念，グランドは揺らがないという通念を完全に否定することができる[1]。図2と反対に，デジタル回路はグランドが揺らがないというトレーミィの天動説的な概念がまかり通ってきていた。地球規模の移動が可能になり，コペルニクスの地動説が出たように，潮の満ち引きのデジタル配線スイングが波の振動を伝える周波数になれば天動説は通じない。しかし，地動説を信じないデジタル設計者がいかに多いことか，コペルニクスの悩みが分かるという現状である。グランドが信号のミラー像で揺らいでいるという証拠を筆者らは絶対グランドからの電位測定ができるEOサンプリングオシロスコープで確認している[1]。

　信号がランプに到達し，ランプの抵抗がプラスチャージとマイナスチャージを会合させ，0にする。エネルギ保存の法則に従い，ポンプのエネルギで＋/－に分離された電荷のエネルギが熱か光となって放出される。ランプの抵抗が伝送線路の抵抗感と一致すればこれでめでたしであるが，伝送線路の抵抗感より高い抵抗であったとする。ここでは2倍としたイメージで描かれている。すなわち，運ばれた電荷の半分しか会合できないことになる。会合できない電荷はエネルギ・質量保存の法則から，消えるわけには行かず，帰るしかないのである。この例では1/2の反射がここで起こることになる。

　潮の満ち引きは防波堤でも反射をすることがない。このような状態になっていた図2の簡単な回路（集中定数回路）が，高周波では，海の波が防波堤で反射をするように，それぞれの場所の状態を考えなければならない回路（分布定数回路）になる。重要なことは同じ回路を全く別な見方で見なくてはならないことである。波を正確に目的地まで伝えるには波をさえぎるものや不連続点を作らなければよい。このようにすれば波のエネルギの無駄がなくなり，減衰が少なく目的地まで到達し，あちこちに散乱するノイズも少なくなる。

　我々の子供のころよく遊んだ糸電話（筒の口にハトロン紙を貼り，その中心を糸でつないだもの）をイメージしてほしい。引っ張られた糸は音をよく伝えることを利用したものである。しかし音は空気中でもよく通る。ところが球面波となって散乱するため，原理的に距離の2乗に反比例して減衰する。糸の中の音はこのように散乱しないため，効率よくハトロン紙を振動させる。糸の状態を電気で見ると伝送線路となる。糸と異なるところは図2のように2本の線がペアとなっていて，1本では原理的に電気エネルギの伝送はできない。電力配線や電話線は2本必要であることは言わずもがなである。しかし，集中定数回路では1本の配線で事足りていた。もう1本の配線は意識していないグランド配線や電源配線がそれを受け持っていた。遠く離れていてもペ

金属ナノ粒子ペーストのインクジェット微細配線

ア配線としての役目が果たせたのは，潮の満ち引きの鷹揚さがなせる業であった。

伝送線路の断面方向の電磁波の広がりを見ると図3のようになる。導体の中に電子とホールが描かれているが，このホールから出発し，電子に終着する電気力線が発生し，空間に自然に広がる。この電子とホールが紙面奥行きの方向に移動すると導体を取り巻くように磁力線が発生する。力線方向はホールでは時計回り，電子では反時計回りで，中心線で歯車がかみ合うように回っている。電気力線と磁力線は電磁エネルギの広がりをあらわす。

無限の広がりを持つが，実効的な空間を考えたものが図3である。この広がり空間の中に別の導体があり，電磁エネルギが変化すると有名なファラディの電磁誘導を起こし，別の導体にエネルギが移動する。すなわちクロストークとなる。ペア導体が接近するほど電磁エネルギの広がりが狭くなり，別の導体があってもクロストークは小さくなる。ペア線路は夫婦のようなもので，接近は「愛情が深く浮気心が少ない」と同じであり，理解しやすい。愛情を表す電気的なパラメータが特性インピーダンスである。単位はΩであり，この数値が小さいほどカップリングが強い伝送線路であるといえる。Ωは抵抗と直感してはいけない。夫婦が人生を歩むときの環境が示す抵抗感といったもので（愛情が深ければ抵抗感は低い），少し式を用いて一般化しておく。

ある長さを持つ伝送線路の特性インピーダンスZ_0 [Ω] は，線路の単位長さ当たりのインダクタンスをL_0 [H/m]，単位長さ当たりのキャパシタンスをC_0 [F/m]，単位長さ当たりの抵抗をR_0 [Ω/m]，単位長さ当たりの漏洩コンダクタンスをG_0 [S/m] とすると，

$$Z_0 = \sqrt{\frac{R_0 + j\omega L_0}{G_0 + j\omega C_0}} \tag{1}$$

となる。プリント配線板レベルでは線路が短くR_0とG_0が無視できる範囲であり，$R_0 = G_0 = 0$となり，式(1)は，

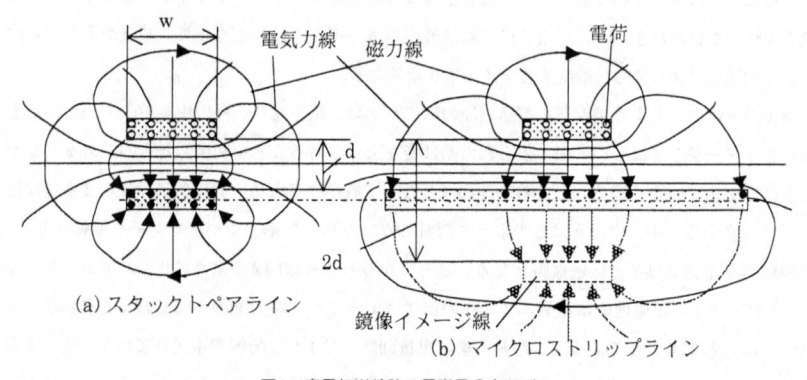

図3 実用伝送線路の電磁界分布モデル
(a) スタックトペアライン
(b) マイクロストリップライン

第2章　高周波信号伝送の要点と特性評価法

$$Z_0 = \sqrt{\frac{j\omega L_0}{j\omega C_0}} = \sqrt{\frac{L_0}{C_0}} = \sqrt{\frac{L}{C}} \tag{2}$$

となる．つまり周波数依存性と長さ依存性が消去され，線路全体の特徴を表すパラメータとなる．すなわち，伝送線路は短くても極端に長くても規定された特性インピーダンスは同じものとなり，C も L も実質的には見えない Z_0 のみの要素となる．つまり「伝送線路にすればRC遅延の呪縛から開放される」ということになる．これを比喩的に表現すると，Z_0 は水のパイプの断面積に相当するコンダクタンスの逆数ということになる．電源と配線を伝送線路とすることにより，空のパイプに水を充填し，再び空にするという操作は必要であるものの，信号遷移時のなまり，いわゆるRC遅延が起こす現象は解消できる．目から鱗のような話であるが，伝送工学のどの教科書にも載っている真理である．

　この章のタイトルである周波数特性のない広帯域伝送を達成するにはこの伝送線路を結線をすればよいという結論となる．さて無数にある線路をどのように取り扱えばよいかという説明に移る．図4がそのモデルである．図4(a)はチップ内配線のモデルでところどころに電源とグランドがちりばめられ，隣接配線のほとんどが独身配線から成り立っている．上下左右に同等のカップリングがあり，まさにユニセックスのような世界である．お互いの独立を守ろうとしてもペアになる線が遠くにあるため，本質的に守れない．しかし短い寸法のためその範囲では潮の満ち引

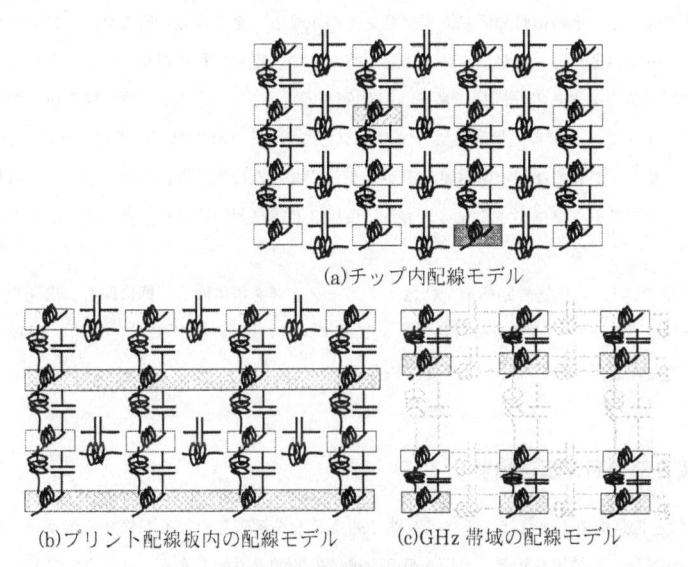

(a)チップ内配線モデル

(b)プリント配線板内の配線モデル　　(c)GHz帯域の配線モデル

図4　実用配線の断面構造

きのように変化が遅く見えるため，ファラディの電磁誘導がほとんど起こらず，遠くにいるペア配線を認識する時間が与えられている。

　(b)はべたグランドがあり，これを参照するペア配線構造が取れている。すなわち伝送線路構造である。プリント配線板の現在の典型形で30mmの配線長さで数百MHzの範囲では有効であった。社会的蔑視表現かも知らないが理解のため敢えて行う。信号配線を夫婦どちらかとすると，グランドは共通妻か共通夫という関係にある。どこかの信号が活性な時はその下のグランド部分が異性となり活性となって対応する。そこかしこで異性を特定できる時間が与えられる範囲である。しかし，隣接の信号線すなわち浮気心になる異性とのカップリングと自分のペア（グランド）とのカップリングは同等であり，もう少し隣接配線の距離をとったほうがよい。この(b)配線構造でGHz帯域となるとペアを認識する時間が与えられないほど早く変化するため，グランド内の異性がやみ雲に右往左往することで，グランド全体が無駄な振動を起こすようになる。(c)のようにペアが特定でき，さらに隣接よりペアのカップリングが強ければほとんど問題が無くなる。電磁界は距離の2乗に反比例して弱まるからである。(c)構造はGHz帯域で十分対応可能な形となる[2]。

　重要な概念を示そう。LCRというパラメータで回路を表現する方法をランプドモデル（Lumped Model）とよび，配線の物理構造が決まるとその計算式から絶対的なLCRが求まる。すなわちカップリングも決まる。マクセルの電磁方程式で電磁界からカップリングを求めると，物理寸法ではなく，その相対関係でカップリングが求まる。全く次元が異なり，常にミスマッチの原因となっている。どちらが正しいかは論を待たない。電磁方程式が正しい。人間社会の愛情はまさに相対関係であるのと同様である。具体例を示そう。(b)と(c)の信号線の横の間隔は同じである。ランプドモデルでは同じカップリングとなるが，(c)ではペア線路の距離が近づき，このカップリングが強くなり，電磁界の広がりが狭くなった結果，隣接のカップリングは相対的に弱まり，クロストークは小さくなる。もう一度図3の電磁界の広がりを考察すればわかることである。

　GHz帯域では(c)の伝送線路構造で特性インピーダンスを常に同じ状態に保ち，出発点から終点まで結線すればよい。当然分岐は特性インピーダンスの整合がとりにくいため，GHz帯域の伝送にはほとんど用いられなくなってきている。

3　接合部の高速伝送構造

　2節で伝送線路構造をとれば，信号は高速で通ることを解説した。その検証をデイジーチェーン接続部品で行った結果を示そう。図5がその構造の断面と外観である。フレキシブルプリント

第2章　高周波信号伝送の要点と特性評価法

配線板にICチップを金めっきバンプで接続した構成で，伝送線路構造を保ちながら84, 140, 196のデイジーチェーンを作ったものである。図5の右下のようにチップ配線は銅で6μmの厚みに配線に金めっきをバンプとして12μmの厚みで形成したものをフレキシブル基板の表面配線に接続した構造となっている。フレキシブル基板の銅の厚みはめっき含みで25μmとし，表面は1μmの金めっきが施されている。その完成品の断面などの外観を図6に示す。テスターで測定した140デイジーの直流抵抗値は3Ωであった。

図6の左上は赤外線透視写真でデイジーチェーン配線が完成していることが確認される。左下はその断面であり，右はチップ接続されたフレキシブル基板の外観である。従来接合部と異なる特徴的なところは，プレーナペア伝送線路を常に守っている構造である。この効果を明らかにす

図5　高速伝送設計された接続部のモデル

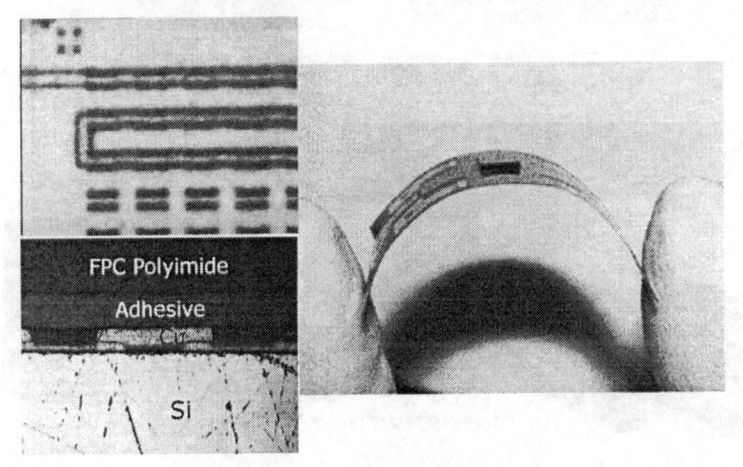

図6　Siチップとフレキシブル基板の接続状態

るため，比較として伝送線路構造を持たせない構造を簡易的に作成した．片側信号線はデイジーチェーンが140ある回路を通し，もう一方の線はデイジーが196ある回路を通るようにしたものである．（図9右参照）．2本の信号線がペア構造を保たないために伝送特性が悪くなると予想して作製した．

測定結果を示すと，図7のようになり，デイジーチェーンの数ではほとんど変化が無く，いくら多くても伝送特性は変わらないという結果である．一方，ペア構造を保たない経路の特性を示すと図8のようになる．経路長が異なるため，50Mbpsではクロックタイミングが分離している

図7　3Gbpsランダムパルス入力時の出力アイパターン

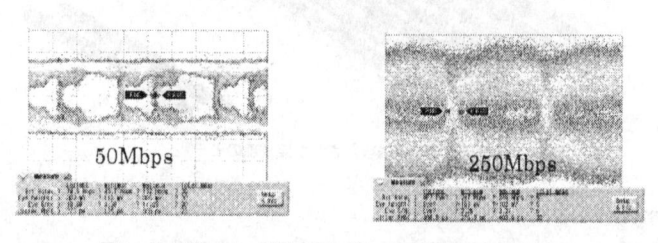

図8　ペア構造でない経路のランダムパルス出力アイパターン

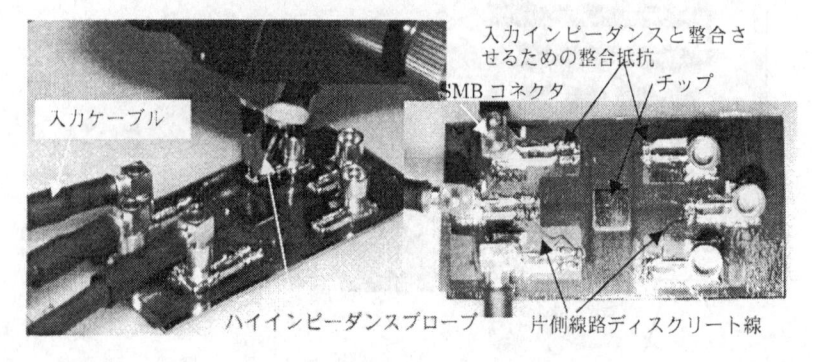

図9　信号伝送特性測定セットアップ

が，目は空いていて，信号は通っていることを示しているが，250Mbpsでは完全につぶれていることが分かる．単独線では伝送特性は1桁も悪いのである．

測定結果でペア線路構造保持の重要性が理解されたと思われる．仮にはんだバンプが$100\mu m$ぐらいの高さになったデイジーチェーンでもほぼ同様な特性を出すことができ，高速信号伝送は接続方法で問題になることはない．たとえワイアボンディングでも十分GHz帯域の信号を通すことができる．

タイトルが評価法となっているため，この測定の詳細を述べる．RF系では50Ω入出力特性を評価することが多く，ネットワークアナライザで周波数特性を調べていた．デジタル信号は，冒頭で述べたように正弦波の合成波であり，周波数特性では直感的に理解しにくく，50Ω系でない場合が多く，図9のように整合抵抗を挿入してもネットワークアナライザでは多重反射して，何を測っているのか判らない場合が多い．また回路動作中の測定ができない欠点があり，デジタル系では図9左にあるようにハイインピーダンスプローブを使用して，ランダムパルス入力を受けてアイパターンを描かせ，その目の開き具合で評価する方法が一般化している．

目が空かない理由を簡単に説明すると，パルスの立ち上がり時間より早く，信号保持時間が終了すると，立ち上がる前に立ち下がり，逆に立ち下がる前に立ち上がる波形となるが，信号のハイ状態やロウ状態が長く続き，完全に遷移時間を完了した波形と重ねると目が潰れてしまうということによる．図7の状態は目が開いていて，もう少し高いビットレートまで信号伝送が可能であることを示している．

4 高速信号伝送で問題となる直流抵抗

ペア伝送線路にすればほとんどの問題が解決するということが判明したが，導電性ペースト配線の一番の欠点である直流抵抗が高いという問題は高速信号ではどのように振舞うであろうか，あまり解説した記事が見当たらない．実はチップ内配線も直流抵抗が大きく，同じ問題を提起するはずであるが，前述のように集中定数回路で収めることが可能でRC遅延ルールで処理できる範囲であり，実用上の論理構成は解決済みである．分布定数で直流抵抗が大きい場合は図10のモデルにあるごとき問題を提起する[3]．R_0とG_0が無視できる特性インピーダンスZ_0の伝送線路にdRという分布的抵抗が付いているモデルであり，その継ぎ目でΓ_xの反射が両サイドから起こり，多重反射した結果，立上がり時間，立下り時間が時間軸に分散され，波形がなまる．すなわちパルスエネルギが時間軸に対して拡散したことになる．

この状態を線路抵抗が高い状態を同定するため，長い配線を選んでみた．すなわち，100mの同軸ケーブルで単パルス入力時の出力実測を図11に示す．テスターで測定した直流抵抗は芯線

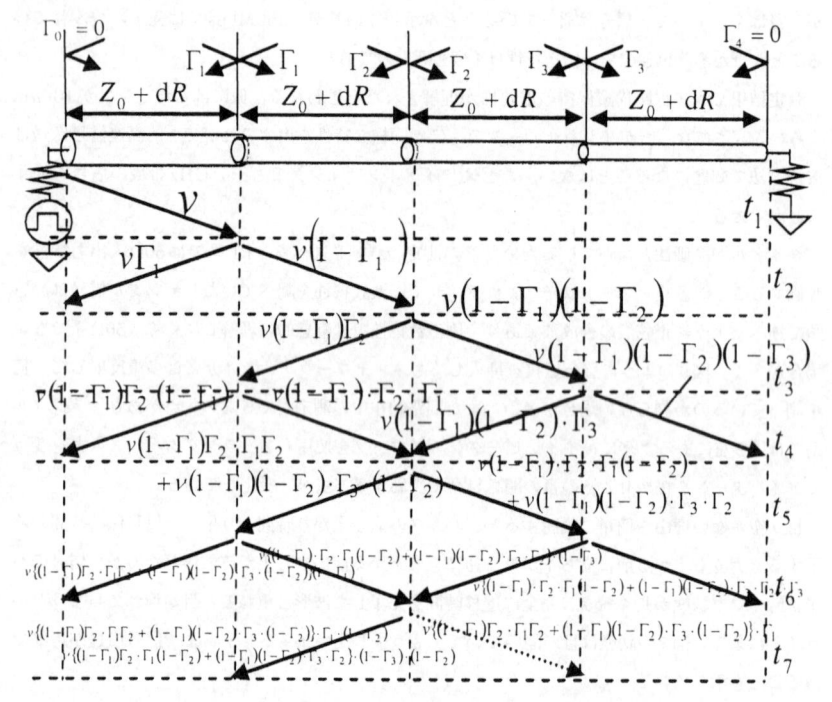

金属ナノ粒子ペーストのインクジェット微細配線

図10 分布定数回路の中の直流抵抗が無視できないときのモデル

10Ω/100m，同軸線3Ω/100m，TDRステップ波形tr＝78ps（実行周波数4.5GHz）での読み取り抵抗増大量＝16Ωのケーブルで測定した。1m長さでは500MHzまで波形はほとんどなまらないが，10mでは500MHzは立ち上がりきらないで立ち下がることが分かる。100mではほとんど立ち上がらない状態で立ち下がるが，時間軸拡散したエネルギがなくなるまで完全に立ち下がることなく，長い尾を引くということになる。これがアイパターンの目をつぶすエネルギとなるため，直流抵抗は高周波伝送に対して大きな問題を提起することになる。長さが時間となることから長さあたりで同等な反射エネルギの量を単純な比例計算すると，100mで3＋10＝13Ωであることから，10mで130Ω，1mで1.3kΩ，100mmで13kΩとなる。GHz帯域では図11の1m（130mΩ）の実測レベルより短い配線の特性にしなければならないと思われるため，上記の1/100以下，すなわち，130Ω/m以下，おそらくその1桁小さい13Ω/mがねらい目であろう。

214

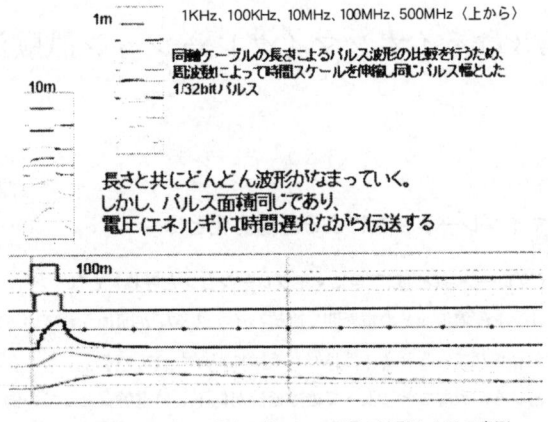

第2章　高周波信号伝送の要点と特性評価法

図11　同軸ケーブルの長さと単パルス信号の波形なまりの実測

5　おわりに

　高速デジタル信号は大型コンピュータの世界で発展してきたが，競争の中にあり，技術が門外不出となってきた歴史がある。それを公にした会社がラムバスで，その功績は大であり，RF系の技術者とは異なる世界を開拓できた。しかし，いまだに高速信号伝送はRF系の科学者になる教科書がはびこり，デジタル系の人々を悩ます結果となっている。ラムバスは営利企業であり，教科書を作る目的を持っておらず，デジタル信号系の教科書がほとんど見当たらない悲しい現実がある。ここではその考え方の基本を物理的に解説した。参考になれば幸いである。

文　　献

1) K. Otsuka, T. Matsumura, T. Usami, Y. Odate, T. Ueda, Y. Ikemoto, T. Suga, "Measurement Potential Swing by Electric Field on Package Transmission Line", Proceedings of ICEP, Japan pp490-495, 2001.4
2) 上田千寿，大舘康彦，宇佐美保，大塚寛治「伝送線路におけるTEM波/擬似TEM波に対する考察」第11回マイクロエレクトロニクスシンポジウムMES2001，pp183-184
3) 藪内広一，宇佐美保，秋山豊，大塚寛治「配線長さによるパルス形状劣化の実測と原因究明」電子情報通信学会技術研究報告 CPM2005-98，ICD2005-108 (2005-9)，pp13-16

第3章 イオンマイグレーション試験法

津久井　勤*

1　イオンマイグレーションによる絶縁劣化とは

1.1　イオンマイグレーション（以下単にマイグレーションと呼称）とは

　電子機器のプリント配線板などの電極間に直流バイアス電圧が印加されている状況で、電極間が高抵抗の絶縁がなされているときには良好な絶縁性が保たれている。しかしながら、この本来絶縁されているところが吸湿などによって絶縁抵抗が低下し、電解質としての働きが見られるようになると、両電極にかかる電位によって陽極（アノード）から電極金属がイオンとなって溶出するようになる。マイグレーションとは元々移行の意味を持っている。ここではこの溶出した金属イオンが移行し、デンドライト状に還元析出して電極間を短絡し、故障を招く現象を云う。このようなマイグレーションの発生原理について次項で述べる。

1.2　マイグレーションの発生原理

　金属の腐食やマイグレーションは、金属の種類や環境条件によって様々であるが、ここでは熱力学の面からその発生現象について述べる。
　また、これらの現象は水の存在下で起こる場合と、水の存在しない場合に起こる場合に分けられるが、ここでは前者の場合に限って述べる。
　そこで、腐食は局部電池の形成により、一方マイグレーションは電極間に直流バイアス電圧が印加されたことにより、いずれも電気化学反応によって引き起こされる。このような電気化学反応を一般化した次式により理論的検討を行う。

$$aA + bB = cC + dD \tag{1}$$

この電気化学反応に対して、熱力学的に見た反応の自由エネルギー変化 ΔG（ギブスの自由エネルギー）を導入すると、次式のように定義される。

$$\Delta G = （生成物質の自由エネルギー） - （反応物質の自由エネルギー） \tag{2}$$

このとき、$\Delta G < 0$ ならば(1)式の反応は左から右へ（正方向）、$\Delta G > 0$ ならば右から左へ反応が起こる。$\Delta G = 0$ ならば、反応はどちらの方向にも起こらず平衡状態が保たれる。

---

*　Tsutomu Tsukui　東海大学　工学部　電気電子工学科　非常勤講師（元　教授）

第3章 イオンマイグレーション試験法

(1)式と(2)式の関係から(3)式が得られる[1]。

$$\Delta G = \Delta G_0 + RT \ln \frac{[C]^c [D]^d}{[A]^a [B]^b} \tag{3}$$

この，ΔG_0 は対数の中の濃度が1に等しい標準状態時の自由エネルギー変化であり，標準エネルギー変化と呼ばれる。$\Delta G = 0$ となる平衡時の ΔG_0 は次式で示される。

$$\Delta G_0 = -RT \ln \frac{[C]^c [D]^d}{[A]^a [B]^b} = -RT \ln K \tag{4}$$

ここに，K は平衡定数で，(4)式より次式が導かれる。

$$K = \exp(-\Delta G_0 / RT) \tag{5}$$

次に(3)式における電気エネルギーとの関わりについて述べる。すなわち，電気化学反応の平衡状態というのは，反応を進行させようとする化学エネルギー ΔG が反応を抑制しようとする電気エネルギーと釣り合った時と考えられるので，次式が成立する。

$$\Delta G = -nFE \text{（標準状態では} \Delta G_0 = -nFE_0\text{）} \tag{6}$$

これより，電位 E はネルンストの式で示される。

$$E = E_0 - RT \ln \frac{[C]^c [D]^d}{[A]^a [B]^b} \tag{7}$$

$$E_0 = -\Delta G_0 / nF \tag{8}$$

ここに，E は平衡電極電位，F はファラデー定数（0.965×10^5C/g 当量）である。この E_0 を標準状態における標準水素電極を基準として序列でしめしたのが表1に示す電気化学列と呼ばれるものである。これは金属のイオン化傾向の大小の基準となる。

ところが，マイグレーションや腐食等の電気化学反応は，水分の存在下で行われるのが一般的である。その場合には次式のように表される。

$$a\text{Red} + b\text{H}_2\text{O} = c\text{O}_x + d\text{H}^+ + ne^- \tag{9}$$

$$E = E_0 + RT \ln \frac{[\text{O}_x]^c [\text{H}^+]^d}{[\text{Red}]^a} \tag{10}$$

さらに，pH$= -\log[H^+]$ であることから，(10)式は次式のようになる。

$$E = E_0 - 2.303RT \left(d\text{pH} - \log \frac{[\text{O}_x]^c}{[\text{Red}]^a} \right) \tag{11}$$

$$E_0 = -1/nF \cdot \{\Delta G_0(\text{Red}) - \Delta G_0(\text{O}_x)\} \tag{12}$$

したがって，平衡電位 E は pH の影響を受けることを示している。この式をある金属の種々の反応の場合について計算し，電位-pH 平衡図に示したのがプルベダイアグラムと呼ばれる[2]。その一例として，銅とニッケルを比較して図1に示す。同図において，金属がイオンとして溶出

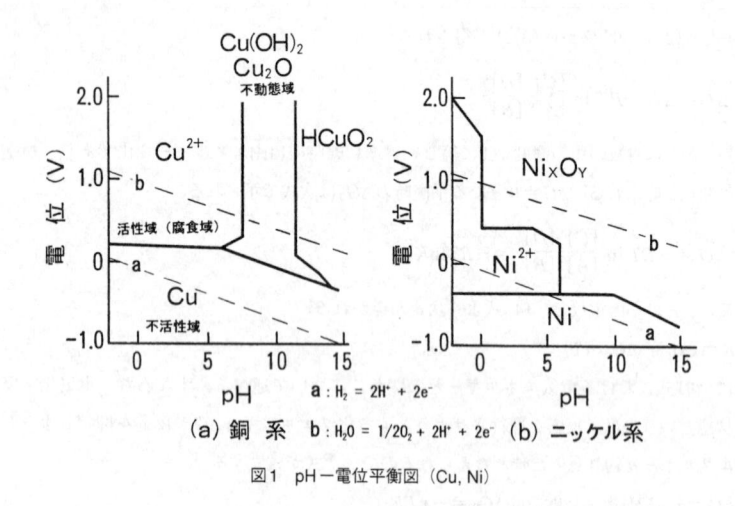

金属ナノ粒子ペーストのインクジェット微細配線

図1 pH-電位平衡図（Cu, Ni）

(a) 銅系　(b) ニッケル系

$a: H_2 = 2H^+ + 2e^-$
$b: H_2O = 1/2O_2 + 2H^+ + 2e^-$

表1　電気化学列（25℃，1気圧標準水素電極基準）

電極反応	E_0^0	電極反応	E_0^0
$Li = Li^+ + e^-$	-3.05	$Fe = Fe^{2+} + 2e^-$	-0.440
$K = K^+ + e^-$	-2.92	$Cd = Cd^{2+} + 2e^-$	-0.403
$Ca = Ca^{2+} + 2e^-$	-2.87	$In = In^{3+} + 3e^-$	-0.342
$Na = Na^+ + e^-$	-2.71	$Co = Co^{2+} + 2e^-$	-0.277
$Mg = Mg^{2+} + 2e^-$	-2.36	$Ni = Ni^{2+} + 2e^-$	-0.250
$Be = Be^{2+} + 2e^-$	-1.85	$Mo = Mo^{3+} + 3e^-$	-0.200
$Hf = Hf^{4+} + 4e^-$	-1.70	$Sn = Sn^{2+} + 2e^-$	-0.136
$Al = Al^{3+} + 3e^-$	-1.66	$Pb = Pb^{2+} + 2e^-$	-0.126
$Ti = Ti^{2+} + 2e^-$	-1.63	$H_2 = 2H^+ + 2e^-$	± 0.000
$Zr = Zr^{4+} + 4e^-$	-1.54	$Cu = Cu^{2+} + 2e^-$	0.337
$Mn = Mn^{2+} + 2e^-$	-1.18	$2Hg = Hg_2^{2+} + 2e^-$	0.778
$V = V^{2+} + 2e^-$	-1.175	$Ag = Ag^+ + e^-$	0.798
$Nb = Nb^{3+} + 3e^-$	-1.1	$Pd = Pd^{2+} + 2e^-$	0.987
$Zn = Zn^{2+} + 2e^-$	-0.763	$Pt = Pt^{2+} + 2e^-$	1.188
$Cr = Cr^{3+} + 3e^-$	-0.744	$Au = Au^{3+} + 3e^-$	1.498

する領域（図1では腐食域）でマイグレーションや腐食が起こる領域である．不活性域では金属が安定域であり，不動態域では酸化物として安定であることを示している．同図で留意すべきことは，金属がイオンとして溶出する領域は，単に金属のみの溶出域ではなく，水の安定域となるaとbの平衡電位の間が水の安定域になるので，この制限領域の中に限られる．

更に，pHの比較的小さいところでの平衡電位は，ニッケルの方が銅に比べて表1に示したように卑金属であるためイオン化しやすく腐食も起こりやすいことが示される．しかしながら，

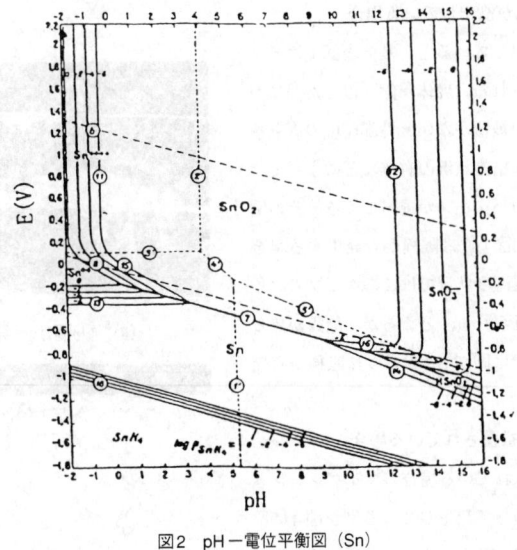

第3章　イオンマイグレーション試験法

図2　pH－電位平衡図（Sn）

　pHが大きくなって中性領域になると，特にバイアス電圧が印加されている領域ではニッケルが不動態領域にあるのに対して銅の方がイオン化領域になっている。このことから，ニッケルが腐食し易いがマイグレーションは銅の方が起こりやすいと見ることが出来る。このように，表1に示したイオン化傾向だけではマイグレーションの発生について説明出来ないので，pHとの関係でマイグレーションの発生の有無を検討する必要がある。ちなみに，鉛フリーはんだの主成分である錫は図2に示すように，腐食域がpHの小さい領域にかぎられ，マイグレーションし難いことが判る。

2　マイグレーションによる絶縁劣化の例

2.1　プリント配線板における絶縁劣化

　プリント配線板では導体配線の箇所によって絶縁構成が違ってくる。そのため，導体間に生じるマイグレーションの発生状況にも違いが見られる。これらの例として，①導体（一般にははんだ面）地肌が露出しているか②導体にソルダーレジストや樹脂コートにより絶縁層で被覆されている場合に分けられる。

2.1.1 導体地肌が露出している場合

導体地肌が露出していると,基体表面でマイグレーションが見られる。導体が銅,はんだ面にかかわらず絶縁層の被覆がないと外部環境の影響を受けやすく,特に結露状況の有無などによってマイグレーションのパターンが違ってくる。その例を図3に示す。同図(a)は陽極から発生する場合の例で,通常の温湿度状況ではこのタイプのマイグレーションが見られる。ところが,結露が見られるような状況では同図(b)のように陰極から発生する場合がある。

2.1.2 絶縁層で被覆されている場合

絶縁層で被覆されている場合のマイグレーションが基板界面に沿って発生している例を図4に示す。これを,SEM-EDXによって分析すると,同図に示すようにCuとともにClが検出されている。このように遊離塩素の存在が,マイグレーションを加速する要因になっている。

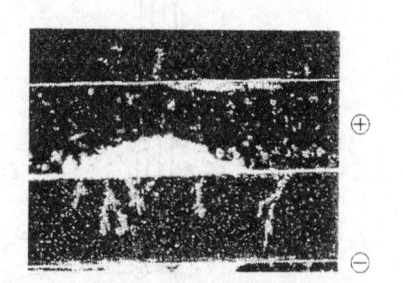

(a) ⊕極から発生

(b) ⊖極から発生

図3 地肌が露出している場合

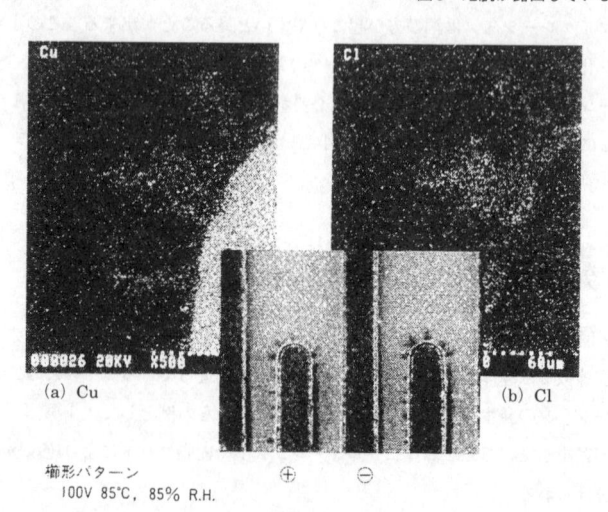

(a) Cu

(b) Cl

櫛形パターン
100V 85℃, 85% R.H.

図4 絶縁層で被覆されているマイグレーションとそのSEM-EDX分析例

第3章　イオンマイグレーション試験法

2.2　マイグレーションの発生パターン

前記のようにマイグレーションは電気化学反応によって陽極から金属がイオンとして溶解することから始まる。現象的に見ると，図5に示すように①陽極から伸びた金属イオンが還元析出するか，化合物として析出する場合と，②陽極で溶出した金属イオンが陰極に至り，ここで電子を貰って還元析出する場合に分類される。

これらのマイグレーションの進展過程に差が見られるのは，次の理由によると見られる。①のタイプは，高温高湿の劣化条件においてもその絶縁抵抗は$10^8 \Omega$オーダ以上の場合であり，これより

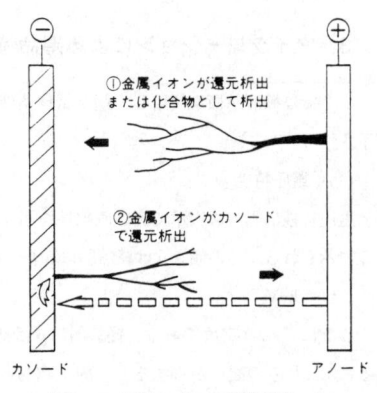

図5　マイグレーション発生パターン

絶縁抵抗が低下している状況では②のタイプが見られるようになる。通常の場合には①のタイプの劣化を見るが，結露状況やソルダーレジストや絶縁被覆層のある場合などでHAST（後述の3.1項）のときには②のタイプの劣化状況を示す場合が多い。

このタイプの違いは，本来絶縁層であるべきところが，電解質の働きを呈し，これが金属イオンの移動のし易さの程度によって見られると思われる。見かけの抵抗が下がって，イオンが動きやすくなると②のタイプとなり，陽極からイオンに溶解するが動きづらいと電解質内での相互作用により，①のタイプを示すと考えられる。これら，①と②は別々のメカニズムで起こるのではなく，絶縁抵抗の違いでも表されるように連続していると見た方がよい。

2.3　金属の種類とマイグレーションの発生のしやすさ

金属の種類で見ると，貴金属である銀が一般に行われる定電圧法（一定のバイアス電圧印加時）における試験で最もマイグレーションし易いことが知られている[3]。しかしながら，銀は貴金属であるためバイアス電圧が低くなってくると開始電圧との差が小さくなり，他の金属と逆転する場合も見られる可能性がある。鉛フリーはんだでは錫が主体になるが，この金属のイオン化する領域が前記のように，酸性域に偏った電位―pH特性を示しており，マイグレーションし難い部類に入る。また，鉛フリーはんだに銀が入るものもあるが，化合形態であれば，貴金属であるためこれが溶出することは無いと見られる[4]。むしろ，フラックスによる汚れなどや異物の混入などで，マイグレーションすることに留意する必要がある。他にもPd，Auなどもマイグレーションし難い材料である。いろんな金属材料での比較試験は脱イオン水滴下試験法などによって行われている[3]。

3 マイグレーションによる寿命特性

ここでは櫛形基板を使用し、種々試験条件を変えた場合のマイグレーションによる劣化特性を示す[5,6]。

(1) 電圧特性

電圧特性は両対数表示で良い直線性を示す。このとき、寿命t_Vの電圧V特性の実験式が次のように示される。その傾きnは経験的に0.4〜2の範囲である。

$$t_V = k_V V^{-n} \tag{13}$$

ここに、k_Vは定数である。経験的にnは通常1程度が多く[7]、内層では2近辺の報告も見られる[8]。これらの観点からすると、約0.4は幾分小さいように思えるが、銀のマイグレーションなどにみられる値である。

また、nは破壊形態によって違いが見られ、絶縁構成や組織の違いによって特有の値を示すことも知られている。このようなnに変化が見られるときには、同一条件におけるワイブル分布で解析した折りの形状パラメータmも違ってくることにも対応していることが確認されている[9]。したがって、広い範囲の時間帯では破壊形態が違ってきて、nが変わることもあり得ることである。そのことも留意しておく必要がある。

(2) 温度特性

一般に寿命の温度特性として、アレニウスの式で知られる絶対温度Tの逆数と対数表示(片対数表示)の寿命が直線関係にあることはよく知られていることである。このとき、寿命t_Tは次のように示される。

$$t_T = k_T \exp\left(\frac{\Delta Q}{kT}\right) \tag{14}$$

ここに、k_Tは定数、ΔQは見かけの活性化エネルギーである。また、kはボルツマン定数であり、ΔQはeVで表される。なお、気体定数Rの場合には、ΔQの単位はkcal/molで、1eVは23.05kcal/molの関係にある。このΔQはイオンの移動が主要因のときは0.8eV前後、湿熱劣化の要因のときは1.5eV前後になることが知られている[9]。温度特性で、温度によって領域が別れると、途中で傾きが変化する場合のあることも知られている[9]。このとき留意しなければならないのは、途中で変化することによって、使用温度のところにまで外装した折りに、推定寿命が過大評価する場合や逆に過小評価する場合が起こることである。これを避けるためには、試験時間を短縮したいがために、必要以上に過酷な条件を選択していないかどうかである。加速試験の条件においても使用時と劣化機構が同じでなければならないことを念頭に置いて試験条件を選ぶべきである。特性の傾きが違っているということは、その前後で劣化機構が変化していると見ること

第3章 イオンマイグレーション試験法

が出来る．

(3) 湿度特性

湿度の寿命特性を求めた例は少なくないが，この特性は両対数表示でよい直線性が得られている．その傾きmは約5.8である[5]．一方では，この関係を片対数表示（寿命は対数）した例も見受けられる．現状では，実験の湿度範囲も狭くデータのばらつきを考慮するといずれの表示でもほぼ直線で近似される．低湿度側に外挿すると片対数表示で幾分寿命が短く推定される．そのことから，この方が安全サイド側であり，IPC始め片対数表示で検討されているところも多い[10]．ただ，湿度に対しては閾値があると考えられ，そのことから判断すると両対数表示で評価しても良いと思われる．

3.1 HAST（Highly Accelerated Temperature and Humidity Stress Test）による寿命評価

このHAST法の試験条件が110℃から130℃の高温度で85％の高湿度条件であり，もともとパッケージングされた半導体素子の電極端子の腐食を見る試験法として導入されてきた．それも，当初はPCT（Pressure Cooker Test）と呼称され飽和加圧水蒸気圧下での試験であった．その後，飽和加圧水蒸気圧の条件では厳しすぎるとの考えから85％の不飽和条件が取り入れられてHASTとして有機材料を使用したプリント配線板の評価にも盛んに取り入れられるようになった．この背景には，製品化が急がれている中で評価時間の短縮が大きな要因になっている．もっとも，この試験のIEC規格ではDamp Heat Testとして温湿度一定条件下での試験法の中で取り上げられている．以上のような背景があってHASTが利用されている[11]．

ところで，有機材料を評価する場合に，その基本は材料のガラス転移温度Tg（ガラス転移点ともいう）を超えない範囲であることが必要条件になっている．しかしながら，プリント配線板などに使用されている材料が全てHASTの試験条件よりTgが高いかというとそうでもない場合がむしろ多い．したがって，この試験法を使用する場合には十分な留意が必要となることは云うまでもない．実際問題として，十分なデータが無い中で利用されている場合が多く見受けられる．

そこで，㈳エレクトロニクス実装学会ではHASTによるデータ収集を図る目的で，加速寿命試験法検討研究会が設立され，小冊子「HASTによる加速劣化試験結果とその課題」が発行[12]された．ソルダーレジストのあるガラス強化繊維エポキシ基板では，85℃から130℃に渡るデータがアレニウスプロットで良い直線性が得られ，そこから得られる見かけの活性化エネルギーは，1.7eV近辺であった．この値から，吸湿による湿熱劣化の要因が大きいと見ることが出来る．この結果が示すように，試験温度範囲でアレニウスプロットにおいて直線性が得られているので，構成材料の中にTgより低い材料があっても絶縁システム全体として評価出来た例である．しか

しながら，一般には絶縁材料の種類や構成，更には電極材料の影響もあって，一概に決められないところがある。特に留意を必要とするのは使用温度域での劣化機構と，加速状態での劣化機構が同じと見られることが何よりも重要である。この裏付けがないと短時間で評価出来ると云っても何の意味も持たない。そのためには，ある程度経験を積んでおくことが必要となる。

4 関連規格と評価装置

4.1 関連規格

マイグレーションを評価する規格としては，JPCAで取りまとめられた「プリント配線板環境試験方法JPCA-ET01～09」(2002)に一通りの試験法が紹介されている。その中から環境試験の分類表を纏めて表2に示す。なお，これらに関連した国際，国内の規格については前記JPCA規格の中で紹介されている。

この他には，関連規格としてUL796-23シルバーマイグレーション試験がある。電子機器内に銀が使用されている場合に適用される。

4.2 評価装置とその取り扱い

環境試験を行うに当たって最も留意すべき内容を要約して下記に示す。

表2 プリント配線板環境試験法の分類表

環境分類	大分類	中分類	試　験
プリント配線板環境試験方法 — 通則 (JPCA-ET01) 参照：JIS C 5012 (プリント配線板試験方法)			1. 試　料　①標準試料 　　　　　②判定基準 　　　　　③種　類 　　　　　④大きさ 　　　　　⑤供試品の数量 　　　　　⑥レジストの有無 2. 試験時間または試験サイクル 3. 前処理 4. 測定方法，手順 5. 評　価 6. 付属書
湿度環境	湿度試験装置	恒温恒湿度試験装置	①JPCA-ET02 (40℃, 93%RH)　⎫ ②JPCA-ET03 (60℃, 90%RH)　⎬ JIS C 60068-2-3 ③JPCA-ET04 (85℃, 85%RH)　⎭
	複合試験装置	温湿度サイクル試験装置	①JPCA-ET05 (JIS C 60068-2-30) ②JPCA-ET06 (JIS C 60068-2-38低温を含まない場合) ③JPCA-ET07 (JIS C 60068-2-38低温を含む場合)
		結露サイクル試験装置	JPCA-ET09
圧力環境	圧力試験装置	HAST試験装置（不飽和）	JPCA-ET08 (JIS C 60068-2-66)

第3章　イオンマイグレーション試験法

4.2.1　環境槽の取り扱い
・環境槽の中は常に清浄に気を配り，温湿度管理を十分に行い，湿度測定用のウイックを適時取り替えること。
・試料は環境槽内の各長さの両側1/6の寸法（最小でも50mm）の空間を設けて配置すること。温湿度の設定には，結露サイクル試験などの場合を除いて結露防止のため，まず温度を上げこれより遅れて湿度を上げること。
・HASTの場合には試験中に低分子物質の揮発があるので，試験終了後の清浄が不可欠である。

4.2.2　絶縁抵抗測定端子
・絶縁抵抗測定には二重シールドの耐熱性材料で絶縁されたケーブルを用い，外部からのノイズの浸入を防止すること。特に，$10^9\Omega$以上の絶縁抵抗を計測する場合には細心の注意が必要となる。

5　まとめ

　イオンマイグレーションによる劣化の模様やその評価試験の内容について述べてきた。試験には長時間を要するので，HASTなど高温高湿度雰囲気における試験法が導入されているが，常にその試験によって何をあるいはどこのところを評価しようとしているかについて，常にこのことを念頭に置いて行われることが重要である。そうでなければ，その試験の結果が得られたとしてもその試験の意味を失うことになりかねないからである。
　加えて，試験槽の保守点検をよく行い槽内の温湿度測定が適切になされていることを十分確認しておくことが必要である。最近㈳エレクトロニクス実装学会のイオンマイグレーション試験法研究会で公開研究会が実施され，「イオンマイグレーション評価方法」(2005-6-2) の資料が発行されているので，大変参考になると思われる。
　最後に，電子機器の設計に当たっては，どの部分の信頼性確保が不可欠で有るかを的確に把握して，その部分にコストを要しても装置全体としてコスト低減が図れるようメリハリの効いた設計が必要であることを述べてこの稿を終了する。

文　　献

1) 津久井勤：エレクトロニクス実装学会誌，8, No.4, p.339-345 (2005)

2) M.Pourbaix：Gauthiervllars & Cie E'Diteur（1963）
3) プリント基板高信頼性絶縁技術調査専門委員会編：電気学会技術報告第615号．p.46（2003）
4) 津久井勤：エレクトロニクス実装学会誌．6．No.5．p.439-446（2003）
5) 柳沢武ほか：第12回日科技連．信頼性・保全シンポジウム報文集．p.305（1982）
6) T.L.Welsher et al.：IEEE 18th Ann. Proc. Rel. Phys, p.235（1980）
7) B.K.Vaughhen et al.：J. Electrochemi.Soc. 135, No.8, p.2027（1988）
8) 野々垣光裕ほか：電気学会誘電・絶縁材料研究会．No.EMI-90-83．p.53（1990）
9) P.J.Boddy, R.H.Delaney et al.：IEEE 14th Ann. Proc. Rel. Phys., p.108（1976）
10) SIRWG："Surface Insulation Resistance Handbook"IPC-9201（1996）
11) IEC 60068-2-66：1994 Environmental testing-Part2：Test method-Test Cx：Damp heat, steady state（unsaturated pressurized vapour）
12) 加速寿命試験法検討研究会編："HASTによる加速劣化試験結果とその課題"．JIEP p.73（2002）

第4章 マルチステージピール試験法による薄膜界面付着強度評価

大宮正毅[*1], 岸本喜久雄[*2]

1 はじめに

近年,急速な電子デバイスなどの小型化・高集積化・多機能化に伴い,電子デバイスの実装方法として,異なる材料からできた薄膜を積み上げた多層薄膜構造体が広く利用されている。さらに,2次元実装の代わりに高さ方向にチップを積み上げ,更なる高速化・省電力化を狙った3次元実装も実用化されつつある[1]。そして,次世代電子デバイス実装の鍵となるのが,多層薄膜構造技術である。

異なる材料を積み上げて多層薄膜構造を形成し,製造過程あるいは実使用時に問題となるのが異材界面の強度信頼性である。製膜時の残留応力や負荷時の変形特性の違い,また線膨張係数の違いによる熱応力の発生などにより,薄膜層間ではく離が起こることがある。一度はく離が起きてしまうと,電気的導通が取れなくなったり,また,大気中の水分や酸素が浸入し薄膜の腐食を引き起こしたりと,製品の信頼性を大きく低下させてしまう。また,コンピュータによる自動制御が当たり前の世の中になっており,航空機,自動車等で使用されている電子デバイスが故障してしまうと,大変な大惨事を引き起こす可能性もある。したがって,製品設計者は,電子デバイスの設計寿命中,それが適切に稼動するように設計する必要があり,そのためには,界面の強度を定量的に評価し,設計寿命内で破損が起きないような設計をする必要がある。

本稿では,薄膜の界面付着強度を定量的に評価する方法について概観した後,著者らの提案しているマルチステージピール試験法について説明する。そして,銅薄膜の界面付着強度評価を行った事例について取り上げる。

2 薄膜の界面付着強度評価法

界面破壊力学によると,界面の付着強度はその界面に作用する垂直応力とせん断応力の比(モード比)によって種々変化することが知られている。そのため,界面の付着強度を評価する場合,広い範囲のもとで界面に作用するモード比を変化させた実験を行う必要がある。従来から異種接

---

*1 Masaki Omiya 東京工業大学大学院 理工学研究科 助手
*2 Kikuo Kishimoto 東京工業大学大学院 理工学研究科 教授

金属ナノ粒子ペーストのインクジェット微細配線

合材料の界面破壊試験に関する研究は,多くの研究者によりなされており,HutchinsonとSuo[2],EvansとHutchinson[3],Evansら[4]により詳しくまとめられている。ここでは,特に薄膜の付着強度に限定して話を進める。

薄膜の界面付着強度を評価する際には,異種接合材料に用いられているような界面破壊試験法を用いることができない。薄膜構造はMEMSや電子デバイス等で多用されており,薄膜・多層薄膜の界面付着強度を定量的に評価する方法が求められている。Russelら[5]は,酸化ケイ素(SiO_2)と銅薄膜との界面付着強度をテープ試験とスクラッチ試験によって評価している。テープ試験は,付着強度が弱い場合に界面付着強度を定性的に評価できるが,定量的には評価できなく信頼性が薄い。スクラッチ試験は,垂直荷重と水平荷重の変化から界面の付着強度を評価する半定量的な試験法である。しかしながら,荷重で評価する場合,薄膜の厚さ,材料特性などの情報が含まれた形であるため,得られた結果は同じ系での相対的な評価でのみにしか使えない。

スクラッチ試験法と類似した方法で,界面付着強度の定量的評価試験法として,インデンテーション試験法がある。MarshallとEvans[6]は,インデンテーション負荷時のはく離を破壊力学的に考察し,エネルギバランスから界面のはく離に要したエネルギを計算している。Bahrら[7]は,ナノスケールにおけるインデンテーションはく離試験を行った。インデンテーション試験の問題点は,圧子先端部周辺で薄膜が塑性変形を引き起こすことである。インデンテーション試験で得られる界面破壊じん性値(G_c)は,押込んでいる体積(塑性変形量)とはく離面積に依存する。そのため,この試験方法は比較的付着強度が弱い場合,つまり,薄膜の塑性変形量が少ないうちに,はく離が生じるケースに適用できる。十分に付着した強固な界面では,はく離させるまでに大きな荷重の負荷や深い押込み量が必要となり,基材の変形の影響が現れるため,この方法では,界面付着強度を定量的に評価することは難しい。しかしながら,最近になって,Krieseら[8,9]やGerberichら[10]により,タングステン(W)等の硬い薄膜をコーティングしてから,インデンテーション試験を行うと,薄膜が塑性拘束されるため,薄膜で塑性変形が起きる前にはく離させることができる試験法が報告されている。その他,定量的な界面付着強度評価方法として,Bagchiら[11,12]やZhukら[13]は,スーパーレイヤー法を用いて,半導体デバイスの配線薄膜のはく離エネルギを評価している。彼らは,銅配線の上にタングステン(W)の硬い膜を蒸着して,銅薄膜の塑性変形を拘束させながら,真性応力によりはく離させる方法を提案している。北村ら[14〜16]は,薄膜の塑性変形を拘束するためにサンドイッチ構造の片持ちはりを採用し,ナノ厚さの薄膜のはく離強度を評価している。また,中佐ら[17]や張ら[18]は,エッジインデンテーション試験法を提案し,耐熱セラミックスコーティング材のはく離強度を評価している。

第4章 マルチステージピール試験法による薄膜界面付着強度評価

3 ピール試験法

薄膜を引き剥がす試験法で，最もよく知られている単純な方法はピール試験法である。ピール試験法は，薄膜の付着強度を評価する方法として発展してきた。ピール試験について多くの実験的・解析的検討がなされてきており，KimとAravas[19]によくまとめられている。ここでは，ピール試験についての過去の研究について簡単に紹介する。

初期の研究では，薄膜は完全に弾性体，基材は剛体であると考え，薄膜を引き剥がすのに要した仕事として薄膜の付着強度(Γ)を定義している［Spies[20]，Bikerman[21]，Kaeble[22,23]，Jouwersma[24]，Yurenka[25]，Gardon[26]，Saubestreら[27]，Kendall[28]，GentとHamed[29]，Nicholson[30]］。単位幅当たりの荷重(P)とはく離角度(ϕ)から，単位長さの薄膜を引き剥がすのに必要なエネルギは，

$$\Gamma = P(1-\cos\phi) \tag{1}$$

で与えられる。この段階では，薄膜の付着強度(Γ)には，薄膜の残留応力によって蓄えられていた弾性ひずみエネルギが含まれている。また，薄膜の付着強度のはく離角度(ϕ)依存性については検討されていなかった。続いて，薄膜がはく離する際に生じる塑性散逸エネルギについての検討がなされた［Changら[31]，GentとHamed[32]，CrocombeとAdams[33,34]，AdkinsとMai[35]，KimとKim[36]，KimとAravas[37]，Kinlochら[38]］。主に，薄膜のはく離部分を弾塑性はりでモデル化し，そこに生じる曲げモーメントと曲率との関係（ヒステリシスループ）から，薄膜の曲げによる塑性散逸エネルギを評価している。そして，WeiとHutchinson[39,40]は，薄膜のはく離部先端における界面結合力により，はく離部先端の塑性散逸の影響が大きくなる場合があることを数値シミュレーションにより示している。電子デバイス材料へのピール試験法の適用例として，Parkら[41~43]は，シリコン基板上に形成したCu/Cr/Polyimide多層フィルムについての90°はく離試験を行っている。しかしながら，薄膜の付着強度のはく離角度(ϕ)の依存性について検討している例はなく，界面付着強度を評価するためには広範囲にわたりはく離角度を変化させたはく離試験を行う必要がある。そこで，著者らは，薄膜の付着強度を評価する試験法として，マルチステージピール試験法（Multi-stages Peel Test(MPT)）を提案し，はく離角度を種々変化させて薄膜の付着強度評価を行ってきた[44~46]。

4 マルチステージピール試験法

マルチステージピール試験法の概要を図1に示す。試験装置は，ベアリング等を組み合わせた特殊な治具を用いて行う。薄膜の試験片は曲げ剛性が小さいため，アルミニウム等の角材に接着

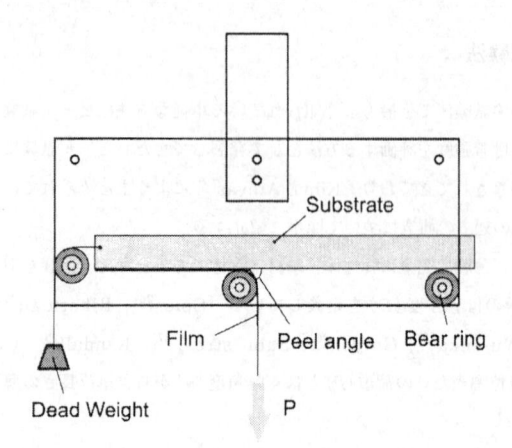

金属ナノ粒子ペーストのインクジェット微細配線

図1 マルチステージピール試験法の概略図

剤で貼り付けて固定する。そして，固定した試験片をベアリング上に載せ，あらかじめ剥がしておいた薄膜をロードセルに取り付け，引張試験機のクロスヘッドを移動させることにより薄膜のはく離を生じさせる。はく離が進むに従い，試験片はベアリング上をスライドするが，はく離は中央のベアリングに沿って起こるため，常に中央のベアリング付近ではく離が起こる。そのため，ベアリング付近をビデオマイクロスコープで観察することにより，はく離角度を連続的に測定することが可能である。また，はく離荷重はロードセルからの出力をコンピュータで記録し，試験後に録画したビデオ画像と同期させることにより，はく離荷重とはく離部周辺の挙動（はく離角度，薄膜の曲率）との関係を調べることができる。

　この試験法の最大の特徴は，試験片の端に錘による死荷重を負荷することにより，はく離部先端に水平方向の荷重を負荷することができることである。そして，錘の重さを種々変化させることにより，はく離部における水平方向と垂直方向の比を変えることができ，その結果，一つの試験片ではく離角度を種々変化させてはく離試験が可能である（図2）。また，著者らは最近，卓上型はく試験装置を開発し，死荷重の代わりにθ軸ステージを用いて，より広範囲にはく離角度を変化させるようにしている（図3）。

　はく離が定常的に進行しているとき，系のエネルギバランスを考慮することにより，薄膜の付着エネルギ（薄膜の界面付着強度）が評価できる。薄膜が単位長さはく離する際にはく離荷重がする仕事W_{out}は，(1)薄膜の弾性ひずみエネルギW_e，(2)薄膜の残留応力による弾性ひずみエネルギW_{res}，(3)薄膜の曲げに伴う塑性散逸エネルギW_p，(4)薄膜の付着エネルギ（界面付着強度）$\Gamma(\phi)$の和と釣り合う（図4）。つまり，

第4章　マルチステージピール試験法による薄膜界面付着強度評価

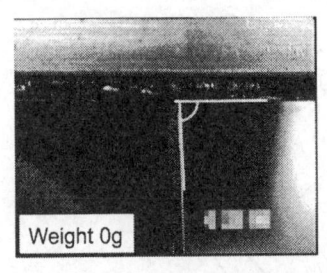

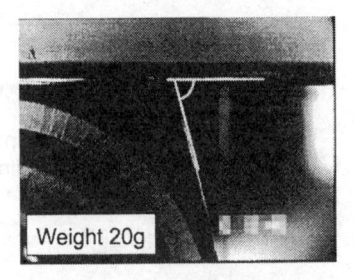

(a) 死荷重を負荷する前の状態（はく離角度：89°）(b) 20 g の錘をつけた状態（はく離角度：75°）
図2　死荷重を負荷した場合のはく離角度の変化

図3　卓上型マルチステージピール試験機

$$W_{out} = \Gamma(\phi) + W_e + W_{res} + W_p \tag{2}$$

というエネルギの釣合い式が成り立っている．具体的には，平面ひずみ状態とみなせる場合，次式のように表すことができる．

$$(P-P_h)(1-\cos\phi) = \Gamma(\phi) + W_p + \frac{Eh^3}{24(1-\nu^2)K_{coil}^2} + \frac{1-\nu^2}{2E}\left[\frac{P^2}{h} - \int_0^h \sigma_{res}^2(y)dy\right] \tag{3}$$

ここで，P は単位幅当たりのはく離荷重，P_h は単位幅当たりの死荷重，ϕ ははく離角度，E は薄膜の縦弾性係数，ν は薄膜のポアソン比，h は薄膜の厚さ，K_{coil} は，はく離試験後に荷重を除荷した後に生じるカール部の曲率，$\sigma_{res}(y)$ は薄膜内の水平方向の残留応力である．はく離試験から残留応力を測定することはできないため，あらかじめ別途実験をして求めておく必要がある．

薄膜が十分厚い場合，はく離試験中に薄膜内に塑性変形が生じることは少ないが，薄膜が薄い場合，はく離試験中に薄膜内に曲げによる塑性変形が生じることがあり，塑性散逸エネルギ W_p

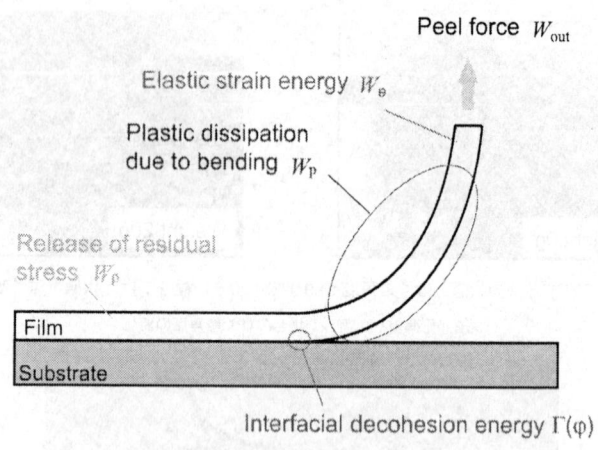

図中ラベル:
- Peel force W_{out}
- Elastic strain energy W_e
- Plastic dissipation due to bending W_p
- Release of residual stress W_p
- Film
- Substrate
- Interfacial decohesion energy $\Gamma(\varphi)$

図4 定常はく離時のエネルギバランス

を求める必要がある．KimとKim[36]やKimとAravas[37]らは，はく離した後の薄膜を弾完全塑性はりとしてモデル化し，はく離後の薄膜が受ける曲げモーメントの曲率の関係から塑性散逸エネルギを見積る方法を提案している．また，Kinlochら[38]は，薄膜の構成則に直線硬化則を導入し，薄膜を弾塑性はりとしてモデル化し，はく離試験中の塑性散逸エネルギを計算し，高分子材料薄膜のはく離試験に適用している．

以上のように，(3)式で示したエネルギバランスの各項を計算することにより薄膜の付着エネルギ（界面付着強度）を求めることができる．次節では，本手法を用いて半導体デバイスで使われる銅薄膜の付着強度を評価した例を示す．

5 銅薄膜の界面付着強度評価

5.1 試験片

本研究で用いた供試材は，シリコンウェハー上にポリイミド，クロム，銅をそれぞれ製膜した多層構造になっている．供試材断面の模式図を図5に示す．シリコンウェハーの厚さは約1mm，ポリイミド層はスピンコーティングによりシリコンウェハー上に製膜し，その厚さは$11\mu m$である．また，クロム層はスパッタリングにより製膜しその厚さは$0.2\mu m$である．その後，クロム層上に銅薄膜を無電解メッキ法により製膜した．その際，膜厚が及ぼす付着強度評価への影響について検討するために，厚さの違う供試材（5，10，$20\mu m$）を3種類用意した．また，シリコンウェハーの外周部には，はく離開始が容易に起こるように，ポリイミド層とクロム層の間に銅の

第4章 マルチステージピール試験法による薄膜界面付着強度評価

スパッタリング層を導入している.

5.2 マルチステージピール試験法による銅薄膜の付着強度評価

　はく離試験開始後,しばらくした後,はく離荷重が一定値となり,定常的にはく離が起きる.しかしながら,多少の荷重の変動があるため,ここではある時間間隔の平均荷重をとることにより局所的なばらつきを平均化する.はく離は主に銅とクロム層との界面で生じたため,本稿では以後,銅とクロム層との界面付着強度について検討することにする.

　試験中に録画した画像から測定したはく離角度と平均はく離荷重から,定常はく離時におけるはく離荷重がする仕事を図6中に○印で示す.これより,薄膜の厚さが薄くなるほど,はく離荷重がする仕事が大きくなっていることがわかる.次に,式(3)よりエネルギバランスを考慮して銅薄膜の界面付着強度を評価したものを図6中の△印で示す.はく離荷重がする仕事と比較する

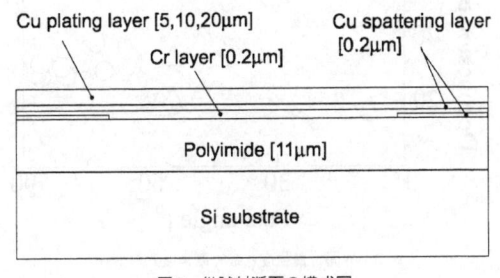

図5 供試材断面の模式図

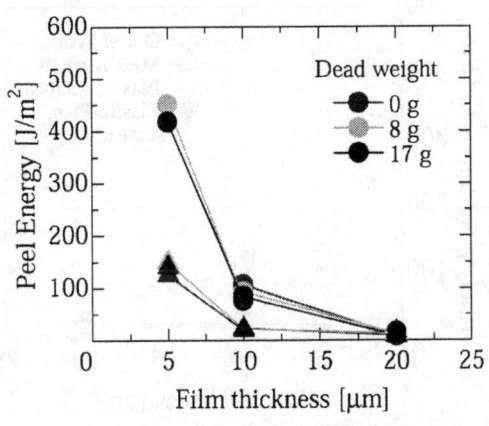

図6 マルチステージピール試験による銅薄膜の界面付着強度

と，銅薄膜の厚さによる影響が小さくなっていることがわかる．特に，膜厚が10μm以上の場合，界面付着強度は一定値となり，おおよそ20J/m^{2}となった．これが銅とクロム層との界面付着強度と考えられる．次に，死荷重を種々変化させ，はく離角度を45～90°と変化させたときの界面付着強度を図7に示す．これより，界面付着強度ははく離角度とともに変化し，界面付着強度のはく離角度依存性がわかる．

図8は，マルチステージピール試験での測定結果と有限要素解析結果との比較である．マルチステージピール試験の実験結果は弾性解析の結果と一致していることがわかる．一方，はく離

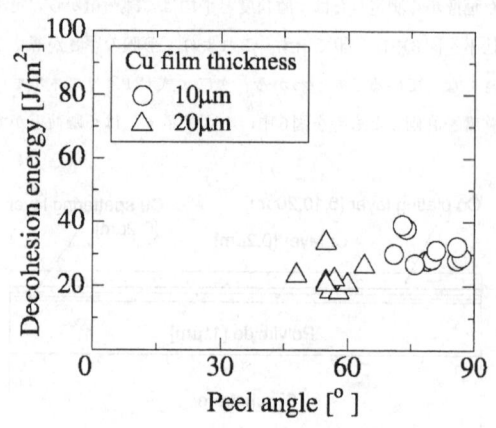

図7　界面付着強度とはく離角度との関係

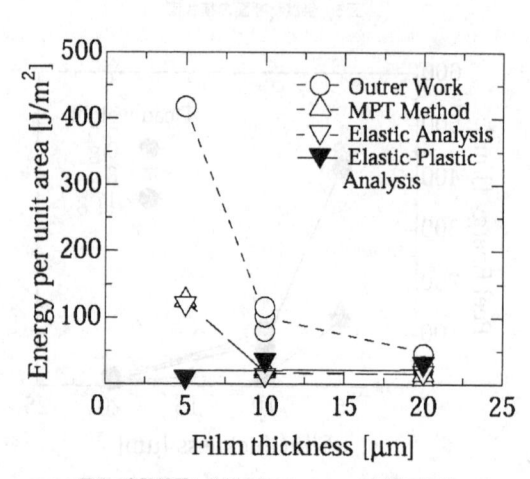

図8　実験結果と数値シミュレーション結果の比較

第4章 マルチステージピール試験法による薄膜界面付着強度評価

部先端での塑性変形を考慮した弾塑性解析結果では，銅薄膜の厚さにかかわらずJ積分値は約$20J/m^2$となった．これより，膜厚が薄い場合，マルチステージピール試験法では界面付着強度が大きく評価されていることになる．この差は，はく離部近傍での塑性散逸エネルギが含まれていることを意味している．膜厚が$20\mu m$の場合，塑性域ははく離部先端のごく近傍のみに形成され，無視できるほど小さい．これはちょうど破壊力学でいうところの小規模降伏条件下に相当する．一方，膜厚が$5\mu m$の場合，銅薄膜は大きく曲げられ，はく離部先端に大きな塑性域が形成されている．これはちょうど破壊力学でいうところの大規模降伏条件下に相当する．したがって，マルチステージピール試験法では，はく離部先端での塑性域が膜厚に比べて十分小さい小規模降伏条件下で有効であり，大規模降伏条件下では得られた実験結果から境界条件を決定し，有限要素解析等の数値解析によりJ積分値を求め，界面付着強度を評価する必要がある．

6 おわりに

本稿では，薄膜の界面付着強度を定量的に評価する方法について概観した後，著者らの提案しているマルチステージピール試験法について説明し，銅薄膜の付着強度評価を行った事例について取り上げた．近年，電子デバイスで使用される薄膜の厚さはますますスケールダウンしており，ナノ・サブナノ厚さが当たり前になってきている．また，多層薄膜構造を採用しているため，多層同時層間はく離が今後重要な問題となって現れてくるであろう．そのような場合にも適用できる統一的な薄膜界面付着強度評価方法の確立が今後求められていくであろう．

文　　献

1) S.F.Al-sarawi et al., *IEEE Trans. Comp. Pack. Manu. Tech.-Part B*, **21**, 2 (1998)
2) Hutchinson, J.W, Suo, Z., *Adv. Appl. Mech.*, **29**, 63 (1992)
3) Evans, A.G., Hutchinson, J.W., *Acta Metall. Mater.*, **43**, 2507 (1995)
4) Evans, A.G. et al., *Acta Metall. Mater.*, **47**, 4093 (1999)
5) Russel, S.W. et al., *Thin Solid Films*, **262**, 154 (1995)
6) Marshall, D.B., Evans, A.G., *J. Appl. Phys.*, **56**, 2632 (1984)
7) Bahr, D.F. et al., *Acta Mater.*, **45**, 5163 (1997)
8) Kriese, M.D. et al., *Acta Mater.*, **46**, 6623 (1998)
9) Kriese, M.D. et al., *Eng. Frac. Mech.*, **61**, 1 (1998)
10) Gerberich, W.W. et al., *Acta Mater.*, **47**, 4115 (1999)

11) Bagchi, A. *et al.*, *J. Mater. Res.*, **9**, 1734 (1994)
12) Bagchi, A., Evans, A.G., *Thin Solid Films*, **286**, 203 (1996)
13) Zhuk, A.V. *et al.*, *J. Mater. Res.*, **13**, 3555 (1998)
14) 北村隆行ほか．日本機械学会論文集A編．**66**．1568（2000）
15) 北村隆行ほか．日本機械学会論文集A編．**68**．119（2002）
16) 北村隆行ほか．日本機械学会論文集A編．**69**．1216（2003）
17) 中佐啓治郎ほか．材料．**47**．413（1998）
18) 張東坤ほか．材料．**49**．572（2000）
19) Kim, K.S. and Aravas, N., *Int. J. Solids and Structures*, **24**, 417 (1988)
20) Spies, G.J., *J. Air. Eng.*, **25**, 64 (1953)
21) Bickerman, J. J., *J. Appl. Phys.*, **28**, 1484 (1957)
22) Kaeble, D.H., *Trans. Soc. Rheology*, **3**, 161 (1959)
23) Kaeble, D.H., *Trans. Soc. Rheology*, **4**, 45 (1960)
24) Jouwersma, C., *J. Poly. Sci.*, **45**, 253 (1960)
25) Yurenka, S., *J. Appl. Poly. Sci.*, **6**, 136 (1962)
26) Gardon, J.L., *J. Appl. Poly. Sci.*, **7**, 643 (1963)
27) Saubestre, E.B. *et al.*, *Plating*, **52**, 982 (1965)
28) Kendall, K., *J. Adhesion*, **5**, 105 (1973)
29) Gent, A.N. and Hamed, G.R., *J. Adhesion*, **7**, 91 (1975)
30) Nicholson, D.W., *Int. J. Frac.*, **13**, 279 (1977)
31) Chang, M.D. *et al.*, *J. Adhesion*, **4**, 221 (1972)
32) Gent, A.N. and Hamed, G.R., *J. Appl. Poly. Sci.*, **21**, 2817 (1977)
33) Crocombe, A.D. and Adams, R.D., *J. Adhesion*, **12**, 127 (1981)
34) Crocombe, A.D and Adams, R.D., *J. Adhesion*, **13**, 241 (1982)
35) Atkins, A.G. and Mai, Y.W., *Int. J. Frac.*, **30**, 203 (1986)
36) Kim, K.-S. and Kim, J., *J. Eng. Mat. Tech.*, **110**, 266 (1988)
37) Kim, K.S. and Aravas, N., *Int. J. Solids and Structures*, **24**, 417 (1988)
38) Kinloch, A.J. *et al.*, *Int. J. Frac.*, **66**, 45 (1994)
39) Wei, Y. and Hutchinson, J.W., *Int. J. Frac.*, **93**, 315 (1998)
40) Wei, Y. and Hutchinson J.W., "Comprehensive Structural Integrity", **8**, p.181, Elsevier, Amsterdam (2003)
41) Park I.S. and Yu, J., *Acta Mater.*, **46**, 2947 (1988)
42) Park Y.B. *et al.*, *Mat. Sci. Eng. A*, **266**, 261 (1999)
43) Park Y.B., *et al.*, *Mat. Sci. Eng. A*, **266**, 109 (1999)
44) 大宮正毅ほか．材料．**52**．856（2004）
45) M. Omiya, *et al.*, *Key Eng. Mat.*, **261-263**, 483 (2004)
46) M. Omiya, *et al.*, *Key Eng. Mat.*, **297-300**, 2284 (2005)

第5章 微細組織観察法

金 槿銖*

1 はじめに

　微細組織観察は、材料組織の顕微鏡観察という意味から生まれた言葉で、顕微鏡の発達と共にその概念が広がっている。各種顕微鏡を用いた材料の組織観察は、材料組成、製造過程、熱処理などとの対応関係を調べることで、組織の形成過程及び形成機構など様々な情報を得ることができる。金属ナノ粒子ペーストの合成からインクジェット配線形成までの過程においても、微細組織観察は大きな情報源になる。合成から配線形成までのルートをたどって見ると、まず、配線材料として用いられる金属ナノ粒子は、第1編で紹介されたように貴金属が主流であり、その大きさは、数ナノから数十ナノメートルである。これらの金属ナノ粒子に様々な有機溶媒や分散剤などを添加しペーストやインク化する。その後、金属ナノ粒子ペーストは、インクジェットで様々な種類の基板に印刷され、焼成処理を行うことで配線になる。金属ナノ粒子から、配線形成後までの過程での微細組織観察の対象を考えると、有機物に内包されたナノレベルの金属と焼成後のバルク化した金属、また、金属／有機基板との界面など、純粋な単一の材料と異なる複雑な状況であることがわかる。しかし、これら微細組織の観察は、材料の微細組織観察技法を適切に使用すれば決して難しいことではない。材料の微細組織観察には、一般的に、光学顕微鏡（OM）、走査電子顕微鏡（SEM）、電界放出形走査電子顕微鏡（FE-SEM）、透過電子顕微鏡（TEM）などを利用する。

　OMの場合の解像度は、レンズの解像度の限界から1000倍程度が上限になる。実体顕微鏡では下限が数十倍の低倍率観察が可能である。最近は、デジタルマイクロスコープが多用されている。レーザー顕微鏡も最近では普及しており、これは倍率として数千倍の観察と同時に、表面の粗さや高さなどの定量分析にも利用できる。本節では、その一例を示そう。SEMとFE-SEMの特徴は、数十倍の低倍率から数万倍のナノレベルまでの幅広い倍率の観察が可能で、比較的焦点深度も深い焼成時の金属粒子の成長過程の3次元的に観察することができる。なお、低真空SEMを使えば、有機基板上の配線の観察にも有効である。TEMは、数千倍から数百万倍の観察倍率をカバーし、ナノレベルの微細組織観察に最も適した顕微鏡である。ナノ粒子の形状、異相

---

　*　Keun-Soo Kim　大阪大学　産業科学研究所　特任助手

金属ナノ粒子ペーストのインクジェット微細配線

界面の構造などの詳細な解析ができる。後者の一連の電子顕微鏡には，電子線の照射により試料から発生する特性X線分光分析や電子線エネルギー分析などを併用することも可能であり，微細組織の組成解析にも有効になる。この章では，これらの顕微鏡を用いた金属ナノ粒子ペーストから焼成後の配線までの微細組織観察例を紹介する。

2 金属ナノ粒子ペーストの初期組織観察

ここでは，インクジェット用に作製した金属ナノ粒子ペーストの初期組織のTEM観察例を紹介する。まず，金属ナノ粒子ペーストをTEM観察するためには，カーボン膜を張ったTEM用メッシュ上に，ナノ粒子を1層状態に均一に分散させる必要がある。インクジェット用の金属ナノ粒子ペーストは，室温でナノ粒子の2次凝集を防ぐため分散剤が添加されナノ粒子が独立分散するが，ナノ粒子の重量比50％以上あり，メッシュ上に1層で分散させることは比較的難しい。このような試料は，適当な溶媒で希釈しナノ粒子の比率が低い溶液を準備し，メッシュ上に載せるときれいに1層状態に分散させることができる。観察例として，図1に銀ナノ粒子ペーストのTEM写真を示す。銀ナノ粒子は凝集せずにお互いに独立して分散している。一つの粒子を拡大して見ると（図2），電子線の反射条件をうまく選ぶことで結晶格子が現れ，ナノ粒子が単結晶な場合だけではなく双晶や数個の結晶で構成される場合もあることがわかる。なお，これらの粒径分布測定は統計的な効果を併せて評価すべきであり，正確にはX線の小角散乱法を利用した測定で取得することができる。詳細はX線回折分析関連の本を参考してほしい。

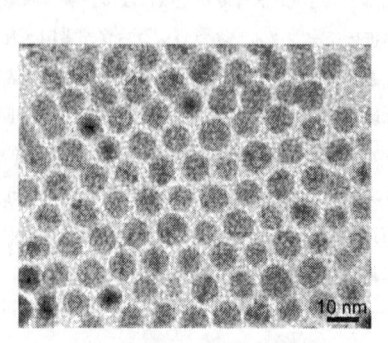

図1　独立分散ナノ粒子のTEM像　　　　図2　ナノ粒子のTEM像

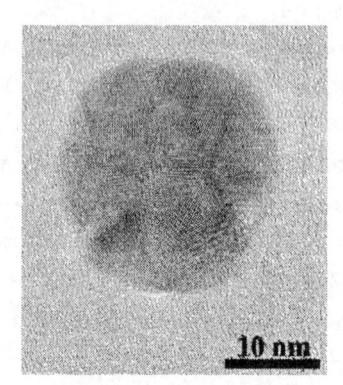

3 焼成過程の組織観察

インクジェットで基板上に描画した金属ナノ粒子配線は,導電性を与えるため焼成処理を行い,ナノ粒子を合体・成長させる。焼成処理は,金属ナノ粒子の大きな特徴でもある融点の低下現象[1]のおかげで,バルク材料の融点よりかなり低い温度で行うことができる。焼成過程では,独立分散ナノ粒子から分散剤が分離し,ナノ粒子間接触により焼結が進むことが知られている。最適な焼成温度を決めるためには,分散剤の分解温度など様々な物性の測定と共に,焼成条件による微細組織の変化を追う必要がある。図3に焼成条件による銀配線の表面組織のSEM観察結果を示す。最適温度で焼成した後の配線表面(右)は,比較的に気孔が少なく滑らかであり,バルク化が進んでいることがわかる。低い温度の場合(左)は,多数の気孔があり粗い形状になっている。SEM観察ではこれ以上の情報を得ることは難しいが,TEMを用いるとさらに明確な微細組織の差が現れる。図4に低温と高温で焼成した場合のTEM観察結果を示す。低温焼成の場合,数ナノメートル程度の粒子と数十ナノメートルの粒子が混在している。即ち,一部のナノ粒子は成長するが,殆どの粒子は焼成前のナノ粒子のままで合体や成長せず,初期状態のまま残されている。

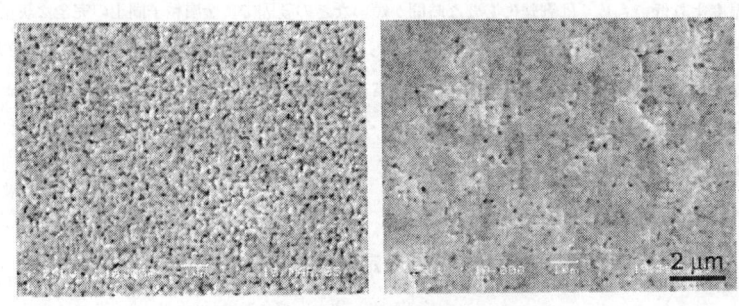

図3 焼成温度による表面組織の変化(SEM像)

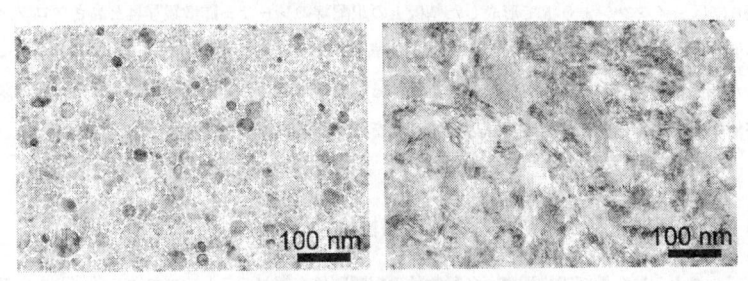

図4 焼成温度による断面組織の変化(TEM像)

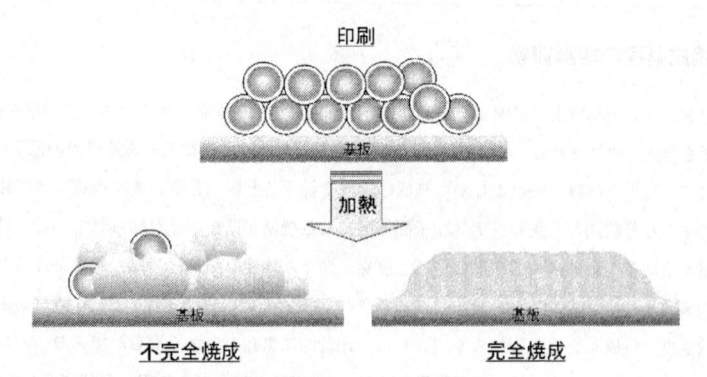

図5　焼成条件による配線組織の差

一方，高温焼成の場合は，初期レベルのナノ粒子がなく数百ナノメートルの粒径に成長し，バルク金属の典型的な組織になる。これらの観察結果から，図5のように焼成条件による組織の差を模式的に示すことができる。まず，印刷直後はナノ粒子が有機膜に内包された状態である。これを不適切な条件で焼成を行った場合（左下）は，独立分散ナノ粒子の周りに付いている有機膜の剥離温度より低いもしくは剥離に必要な時間が短いなどの要因で，金属粒子同士の完全な焼結が行われない。その結果，ナノ粒子より少し成長した粒子と未成長のナノ粒子が共存する。一方，最適な条件の場合（右下）は，有機膜の分解温度より高い温度になり，一定時間保持することでナノ粒子が相互に融合してバルク化する。このように焼成過程での組織観察を微細に行うことで，最適な焼成条件を決めるための手掛かりを得ることができる。

4　レーザー顕微鏡による配線状態の定量化

さて，最近普及しているレーザー顕微鏡を用いた配線状態の観察例を示そう。

図6には，インクジェットで形成した基板上の銀配線のレーザー顕微鏡写真と高さプロファイルの例を示す。この場合の配線では，配線形成高さが4ミクロン程度であり，インクドットに対応した凹凸が形成され，広がりの状態を評価することができる。このように，レーザー顕微鏡は観察倍率が高いだけでなく，配線状態の定量化を行う際に真価が得られる。

5　微細組織観察から得られる配線特性

上記したように，微細組織観察と各種物性の相関関係を調べることでプロセス条件とキュア過

第5章　微細組織観察法

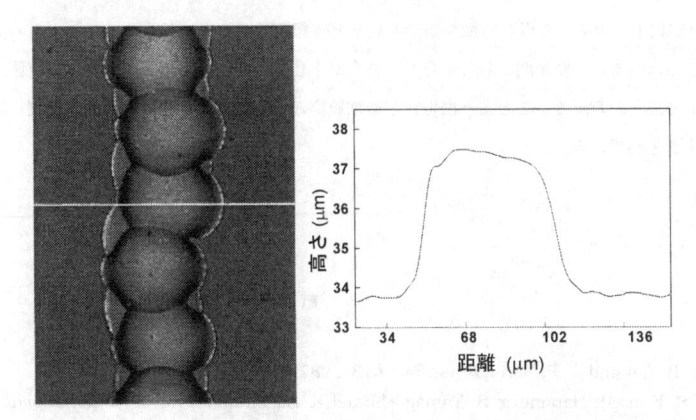

図6　銀配線のレーザー顕微鏡写真と高さプロファイル

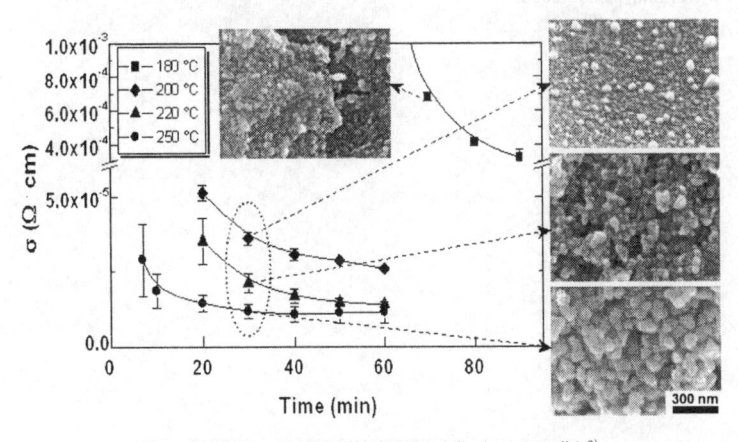

図7　焼成温度による電気抵抗と組織の変化（FE-SEM像）[2]

程の総合的情報を習得することができる。例えば，金属ナノ粒子ペーストの熱分析と微細組織の対応関係から，有機膜の熱分解過程の推測，焼成温度の決定が可能である。さらには，様々な基板上に金属ナノ粒子ペーストを塗布し，ぬれ性や表面張力と焼成過程での動的観察や界面のナノ構造分析からペースト／基板の相性判別などを行うことができる。

　ここでは，その一例として焼成条件による電気抵抗と組織の関係を紹介する。図7は，市販の銀ナノ粒子ペーストを有機基板上へ配線し，焼成温度と抵抗値及び微細組織の変化を調べた例[2]である。抵抗値は，180℃近傍から徐々に下がり，200℃を超えると十分低いレベルに達してい

241

る。200℃以上で焼成した場合の微細組織を見ると，銀粒子が数十～数百ナノメートルの大きさに成長してはいるが，粒子間にしっかりした結合が生じていることから，これが低抵抗値を示す原因であることがわかる。このように抵抗と微細組織の対応関係から，最適な焼成温度．時間を取り出すことができる。

文　献

1) Ph. Buffat and J-P. Borel, *Phys. Rev.* **A13**, 2287（1976）
2) K. S. Kim, M. Hatamura, S. Yamaguchi and K. Suganuma, *Proc. 3rd International IEEE Conference on Polymers and Adhesives in Microelectronics and Photonics*, Montreux, Switzerland, p.369（2003）

第4編　応用技術

第1章　フッ素系パターン化単分子膜を基板に用いた超微細薄膜作製技術

森田正道[*1], 安武重和[*2], 高原　淳[*3]

1　序論

近年，構造が明確に制御された微細パターン表面に位置選択的に機能性化合物を吸着する研究が活発になされており，電子，光学，バイオなどの様々な工学的応用が期待されている[1]。この研究分野においては，低コストな塗布プロセスでデバイスを作製するための基盤技術として，パターン構成成分の溶液に対する濡れのコントラストを原理とする方法がいくつか報告されている[2~4]。

最も代表的な塗布プロセスの一つであるインクジェット（IJ）技術は，特定の位置に必要量の微小液滴を塗布できる優れた特徴を有する。しかし，着弾時の液滴径と位置決め精度が数十μmであるために[5]，10μm以下の精度で薄膜を形成することが困難であった。この問題を解決するために，前述した濡れのコントラストが注目されている。すなわち，予め基板に親液-撥液領域をパターニングしておき，IJ法で吐出された液滴が自発的に親液領域に移動して薄膜を形成する技術である[6,7]。しかし，従来の研究では，化学的に表面改質（ケミカル・パターニング）して作製された親液-撥液領域の効果と，同じ領域に物理的に作製（フィジカル・パターニング）された凹凸（バンク）の効果が混在しており，ケミカル・パターニングのみの真の効果が明瞭ではなかった。従って，詳しい薄膜の分裂機構やこの原理における限界線幅などは明らかにされていなかった。

本稿では，化学吸着法と光局所分解により作製した表面自由エネルギーの異なる成分からなる平滑なフルオロアルキル系パターン基板[8~11]を作製し，そのパターン基板にIJ法でポリマー溶液を塗布処理することにより，線幅がナノからマイクロスケールのポリマー薄膜が位置選択的に製膜されること，さらには，その分裂機構と線幅の限界を示す[11,12]。また，同じ基板に金属ナノインクをIJ製膜した結果についても紹介する。

[*1]　Masamichi Morita　ダイキン工業㈱　化学事業部　基盤研究部　主任研究員
[*2]　Shigekazu Yasutake　九州大学大学院　工学府　物質創造工学専攻
[*3]　Atsushi Takahara　九州大学　先導物質化学研究所　分子集積化学部門　教授

2 化学気相吸着と真空紫外リソグラフィーによる2成分系パターン基板の調製

単分子膜形成物質として表面自由エネルギーの異なる，(2-パーフルオロヘキシル)エチルトリメトキシシラン [Rf, $CF_3(CF_2)_5CH_2CH_2Si(OMe)_3$] と$n$-デシルトリエトキシシラン [Rh (C10), $CH_3(CH_2)_9Si(OEt)_3$] を用いた。基板は水酸化処理したSi基板を用いた。有機シラン単分子膜のパターン化は，化学気相吸着（CVA）法と波長172nmの真空紫外（VUV）光を用いた光リソグラフィー法に基づき行った[10]。CVA法では単分子膜の融点より高温側で基板に固定するために，一般に非晶性の均一な単分子膜が得られる[13]。これは結晶性LB単分子膜や溶液からの化学吸着法により調製した単分子膜に固有の結晶粒界や表面凝集物が少ないことを意味しており，パターン化に対して極めて有効である。単分子膜形成後，フォトマスクを介してVUV光を照射すると，光が照射された薄膜部分が光分解され親液性のSi-OHが形成される。単分子膜の光分解は，a) 一般的な共有結合の結合エネルギーよりも高いエネルギーを有するVUV光照射による有機シラン分子の共有結合の光励起切断，およびb) VUV光照射により発生したオゾン分子や一重項酸素種による単分子膜の酸化分解に基づくと考えられている[14]。

ラインパターンを有するフォトマスク（ライン/スペース=1/1，線幅0.7，1，2，5，10，20μm）を介してRf単分子膜にVUVを照射した結果，フォトマスクの線幅に対応したRf/Si-OHパターンが形成されたことが電界放出型走査電子顕微鏡（FE-SEM）の観察により確認された[10]。同じ方法でRh(C10)/Si-OHパターン基板も調製した。

表1は本研究でパターン基板を構成する単分子膜上での液体の静的接触角と表面自由エネルギーである。Si-OHはRf単分子膜またはRh(C10)単分子膜を光分解することにより調製したSi-OH基が露出した表面である。Si-OHは各種液体に完全な濡れを示した。Owensの方法により算出したRf単分子膜の表面自由エネルギーはRh(C10)単分子膜の半分程度であった。この性質により，Rf単分子膜はn-ヘキサデカン，キシレンなどの有機溶媒をRh(C10)単分子膜よ

表1 パターンを構成する単分子膜上での液体の静的接触角と表面自由エネルギー

表面	接触角 $\theta_s(°)$				表面自由エネルギー γ_s^* (mJ m^{-2})		
	n-ヘキサデカン	キシレン	ヨウ化メチレン	水	γ_s^d	γ_s^p	γ_s
γ_l (mNm^{-1})	27	29	51	72			
Si-OH	<2	<2	<2	<2	38.8	37.5	76.3
Rh(C10)	33	25	68	95	22.2	2.5	24.7
Rf	66	72	88	107	12.4	1.6	14.1

＊水とヨウ化メチレンの静的接触角よりOwensの式から評価。上付のdとpはそれぞれ分散力成分と極性力成分を示す。

第1章 フッ素系パターン化単分子膜を基板に用いた超微細薄膜作製技術

りも良くはじくことが可能である。この性質がIJ製膜で重要な役割を果たす。

3 高分子薄膜の位置選択的製膜

線幅10μmのフルオロアルキル系Rf/SiOHパターン基板あるいは非フルオロアルキル系Rh(C10)/Si-OHパターン基板に油溶性インクのポリスチレン(PS)溶液をIJ法で製膜した。このインクの特性は，溶媒：キシレン（表面張力29mN/m，沸点140℃），ポリマー濃度：3wt％，粘度：3mPa·sである。図1はパターン基板上に形成された薄膜の光学顕微鏡像である。

フルオロアルキル系のRf/Si-OHパターン基板では，完全に分裂したライン状薄膜が形成された。これに対し，Rh(C10)/Si-OHパターン基板ではライン状薄膜が形成されなかった。この特徴的な違いは，i) 液滴が親液領域（Si-OH）に移動するための駆動力が大きいことと，ii) 液滴が乾燥する際にRf領域上の接触線が移動できることに起因する[12]。すなわち，i) Rf/Si-OHパタ

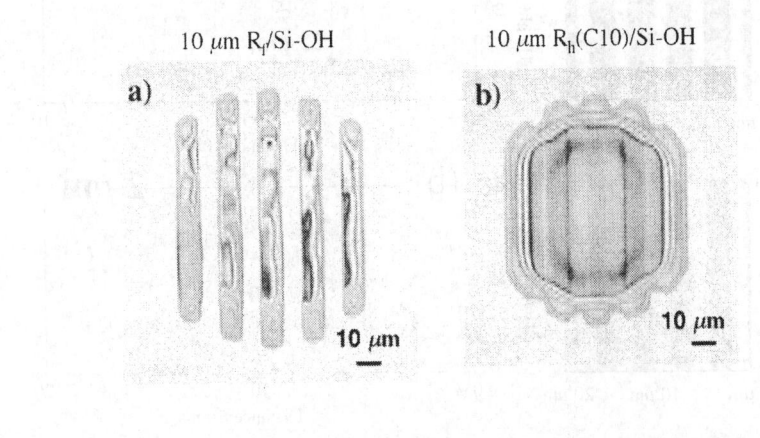

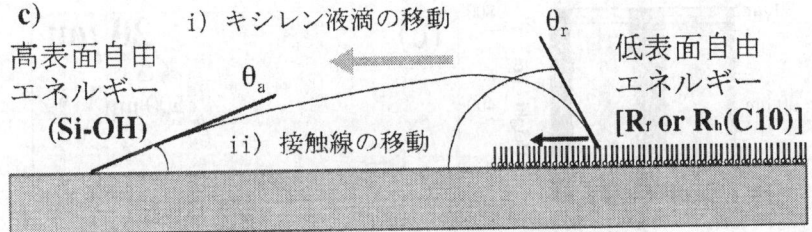

図1 線幅10μmのパターン基板上にIJ法により製膜されたPS薄膜
a) Rf/Si-OH，b) Rh(C10)/Si-OH，c) 位置選択的製膜の機構

ーン基板の疎液領域 (Rf) と親液領域 (Si-OH) のキシレンに対する接触角の差は72°であるのに対し,Rh(C10)/Si-OHパターン基板では25°と1/3程度に過ぎない。ii) マクロな3%PS/キシレン液滴は,均一なRf基板上で接触線が移動しながら乾燥するが,一方,均一なRh(C10)基板上では接触線が初期の位置に固定されたまま乾燥することを実験で確認している。i) とii) の効果により,Rh(C10)/Si-OHパターン基板では3%PS/キシレン溶液が親液領域に完全に移動することができない。

図2は各種線幅のRf/Si-OHパターン基板にIJ法で製膜したPS薄膜のAFM像と高さのプロフ

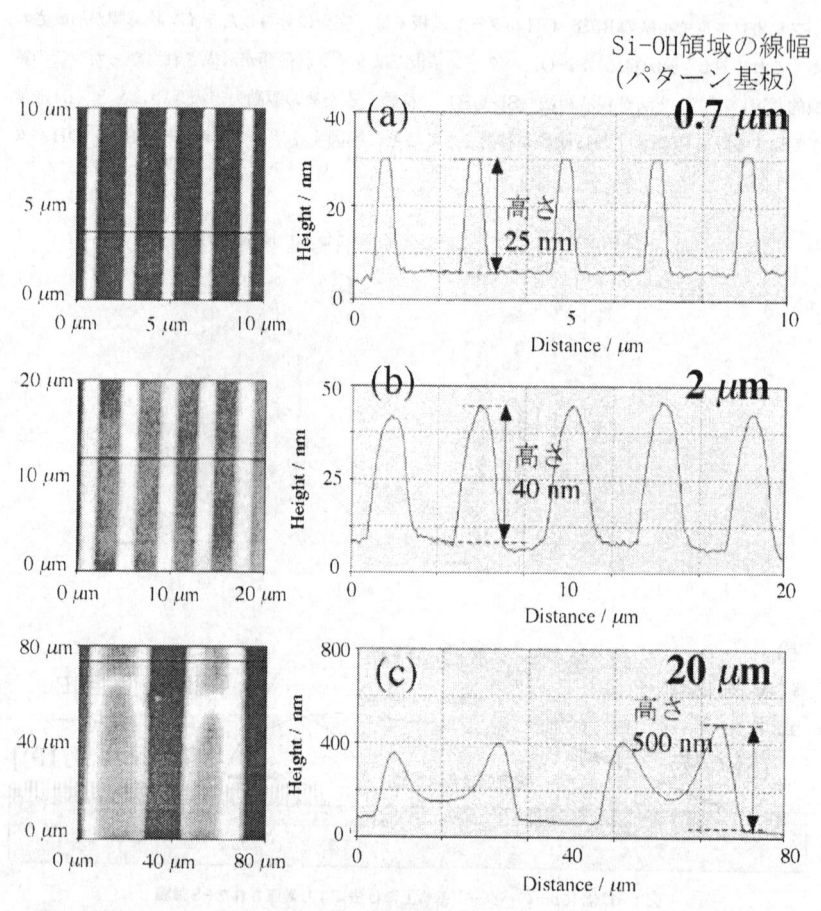

図2 各種線幅のRf/Si-OHパターン基板にIJ法で製膜したPS薄膜のAFM像と高さのプロファイル

第1章　フッ素系パターン化単分子膜を基板に用いた超微細薄膜作製技術

ァイルである。形成されたPS薄膜の線幅は基板のSi-OH幅が$2\mu m$以上の場合，Si-OH幅と一致した。一方，Si-OH幅が$1\mu m$以下の場合，PS薄膜の線幅がSi-OH幅の1/2程度に減少した。線幅$0.7\mu m$の基板を用いたときは線幅$0.5\mu m$のPS薄膜が形成された。

膜厚は，線幅$2\mu m$以下では均一なドーム状のPS薄膜が形成されたが，$5\mu m$以上ではラインの輪郭が盛り上がるいわゆる"コーヒーステイン"[15]と呼ばれる均一基板と同様の現象が観察された。これらの現象は，パターン基板上で微小液滴から膜形成される際の衝突，合体，分裂，蒸発などの移動現象が関係していると考えられる。また，線幅（0.7-$20\mu m$）と膜厚はほぼ比例関係にあり，アスペクト比（膜厚/線幅）$0.02\sim 0.05$が維持された。

以上のようにa)撥油性のフルオロアルキル系パターン基板を用いるとIJ製膜で明瞭に分裂したPS薄膜（最小線幅$0.5\mu m$）が形成されること，b)親液領域の線幅を変えることにより，PS薄膜の線幅と，膜厚の均一性を制御できることが明らかとなった。

4　金属ナノインクによる超微細金属配線

金属はナノ粒子化すると，焼成温度が200℃以下となり，その金属のバルクの融点より大幅に低下する。ナノ粒子をインク化してIJ技術により吐出すれば，耐熱性の低いプラスチック基板にも金属薄膜を配線することが可能である[16]。しかし，その線幅は基板を撥液処理しても$30\mu m$が限界であった。また，撥液処理により基板表面の離型性が向上するために，金属薄膜の密着性が悪くなると言う問題も発生する。

ここでは，前述のRf/Si-OHパターン基板を用いることにより，線幅$20\mu m$以下の超微細配線を行った結果を紹介する。この検討は㈱アルバックの協力により行われた。金属ナノインクはアルバックマテリアル製の銀のナノメタルインク®Ag1TeHを用いた。このインクの特性は，金属：銀，一次粒径：5nm，溶媒：テトラデカン（表面張力25mN/m，沸点250℃），固形分濃度：58wt％（15vol％），粘度：10mPa·sである。IJ装置は米国Litrex社製のLitrex70を用い，一滴当たり15pLの微小液滴を基板上に吐出した。

まず，基板を均一に撥液処理することにより着弾後の液滴を微細化する技術について説明する。図3a)はSi-OHで覆われた親液性の基板に，IJ法により金属ナノインクを一滴だけ吐出した結果である。着弾後の粒径は約$200\mu m$と非常に広い範囲に拡がり，輪郭が盛り上がるコーヒーステイン状の薄膜が形成された。一方，図3b)は表面を均一にRf単分子膜で覆った基板にドット密度$80\mu m$ピッチで同じインクを吐出した結果であり，粒径は$30\mu m$程度まで微細化された。このように基板表面を撥液化することにより液滴は微細化されるが，その限界は$30\mu m$である。

これに対し，図4は各種線幅のRf/Si-OHパターン基板に金属ナノインクをIJ製膜したパター

金属ナノ粒子ペーストのインクジェット微細配線

図3　均一基板へのIJ法による金属ナノインクの吐出
a) Si-OH均一基板, b) Rf均一基板

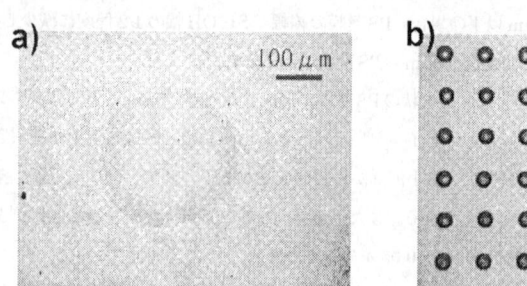

基板：Si-OH均一
接触角：2°以下

基板：Rf単分子膜均一
接触角：60-70°

ン化金属薄膜（焼成前）のAFM像である。基板の線幅に対応した明瞭な金属薄膜が形成され，基板の濡れを微細に制御することの有効性が超微細金属配線の用途で確認された。特に，線幅1μmの金属薄膜は著者の知る限り，IJ法で製膜した金属薄膜の最小値である。また，前述のインクが3wt％ポリスチレン/キシレン溶液の場合には，線幅5μm以上でコーヒーステインの現象が観察されたが，ここで用いた金属ナノインクでは均一なドーム状であった。この差は，両インクの溶媒の揮発性や固形分濃度の違いが原因であると考えられる。

図4のライン状金属薄膜を220℃，30分間の条件で焼成した。図5は焼成前後の膜厚の変化を示す。線幅5-20μmでは焼成により膜厚が1/3～1/2に減少した。インク中に分散した金属ナノ粒子は活性であるために保護膜なしでは粒子同士が凝集して沈降してしまうので，これを防ぐために，ナノ粒子の表面は特殊な有機系保護膜で被覆されている[16]。膜厚減少の原因は，焼成により保護膜が脱離して粒子同士が溶融することや溶媒の蒸発によると推定される。一方，興味深いことに，線幅1-2μmでは焼成前後でほとんど膜厚が変化しなかった（線幅1μm：膜厚15nm，線幅2μm：膜厚35nm）。このことは，線幅5-20μmの場合と比較して，膜厚が金属ナノ粒子の一次粒径（5nm）に近いために粒子同士の溶融による効果が少ないことや，バルクに対する表面積の割合が大きくなるために溶媒の蒸発が早いことなどが関係していると考えられる。

第1章 フッ素系パターン化単分子膜を基板に用いた超微細薄膜作製技術

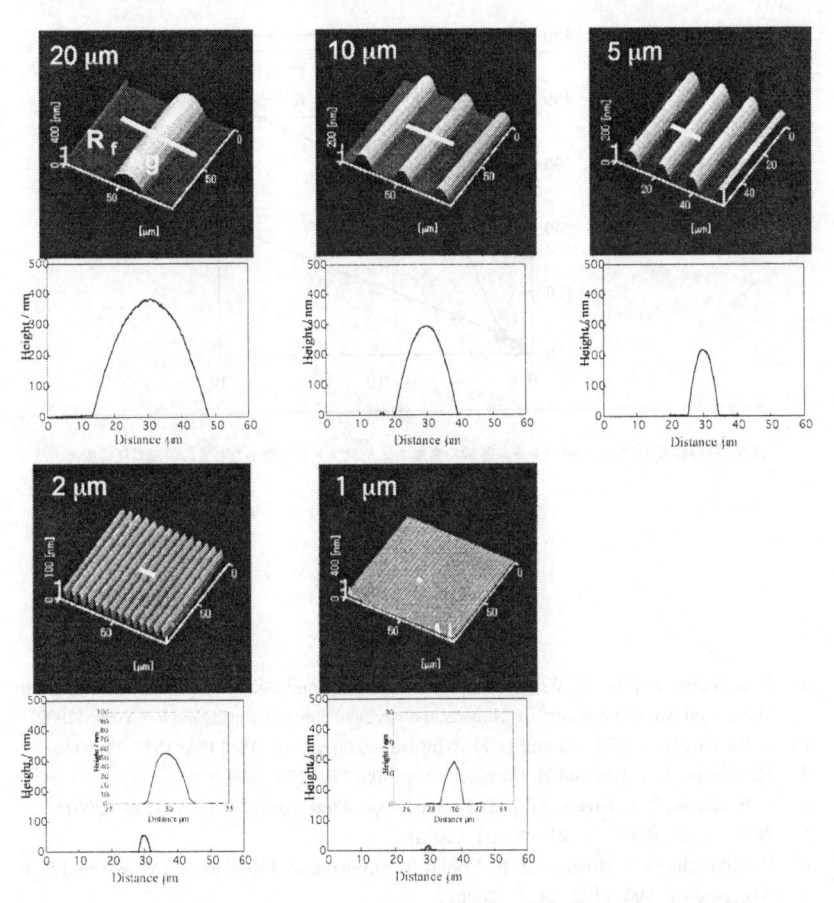

図4 各種線幅のRf/Si-OHパターン基板に金属ナノインクをIJ製膜したときのAFM像

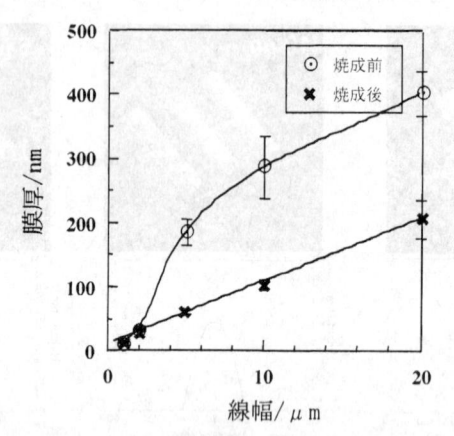

図5 各種線幅のRf/Si-OHパターン基板に金属ナノインクをIJ製膜したときの焼成前後の膜厚

文　献

1) J. L. Wilbur and G. M. Whitesides, "Self-Assembly and Self-Assembled Monolayers in Micro- and Nanofabrication" in "Nanotechnology" Chapter 8th, Springer, New York（1999）
2) A. Kumar, H. A. Biebuyk and G. M. Whitesides, *Langmuir*, **10**, 1498-1511（1994）
3) M. Gleiche, L. F. Chi and H. Fuchs, *Nature*, **403**, 173-175（2000）
4) C. R. Kagan, T. L. Breen and L. L. Kosbar, *Appl. Phys. Lett.*, **79**, 3536-3538（2001）
5) 森井．下田．表面科学．**24**．90-97（2003）
6) H. Sirringhaus, T. Kawase, R. H. Friend, T. Shimoda, M. Inbasekaran, W. Wu and E. P. Woo, *Science*, **290**, 2123-2126（2000）
7) J. Z. Wang, Z. H. Zheng, H. W. Li, W. T. S. Huck and H. Sirringhaus, *Nature Materials*, **3**, 171-176（2004）
8) T. Koga, H. Otsuka and A. Takahara, *Chem. Lett.*, **12**, 1196-1197（2002）
9) A. Takahara, H. Sakata, M. Morita, T. Koga and H. Otsuka, *Composite Interfaces*, **10**, 489-504（2003）
10) M. Morita, T. Koga, H. Otsuka and A. Takahara, *Langmuir*, **21**, 911-918（2005）
11) 森田．安武．石塚．深井．高原．表面科学．**27**．2月号掲載予定（2006）
12) M. Morita, S. Yasutake, Y. Sakai, T. Ishizuka, J. Fukai and A. Takahara, *Chem. Lett.*, **34**, 916-917（2005）
13) T. Koga, M. Morita, H. Ishida, H. Yakabe, S. Sasaki, O. Sakata, H. Otsuka and A. Takahara, *Langmuir*, **21**, 905-910（2005）

第1章　フッ素系パターン化単分子膜を基板に用いた超微細薄膜作製技術

14) N. Saito, Y. Wu, K. Hayashi, H. Sugimura and O. Takai, *J. Phys. Chem. B*, **107**, 664-667 (2003)
15) R. D. Deegan, O. Bakajin, T. F. Dupont, G. Huber, S. R. Nagel and T. A. Witten, *Nature*, **389**, 827-829 (1997)
16) M. Oda, *ULVAC TECHNICAL JOURNAL*, 5-16 (2004)

第2章　インクジェット印刷有機デバイス

岡田裕之[*1], 佐藤竜一[*2], 柳　順也[*3], 柴田　幹[*4], 中　茂樹[*5], 女川博義[*6],
宮林　毅[*7], 井上豊和[*8], 角本英俊[*9], 竹村仁志[*10]

1　はじめに

　有機デバイスの特徴としては，フレキシブル，大面積，薄型・軽量，低コスト化が挙げられ，応用例として，大面積かつフレキシブル形成可能な有機EL素子（OLED）や有機トランジスタ（OFET）が注目されている。

　まず，有機EL素子では，最近りん光材料系による三重項発光を用いることで，原理的に100％の内部量子収率を持つ発光が実現できる[1]ことが示されており，現在発光取出し効率改善とともに，低消費電力化，長寿命化へ向けた試みが成されている。試作品としては，モニター用ディスプレイで最大40インチのフルカラーパネルがEpson[2]やSamsung[3]から報告されているが，それらはすべてトップエミッション構造であり，インクジェットプリント（IJP）法による試作が行われている。また，将来的なフレキシブル有機EL素子のパネル化を考えると，成熟した液晶素子を相手に，パネル性能面のみならず，最終的にコストを含めた競争に打ち勝つ必要がある。そこで生ずる課題として，材料，プロセス，セット化など複数の面が挙げられるが，最終試作プロセスとしては，工程数低減や歩留り向上を考えたプロセス開発が課題となる。

[*1]　Hiroyuki Okada　富山大学　工学部　電気電子システム工学科　助教授
[*2]　Ryu-ichi Satoh　富山大学　工学部　電気電子システム工学科
[*3]　Jyunya Yanagi　富山大学　工学部　電気電子システム工学科
[*4]　Miki Shibata　富山大学　工学部　電気電子システム工学科　技官
[*5]　Shigeki Naka　富山大学　工学部　電気電子システム工学科　助手
[*6]　Hiroyoshi Onnagawa　富山大学　工学部　電気電子システム工学科　教授
[*7]　Takeshi Miyabayashi　ブラザー工業㈱　パーソナルアンドホームカンパニー開発部
　　　部長
[*8]　Toyokazu Inoue　ブラザー工業㈱　技術開発部　課長
[*9]　Hidetoshi Kakumoto　研究成果活用プラザ東海　研究員
[*10]　Hitoshi Takemura　研究成果活用プラザ東海　研究員

第2章　インクジェット印刷有機デバイス

次に，有機トランジスタでは，蒸着系では低分子ペンタセン[4]，塗布系では高分子ポリ-3-ヘキシルチオフェン（P3HT）[5]等，pチャネルトランジスタが試作されてきた。現在，新規材料開発，材料の結晶粒制御による高移動度化，ヒステリシスを抑えた高安定化，nチャネル化，しきい電圧制御，低駆動電圧化，信頼性向上等，フレキシブルディスプレイ時代のアクティブ素子実現を目指して研究が盛んに進められている。ここで，有機トランジスタ集積回路の実現では，配線／絶縁膜／有機膜構造の形成やバックゲート効果による有機膜へのキャリア蓄積による短絡防止のため，有機膜のパターニング技術が必要となる。従来の半導体リソグラフィプロセスを用いると，ペンタセン等の有機半導体パターニング時に有機膜の剥離，特性劣化が生じるという問題があった。現在検討されているパターニング技術としては，有機半導体層を形成後直接パターニングする方法と，予めIJP法等，溶液の状態で規定パターニング作製する手法がある。特に後者では，過去にIJP法による有機トランジスタのパターニングを中心に報告されてきた[6]。しかしながら，そこで用いられているフルオレンポリマーで移動度0.02cm^2/Vs程度，IJP化可能な高分子溶液系として用いられるP3HTの移動度も高々0.1cm^2/Vsであり，より高移動度の材料が望まれていた。その目的で，最高の移動度が2cm^2/Vs超を示すペンタセンを用いた溶液塗布プロセスによる薄膜形成が注目される[7～12]。

今回，上記二つのデバイスでの課題解決を目指し，我々が検討してきたインクジェット法を用いた自己整合デバイス作製について紹介する。ここで，自己整合プロセスとは，初めに形成した第1のパターンにより，続く第2のパターン位置を自動的に決定するプロセスである。有機EL素子では，予め全面塗布形成した絶縁膜上にIJP法により発光層を印刷することで，インク着弾位置が発光部となる方法を考案した[13]。また，半導体層アイソレーション法としてIJP法を利用し，背面露光法による自己整合構造[14]を作製したペンタセントランジスタを検討し，その動作を確認，諸特性の評価を行ったので紹介する。

2　IJP法を用いた自己整合有機EL素子

2.1　自己整合プロセスの概略

有機EL素子をマトリクス方式で試作するためには，下部電極上を漏れなく覆う様に発光部を含む有機膜が存在し，上部電極との短絡を防ぐ必要がある。そのため，パッシブマトリクス方式では逆テーパレジストをパターニングすることで，有機膜及び陰極蒸着時のマスク形成を行っている。また，アクティブマトリクス方式では，トランジスタ部形成後に絶縁性のバンク形成を行うことで有機EL素子部のパターニングを行う。その後，例えばIJP法により発光層を形成し，最後に全面に陰極形成を行うことで完成する。特に，後者に於いては，バンク形成によるプロセ

金属ナノ粒子ペーストのインクジェット微細配線

ス増加の問題と，バンクの開口部とIJP時のインク塗布位置が，数百万画素存在するなかの1ヶ所でもずれるとパネルの短絡となるという大きな問題があり，解決可能な方法が望まれていた。

以上の問題解決の一方法として，我々は自己整合有機EL素子作製法を検討してきた。図1に，作製プロセスの概略を示す。先ず，ITO基板上に全面に，後でのIJP用インク用溶媒で可溶な絶縁膜を塗布する。続いて，発光材料を含むインクを作製し，インクジェットプリントを行う。このとき，溶媒に絶縁膜が溶けバンク開口部となり，代わりにインク塗布位置に自動的に位置が合い発光部が形成される。最後に，全面に陰極を形成することで有機EL素子が完成する。

改めて，本プロセスの特徴を示す。第1に，バンク開口部形成の必要が無い。インク塗布により開口部が形成されるため，絶縁膜／発光部の位置関係はIJP時の位置により決まる。第2に，パネルの歩留り向上に役立つ。印刷は，CCDカメラ等による画像位置検出が伴うため，装置自身の精度によりドロップレット形成位置が決まり精度向上とはならない。このため，パターン設計上の余裕は大きく減らせない。しかしながら，位置ずれしてもその部分は絶縁膜ないしは有機EL部が形成されることとなり，完全な短絡とはならない。この様に，インク位置のずれによるデバイス短絡が解消される。第3に，自由な位置に塗り分けが可能となる。例えば，重ね打ちや一部インク位置のオーバーラップした構造を作製しても発光可能となる。例えば，アクティブ素子を伴わないべた塗りの構造では，実効的解像度向上にも繋がる。第4に，光取出し効率向上の可能性が有る。発光部を高屈折率材料，絶縁部を低屈折率材料と選択することで屈折率差による光閉込めが可能で，一部の有機層を横方向伝搬する光成分を抑制出来る。

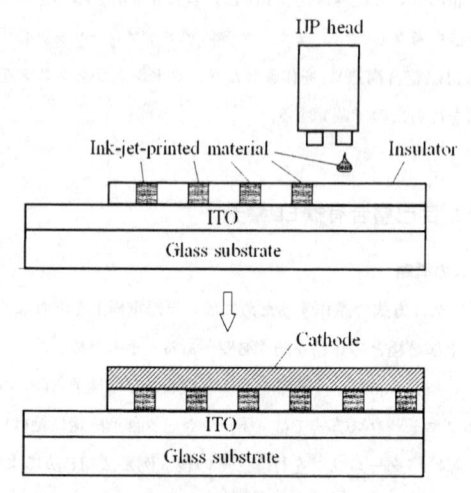

図1　IJP法を用いた自己整合有機EL素子作製工程

第2章　インクジェット印刷有機デバイス

以上，IJPを用いた有機EL素子実現の一方法として，ここで示した自己整合プロセスは有効と考える．

2.2　ボトムエミッション型自己整合有機EL素子

以下，ITOを基板面に有するボトムエミッション型自己整合有機EL素子の実験と結果について示す．図2に試作した素子構造と有機分子構造を示す．まず，UVオゾン処理を施したITO基板上に正孔注入バッファ層としてPEDOTを，続いて絶縁性材料としてPoly（methyl methacrylate）（PMMA）をスピンコート法により成膜した．真空中にて60℃，一時間のベイクを行った後，インクジェット法により発光部を形成した．発光材料としては低分子系材料を用い，ホスト材料としてバイポーラ性を有するキャリア輸送材料4, 4'-bis（N-carbazolyl）biphenyl（CBP），色素材料として，緑色燐光を有するfac tris（2-phenylpyridine）iridium（Ir(ppy)$_3$）を用いた．有機材料の混合比は，CBP：Ir(ppy)$_3$＝100：5で，1.2wt％のクロロホルム溶液を使用した．発光部形成時のインク吐出数は100shot/s，基板移動速度は20mm/sとした．使用したインクジェット装置はブラザー製で，ヘッド仕様は，ピエゾ駆動セラミック製，ノズル数128，ノズル径40μm，解像度150dpi，液滴量50plである．その後，真空蒸着によりBathocuproine（BCP），Cs（1nm）/Al（100nm）を蒸着した．蒸着レートは，1nm/sである．Csは，ここでCsはCs$_2$CrO$_4$とZr：Alを用いた還元蒸着ボート（サエスゲッターズジャパン）を使用した．素子面積は，2×2mm^{2}である．

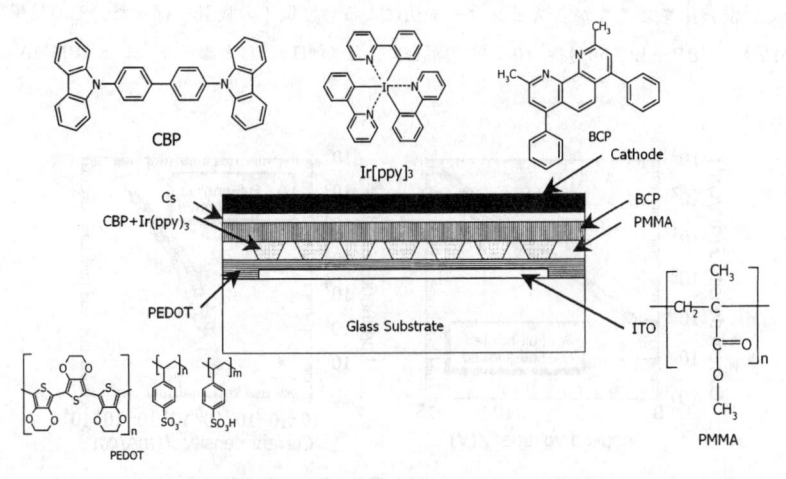

図2　自己整合有機EL素子の断面図と使用した有機材料

金属ナノ粒子ペーストのインクジェット微細配線

図3に，電流密度-電圧，及び輝度-電流密度特性を示す．電圧-電流特性は，同一の溶液をIJP法によりITO上に全面形成したデバイス（full-printed device）と比較して，1V程度高電圧側へシフトした．発光は6V程度から確認された．輝度-電流密度特性では，1mA/cm^{2}の電流密度より発光が始まり，徐々に傾きが緩やかとなった．同様の傾向はfull-printed deviceでも見られた．最高輝度は，電流密度100mA/cm^{2}で8,800cd/m^{2}であった．本値は，full-printed deviceの同電流密度の輝度32,000cd/m^{2}と比較して1/4であった．最大電力効率は3.4lm/W（$J=35.7$mA/cm^2）．EL効率は10.8cd/A（$J=54.3$mA/cm^2），そして外部量子効率は3.1％（$J=54.3$mA/cm^2）であった．

絶縁体薄膜上にインクジェット形成されたドットは，円形状に形成された．ここで，周辺部は膜の盛り上がりのため厚く形成された．いわゆるコーヒーステイン現象が観察された．図4上部には，Atomic Force Microscope（AFM）によるドット表面形状を示す．別途行った段差計による膜厚測定より，基板下部を膜厚の原点とした断面図である．右が中心部，左が周辺部となる．中心部から左方向に見ると，まず平坦部があり，周辺に行くに従い一度薄くなり，外部に大きな盛り上がりを持つ形状となった．最低部と最高部の高低差は125nmであった．また，AFMのスキャンを10μm幅としドット内部の凹凸を見た所，平均ラフネス1.6nmの均一かつ平坦な膜であった．左下に発光部の顕微鏡観察写真を示す．右下が発光強度の二次元分布である．発光分布は，中央付近が一定であるが，周辺付近に行くに従い一度低下する．外へ向かうとき，発光強度が一度上昇し，さらに外へ向かうに従い低下してゆく様子が分かる．以下，考察する．まず，full-printed deviceに対して1/4の輝度低下を考察する．別途，PMMAとCBP+Ir（ppy）$_3$の混合溶液で，混合比を変えながらスピンコート法による輝度低下の検討を行った．その結果，PMMA：CBP+Ir（ppy）$_3$=10：90の混合で，発光輝度が1/4となった．また，PMMA：

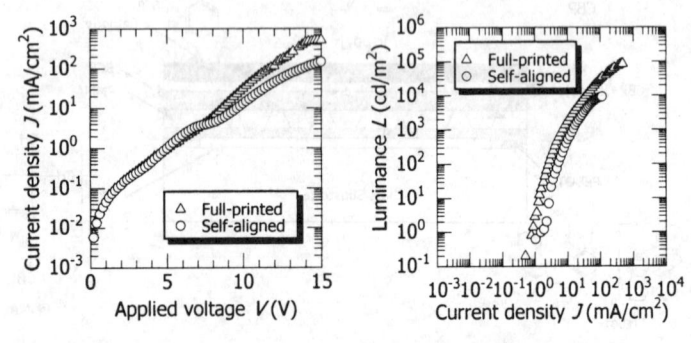

図3 ボトムエミッション素子の有機EL素子特性

第2章　インクジェット印刷有機デバイス

発光部顕微鏡観察　　　　　　発光強度分布

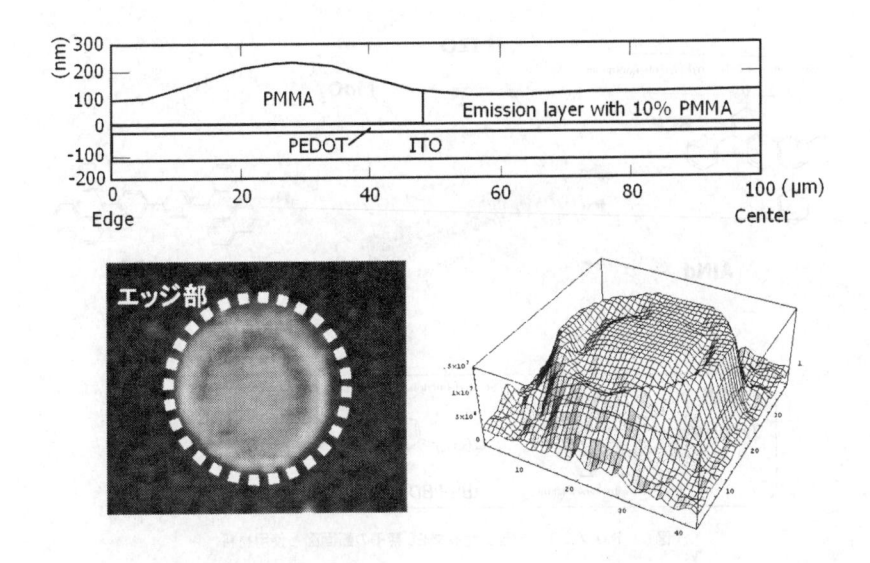

図4　インクジェット印刷されたドット断面図と発光分布

CBP＋Ir（ppy)$_3$＝50：50程度まで混合比を変えると，全く発光が得られなかった。以上より，発光部には，10％程度のPMMAが混入していると考えた。また，図4で求まるAFM観察による全体有機膜量の検討と発光ドット径を併せて考えると，発光が見られなかった周辺の厚膜部にPMMAが偏って分布しているものと推論される。以上より，図4上に示すような有機膜分布が考えられる。

図5は，発光パターン例を示す。ここで，インクは正孔輸送材料1,1-Bis［4-［N, N'-di（p-tolyl）amino］-phenyl］cyclohexane(TAPC)，電子輸送ホスト4,4'-N, N-di-carbazole-biphenyl(CBP)，そして，発光材料としてIridium(Ⅲ)bis（2-(4,6-diflurophenyl)pyridinato-N, C2'）picolinate(FIrpic, blue）と，Iridium(Ⅲ)bis（2-(2'-benzothienyl）pyridinato-N, C3'）(acetyraceto-nate)（Btp$_2$Ir(acac), red）の混合材料の1wt％クロロホルム溶液を使用した。混合比は，TAPC：CBP：FIrpic：Btp$_2$Ir（acac）＝6：114：20：2である。以上，ドット径

図5　ボトムエミッション型有機ELパネル発光写真

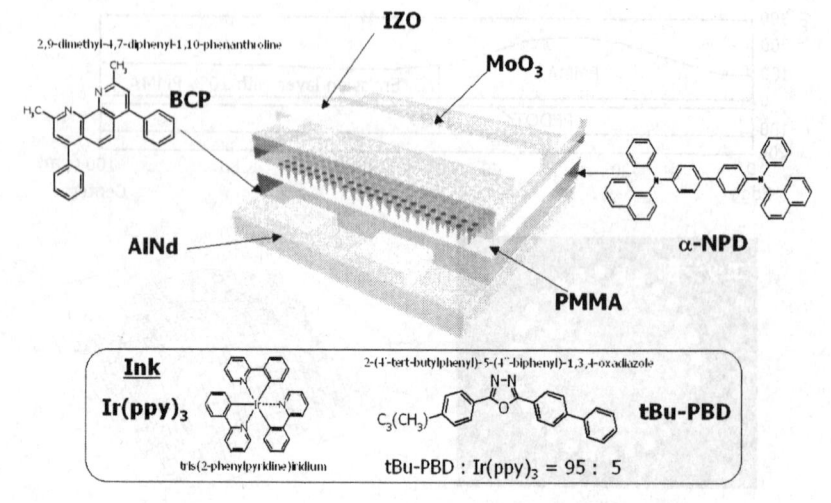

図6 トップエミッション型有機EL素子の断面図と使用材料

表1 有機材料の溶解性

	Material	Chloroform	Tetrahydrofuran
HTL	TPD	○	○
	α-NPD	△	×
ETL	BCP	○	×
	tBu-PBD	○	○
EM	Ir(ppy)$_3$	△	×
Insulator	PMMA	○	○

2.3 トップエミッション型自己整合有機EL素子

有機EL素子の実用化の一例を考えると，アクティブ素子や配線等と組合せながら大きな開口率が得られるトップエミッション型有機EL素子が一つの選択となる。そこで，自己整合有機EL素子のトップエミッション化について検討した。

図6に，最終的に実現した素子構造を示す。要点は以下の通りである。第1に，陰極としてAlNd（Al：Nd＝98：2，コベルコ）を使用した。Ndの混入により電極上の平坦性向上が確認され，AFM観察の結果によると，Alで2.1nmであった平均ラフネスがAlNdで1.2nmとなった。第2に，BCPを陰極上部に形成した。このときの，使用材料と可溶性を表1に示した。BCPはPMMA塗布時のTHFに不溶である特性を活かした。本来，IJP時のインクにも不溶な電子輸送層が必要だが，現時点で選択的材料系・溶媒は見出せておらず改善を必要とする。第3に，陽極形成前のバッファ層としてMoO$_3$を抵抗加熱蒸着により形成した。第4に，透明電極としてIZO（Indium Zinc Oxide，出光）をスパッタ形成した。IZOは，柔らかいためスパッタリング時のダメージを下層に与えにくく，かつ容易に低抵抗条件を得やすい。最終的構造は，AlNd/BCP/

第2章 インクジェット印刷有機デバイス

PMMA＜-Ink（tBu-PBD：Ir（ppy)$_3$) /α-NPD（50nm）/MoO$_3$（50nm）/IZO（120nm）である。発光ドット径は75μmである。

次に，プロセス条件として，インクジェット液滴の重ね打ちによる条件最適化結果を図7に示す。1回打ちでは輝度が低く，3回打ちで最高輝度を得ることが出来，更に重ね打ち回数を増やすと輝度は徐々に低下した。下に重ね打ち回数によるドット盛上り高さの変化を示す。重ね打ち回数を増やすと周辺盛上りが高くなった。言い換えれば中心膜厚が薄くなったことを意味し，最適厚よりずれたものと考えられる。発光パターン観察からも，4，5回打ちでは中心での発光が徐々に見られなくなっていった。

図8には，電子注入層をBCPとBAlqとしたときの有機EL素子特性を示す。これより，BAlqを用いたデバイスで，電流密度—電圧特性が低電圧化する反面，輝度—電流密度特性は下がることが分かる。最後に，得られた発光パターン例を示す。ヘッドをスキャンした後，100μm弱の微小移動を行い反対方向スキャンを行う方式を取ることで，150ppi解像度のヘッドでも解像度向上可能である。今回，ヘッドを往復することで300ppiの解像度を得た。多少，パターン周辺にサテライト発光が見られるが，3cm角の良好なパターン発光を実現できた（図9）。

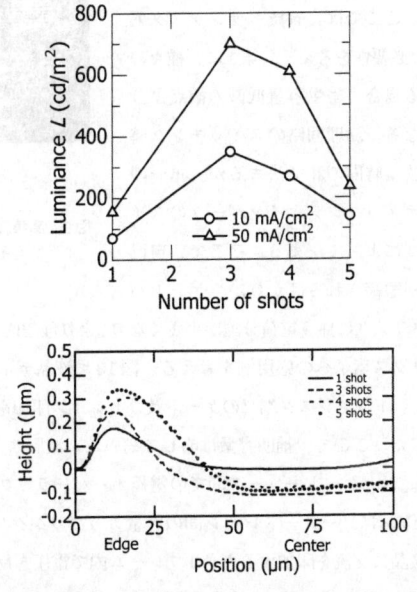

図7　発光特性の重ね打ち回数依存性とAFM観察によるドット高さの変化

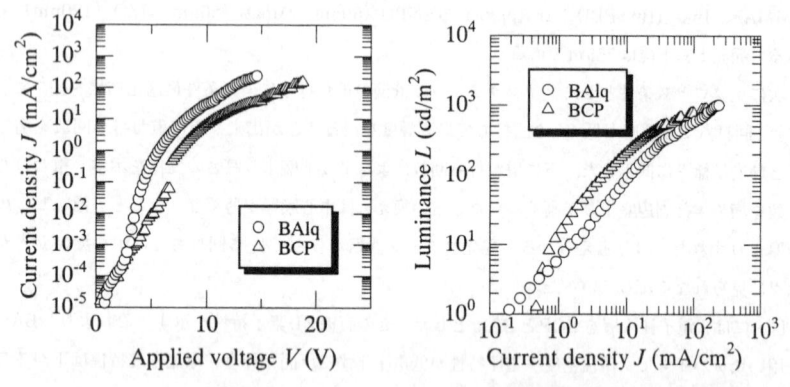

図8 トップエミッション素子の有機EL素子特性

3 IJP法を用いた自己整合ペンタセン有機トランジスタ

Siをはじめとしたトランジスタでは，寄生容量低減及びプロセスのアライメントマージン低減を目的として自己整合構造が取られる。ここでは，有機トランジスタ応用例での自己整合構造の必要性を考える。第1に，種々の論理集積回路を作製する場合，寄生容量低減の観点より自己整合構造が必要となる。論理回路のスイッチング時間は回路の充電時間と放電時間の和で決まるが，単一のキャリアを用いたスタティックレシオインバータのスイッチング時間は充電時間によって決まる。そこで，自己整合化により充電時間が短縮されるばかりか，ゲートパルス印加時の容量カップリングに伴う電荷分配が小さくなり，より理想的な出力波形が得られる。第2にアクティブマトリクス素子への応用例を考える。図10に液晶ディスプレイでのアクティブマトリクス回路構成と，トランジスタ端でのゲート及びドレイン印加電圧，そして出力となるソース電圧の変化を示した。ここで，補助容量は略して描いた。波形は，1フレーム間での変化を示した。電圧変化ΔV_{SG}は，ゲートーソース間での電極オーバーラップによるゲート電圧変化によるカップリング，ΔV_{SD}はソースードレイン間の容量カップリングによる電圧変化を示す。これより，理想的には液晶に交流を印加するため1フレーム内で電圧を反転させているにも係わらず，ΔV_{SG}によってソース電圧，すなわち液晶に印加される電圧は非対称となり液晶自体の破

図9 高精細300ppiトップエミッション素子の発光パターン

第2章 インクジェット印刷有機デバイス

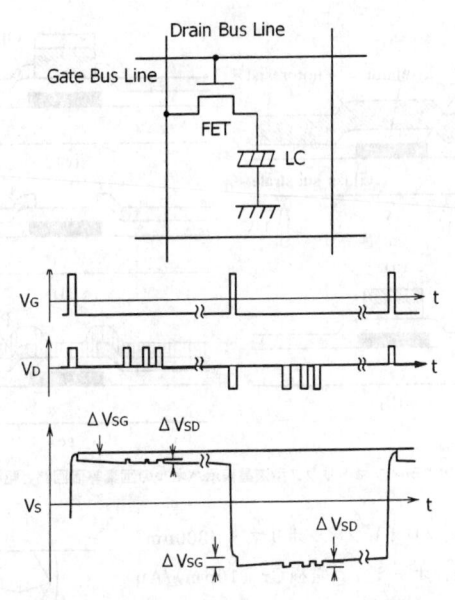

図10 液晶ディスプレイのアクティブマトリクス回路構成

壊を招く。そのため、ゲートーソース間の寄生容量を取り除いた自己整合技術が有効となる。

ここでは、自己整合技術の一例としてa-Siトランジスタで開発された背面露光法をボトムコンタクト型有機デバイスへ適用し、更に有機膜形成にIJP法を適用したトランジスタに関して紹介する。

3.1 実験

図11に、作製した自己整合プロセスの概略を示す。まず、ガラス基板上にゲート電極を堆積、パターニング後、絶縁膜、ポジ型フォトレジストを形成する。その後、図11(a)に示す様に、ガラス基板背面より光露光を行う。その後現像を行うと、図11(b)に示す様に、ゲート上部にフォトレジストによるパターン形成が出来る。続いて、ソース・ドレインとなるオーミック電極を形成する（図11(c)）。そして、リフトオフを行うことで、フォトレジスト上部に形成された電極を除去し、ソース・ドレイン間の分離が出来る。最後にペンタセンをインクジェットプリント法で形成することで、トランジスタが完成する。

図12に、使用した有機材料を示す。上が、絶縁膜材料として使用したシクロオレフィンポリマー、下がペンタセンである。使用した材料は、ゲート電極はAl（50nm）、有機ゲート絶縁膜

263

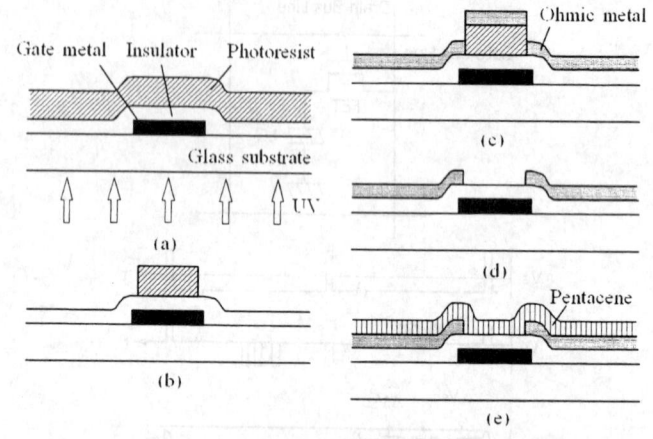

金属ナノ粒子ペーストのインクジェット微細配線

図11 アクティブマトリクス型液晶表示パネルの画素等価回路と駆動波形

は低温塗布焼成したシクロオレフィンポリマー（300nm）をスピンコート成膜。オーミック電極Cr（10nm）/Au（50nm）とした自己整合有機トランジスタを作製した[14]。最後のペンタセン成膜では、その前段階にOTS処理の後、IJP形成した。液滴は40pℓで、厚膜形成のため9回の重ね打ちを行った。成膜時の基板温度は70℃，雰囲気は大気中とした。評価したトランジスタはチャネル長6μm，チャネル幅150μmであった。図13に，作製したトランジスタの顕微鏡写真を示す。オーバーラップ長は0.8μm以下の例であるが，最良値では0.5μm以下となることを確認した。

図12 有機トランジスタ作製で使用した有機材料

3.2 ペンタセンの溶液化

ここでは，ペンタセン溶液化の詳細について示す。2年前までは，ペンタセンは難溶性材料として扱われてきた。そうしたなか，平成16年春には，旭化成から溶液化ペンタセンについての報告が有った[7]。当時溶液の種類は非公開であったが，将来的にIJPによるパターニングへ展開可能な興味深い技術であった。同年の秋に，プラザ東海・ブラザー工業・富山大グループより，IJPによる溶液系ペンタセンパターニングによる有機トランジスタ作製が報告された。溶液はジクロロベンゼンを用い，溶液加熱状態での成膜であった[12]。平成17年春には，旭化成・産総研より溶液系ペンタセントランジスタについて二度目の報告が成され，溶液が1, 2, 4-トリクロロ

第2章　インクジェット印刷有機デバイス

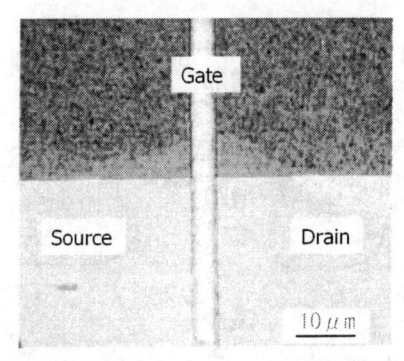

図13　自己整合有機トランジスタの顕微鏡観察写真

ベンゼン，200℃弱の基板温度で実施している旨報告された[8]。また，旭化成・産総研より，IJPによる溶液系ペンタセントランジスタで移動度0.1cm^2/Vsが報告された[10]。そして，平成17年秋，旭化成・産総研より，塗布系ペンタセンによるトランジスタの移動度1cm^2/Vsが報告され現在に至っている[11]。以上，塗布系ペンタセンで高移動度が実現されている状況となる。ここでは，平成16年秋に我々が示した初のIJPによるペンタセン有機トランジスタについて概説する。

　ペンタセンの溶解については，幾種類か溶媒を検討したが，現在のところジクロロベンゼンで溶液化できることを見出している。詳細は以下の通りである。まず，ペンタセンを70℃で，48時間加熱することでペンタセン溶液（ピンク色）が作製できる。しかし，本ペンタセン溶液は光と酸素に弱く，そのもとで黄緑色の溶液に変色する。今回の溶液化条件では，(1)溶液濃度1wt％，(2)撹拌時間　48時間，とした。また，キーポイントとしては，(1)溶解温度　70℃（溶液を同温度で保温），(2)溶媒の脱気　Ar封入，(3)光遮蔽　外光遮断，の条件で実験を行った。

　溶液をガスクロ・質量分析法にて測定した。図14にマスクロマトグラム分析結果を示す。下表は，溶解直後と6時間大気・光暴露した溶液の，ペンタセン，ペンタセンモノオン，ペンタセンジオン各々の割合である。溶解直後の溶液と比較して，6時間の大気・光暴露により，ペンタセンの溶解量の減少と，ペンタセンモノオン・ペンタセンジオンの溶解量の増加が確認された。以上より，脱気，光遮蔽の有効性を数値的に確認した。またペンタセン膜（キャスト）のラマン分光スペクトルでは，1165，1180，1368cm^{-1}付近に，ペンタセンに起因するピークが見られた[15]。また，1600cm^{-1}付近に酸化物に起因するピークが見られた。

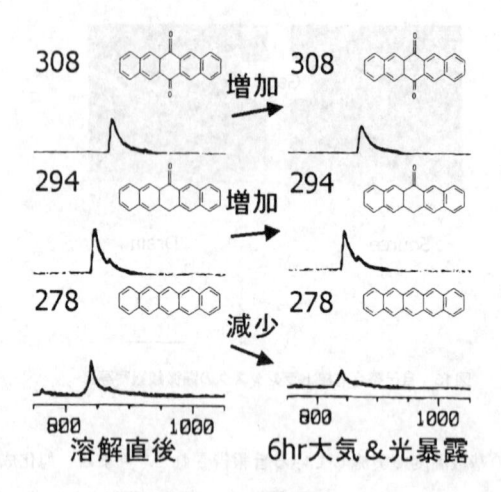

成分	溶解直後	6hr大気&光暴露
ペンタセン	0.36	0.28
ペンタセンモノオン	0.28	0.31
ペンタセンジオン	0.36	0.41

図14 マスクロマトグラム分析結果

3.3 トランジスタ特性

有機トランジスタの作製では，条件により種々の結晶成長状態が確認された。例えばキャスト法では，電極の周辺付近に針状結晶が見られた。また，IJP法では，電極の周辺の厚膜部で粒状の多結晶が確認された。いずれにせよ，基板上には結晶成長の核となる部分が無いため，位置的に制御された核形成が今後の課題となる。また，種々の絶縁膜上のペンタセン塗布後の平坦性を表面粗さ計で調べた。その結果，ガラスやシリコン樹脂上では凹凸が粗い膜形成しか出来なかったのに対し，シクロオレフィンポリマー上では平坦な膜形成が可能であった。以上より，絶縁膜および電極材料との相性を考慮する必要がある。前者は，結晶粒の制御と二次元的膜形成のために，後者は電極との良好なオーミック接触を得るために重要な検討課題となる。

図15に，今回得られたトランジスタのV_D-I_D特性を示す。この特性から，$2.7 \times 10^{-3} cm^2/Vs$の電界効果移動度を得た。しかしながら，移動度が現在のペンタセントランジスタのトップデータと比較して低い点や綺麗なオフ特性が得られていない点などが課題となる。

ここで，現在，蒸着系ペンタセンを用いた自己整合トランジスタとして，しゃ断周波数0.18MHzが報告されている[14]。このときの移動度は$0.12 cm^2/Vs$であった。これより，溶液系ペ

第2章　インクジェット印刷有機デバイス

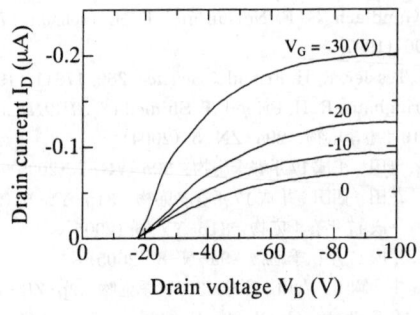

図15　初期的トランジスタ特性

ンタセントランジスタにおいて，移動度向上のための薄膜形成条件の検討とともに，材料の高純度化を含めた溶液，オーミックコンタクトの改善が出来れば，トランジスタのしゃ断周波数として1MHzの実現も可能であると考えられる。

以上，ペンタセンの溶液化とその溶液を用いたIJP法による溶液パターン形成及びトランジスタ動作を確認できた。

4　まとめ

今回，自己整合技術を用いた有機デバイスについて紹介した。有機EL素子作製では，簡単，高歩留りの特徴を有するボトム型及びトップ型自己整合デバイスの提案と諸特性について紹介した。また，インクジェット法によって半導体層を形成し，有機トランジスタを作製した。その結果，初めてインクジェット法でペンタセン薄膜を形成することに成功し，トランジスタ特性が確認できた。これにより，今後，溶液プロセス・IJPによる高移動度有機トランジスタ作製が実現できる可能性を示した。

文　　献

1) C. Adachi, M. A. Baldo, M. E. Tompson and S. R. Forrest：*Appl. Phys. Lett.*, **90**, 5048 (2001)
2) http://www.epson.co.jp/osirase/2004/040518.htm
3) http://samsung.com/PressCenter/PressRelease/ （2005年，19，May検索）

4) Y.-Y. Lin, D. J. Gundlach, S. F. Nelson and T. N. Jackson：*IEEE Electron Device Letters*, **18**(12) 606 (1997)
5) H. Sirringhaus, N. Tessler, R. H. Friend：*Science*, **280**, 17841 (1998)
6) T. Kawase, H. Sirringhaus, R. H. Friend, T. Shimoda：*SID01Digest*, **40** (2001)
7) 南方．夏目：平成16年春季応物．29a-ZN-5 (2004)
8) 夏目．南方．松野．鎌田：平成17年春季応物．30a-YG-7 (2005)
9) 和田．徳永．鹿目．花田．西田：平成17年春季応物．31p-YY-5 (2005)
10) 夏目．南方．鎌田：平成17年春季応物．31p-YY-6 (2005)
11) 南方．夏目．鎌田：平成17年秋季応物．9a-N-8 (2005)
12) 角本．井上．宮林．中．岡田．女川：平成16年秋季応物．2p-ZR-3 (2004)
13) R. Sato, S. Naka, M. Shibata, H. Okada, H. Onnagawa and T. Miyabayashi：*Jpn. J. Appl. Phys.*, **43** (11A), 7395 (2004)
14) T. Hyodo, F. Morita, S. Naka, H. Okada and H. Onnagawa：*Jpn. J. Appl. Phys.*, **43**, 2323 (2004)
15) C. C. Mattheus：Ph. D. thesis, 69 (2002)

第3章 インクジェット法による金属配線ならびに液体プロセスによるナノ配線

下田達也*

1 インクジェット技術の工業応用について

インクジェット技術の工業用途への研究開発が世界中で活発化している。少なくとも10年前までは夢であった、トランジスタのような高度な電子デバイスまでもがインクジェット印刷法によって作成できるまでになってきている。インクジェット印刷法という言葉は印刷のように電子デバイスを作製できるイメージを与える。それから連想されることは、従来の電子デバイス製造の概念を覆すような短工程、低コスト、超低資源・低エネルギーな製造方法であり、設備投資も極めて簡単になるようなイメージである。おそらくこの技術の究極の姿はそのようなものであろう。

しかしながら、高度に発達した現状技術（真空製膜技術、フォトリソグラフィー等）をこのようなシンプルな方法で一挙に置き換えるのは容易でないことも事実である。筆者らは10年以上にわたり、この技術に取り組んできている。その間に、有機系のデバイスでは、LCD用カラーフィルター、有機ELデバイス、有機トランジスタ、面発光レーザ用マイクロレンズ、を開発した[1]。無機系では、金属配線・薄膜、PZTおよびSBTセラミックス薄膜、ITO薄膜、などを開発してきた[2]。その間いろいろな経験を重ねて、工業応用インクジェット技術の全体像（長所、短所、限界、発展性、等）が実感として分かってきた。その経験に基づいてこの技術の要素技術を挙げると次のようになる[3]。

・機能性インク技術：機能性材料の液体化とインク化
・ヘッド技術：ヘッド開発と微小液滴の安定生成と高精度吐出
・装置技術：高精度、高スループット、高歩留まりな製膜用装置
・製膜技術：液滴の高精度・微細パターニング、平坦化、機能性の確保

挙げてみて気づくことは、工業応用インクジェット技術は、印刷技術に対してとヘッド技術こそ共通であるが、他の新規要素技術を含んでいることである。図1は工業応用インクジェット技術と印刷用インクジェット技術の関係を図示したものである。工業応用インクジェット技術を極めるには、上記の四つの要素技術を全て一定のレベルまで高めないといけない。

次に、工業応用インクジェット技術をその適用範囲という観点で眺めてみる。材料に関しては、

＊ Tatsuya Shimoda　セイコーエプソン㈱　研究開発本部　副本部長

現在では開発が進み，金属材料，セラミックス材料，有機材料（半導体，導電体含む）は既にいろいろなものが報告されている。最も難しいと思われていた無機半導体材料も数種類の材料系で可能性が見えてきた。おそらく全ての材料はインク化でき，材料に関しては適用範囲の制約がなくなってくるといえる。

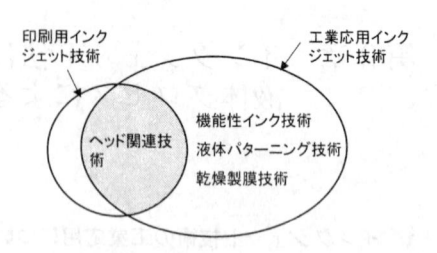

図1 印刷技術と工業用インクジェット技術の相関図

しかしながら微細化に関しては様子が異なる。工業的に利用できるインクジェットヘッドの最小液滴は，現在のところ2ピコリットル，直径にして約16μmの大きさになる。この液滴が基板の上に着弾すると，着弾後の液滴の直径は30〜100μm程度の大きさになる。液滴の着弾誤差は±10μm程度あるので，インクジェット法の直接描画で実現できる最小の配線ピッチは50μm程度になる。すなわちラインアンドスペースで30μm/20μmが限界である。この値は，現在の半導体で用いられているような90nmというような微細ルールに比べてはるかに粗い数字である。微細化に関して言うと，インクジェット法の直接描画ではその適用範囲はかなり限られてくる。従って，微細化には何らかの工夫が必要になる。

結論として言えることは，工業応用インクジェット技術は印刷技術と共通するところがあるもののそれ以外に幾つか開発すべき大きな要素技術があることである。とくに微細化に関してはインクジェット直描では電子デバイスに適用するには大きく足りない。従って，この技術を極めたり今後さらに発展させるためには，基本に立ち戻る必要がある。この技術の基本は，溶液物性であり微小液滴の挙動の制御である。その基本を極めることで，工業応用インクジェット技術は実用技術として成熟し，その適用範囲を広げてゆけることと思う。このような観点から，我々は工業応用インクジェット技術を「マイクロ液体プロセス」と呼んで研究開発を行っている。次の節でマイクロ液体プロセスとして整理した工業応用インクジェット技術を述べて微小液体の振る舞いがいかにこの技術のエッセンスになっているかを述べる。

2 マイクロ液体プロセスによる微細薄膜の形成

マイクロ液体プロセスが通常のインクジェット印刷と異なる点の一つとして，紙に相当するものが工業用では基板なので，インク滴は着弾後に基板上で吸収されず複雑にふるまう。このふるまいを制御すると良質の薄膜が形成でき，しかもインクジェット直接描画の限界も打破できるよ

第3章　インクジェット法による金属配線ならびに液体プロセスによるナノ配線

うになる。例えば、微細化に関して言うと基板と液滴との表面エネルギーを利用してサブミクロン精度のパターニングが可能になる。具体的に言うと、あらかじめ基板に親液／撥液パターンを作っておくと、液滴は親液部に自己組織的に移動して微細なパターニングを行える。この原理は、LCD用カラーフィルター、有機EL画素、マイクロレンズの形成、短チャネル有機トランジスタなどに利用されて、絶大な効果が確認されている。次に異なる点は、インク滴は着弾後に基板上で乾燥して固体薄膜になるが、このとき溶媒の蒸発に伴い液滴内部では微小な流れが生じて溶質が周辺に運ばれる現象が起こる。その結果できた膜は周辺のみ厚い膜になってしまう（コーヒーのシミ現象）。この現象の精密な制御が印刷とは異なる。このような表面エネルギーによる力で液滴をパターニングしたり、溶媒乾燥に伴う力で溶質が運ばれる現象を制御したりすることは工業応用であるマイクロ液体プロセス特有のものである。

図2にマイクロ液体プロセスの全工程を示した。プロセスは4工程からなる。図中の太い黒枠の四角は材料を、細い枠の四角はツール（装置や基板等）を、そして点線で囲まれた四角はプロセスをそれぞれ示している。また、四角に付いている数字の先頭は工程Noを表している。工程1は機能性液体の作製工程、工程2は微小液滴を精度良く作り出す工程である。図3に我々が用いているセイコーエプソン製の商用ヘッドを示す。このヘッドによって重さで2ピコリットル以上、直径で$16 \sim 30 \mu m$程度の液滴を作れる。インクジェットでも工夫をすると、液滴の直径が$1 \mu m$前後のフェムトリットル液滴の吐出が可能で、これによって数μmの細線が直接描画できることが報告されている[4]。さらに、LSMCD (Liquid Source Misted Chemical Deposition) 法

工程1	工程2	工程3	工程4
材料の液体化・インク化	微小液体の生成	液体パターニング	乾燥・製膜

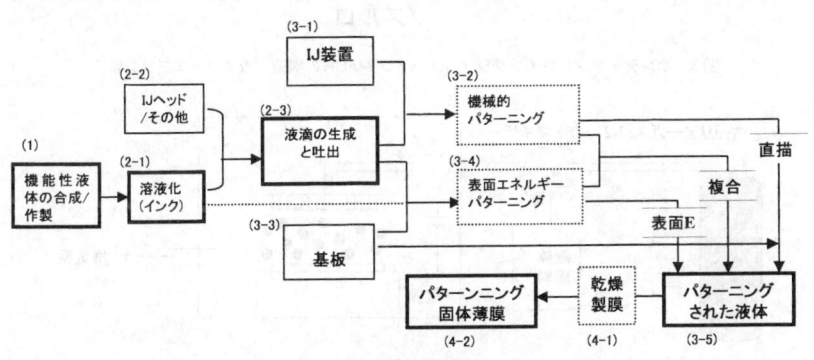

図2　マイクロ液体プロセスの工程フロー

金属ナノ粒子ペーストのインクジェット微細配線

ではアトリットルの超微小なミスト状液滴を作製できる[5]。図4にLSMCD法の概要図を示す。液体はアトマイザーで微細ミストにされる。ミスト粒子の平均直径は$0.2\mu m$程度である。この場合はインクジェットと異なり、液滴一つ一つは独立には扱えず、集団のミストとして扱う。液滴はプロセス中でマイナスの電荷を帯びるので、シャワーヘッドと基板間に電場を印加すると、液滴は電場の力で基板上に堆積する。

工程3は液体パターニング工程である。機械的な位置決めだけで行う直描法と、表面エネルギーを利用してパターニングを行う表面エネルギー（表面E）法、そして両者を合わせた複合法がある。前述したように液滴の機械的な着弾誤差は$\pm 10\mu m$程度あるので、精密なアライメントのためには基板に親液／撥液処理を施して表面エネルギーの高低をつくり、液滴が自ら表面エネルギーの高いところ（親液部）を覆う現象を利用する。そのような複合パターニングにより高精度な液体パターニングが達成できる。また、LSMCD法やディッピング法では液体は表面エネルギーのみでパターニングされる。

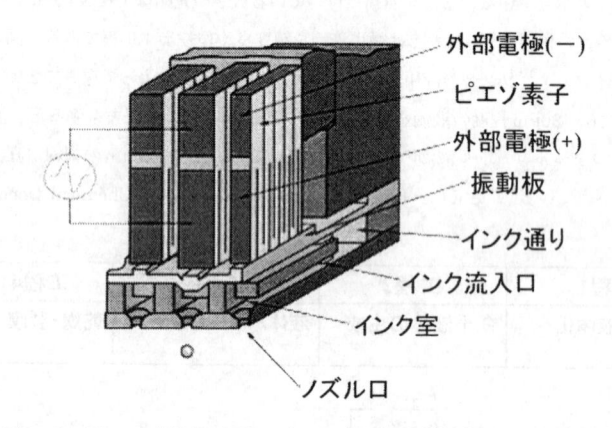

図3　オンディマンド型インクジェットヘッドMACHの構造（セイコーエプソン製）

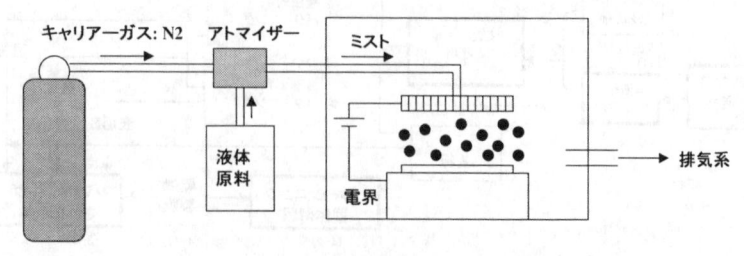

図4　LSMCD成膜装置概念図（米国Primaxx社製）

第3章 インクジェット法による金属配線ならびに液体プロセスによるナノ配線

次に工程4は乾燥により固体膜を製膜する過程である。溶媒を乾燥する際にある条件下では液滴端がピニングされ液体内部で対流が生じる。その微小流は溶質を中心から端まで運び,「コーヒーのシミ」現象を引起こす。この現象を制御して均一な膜厚をもった膜の形成が必要である。

3 金属配線技術の現状

現在,液体金属を用いたインクジェット直描による金属配線技術の研究開発が活発化してきている。応用領域は,ディスプレイ用途と実装用途である。活発化している背景には,高品質な幾種類もの液体金属が各社から開発され市場で手に入るようになってきたことが大きく寄与している。微細化の観点からはこの技術は,従来のスクリーン印刷（>100μm）とフォトリソグラフィー（<数μm）の間に位置し,まさに微細化技術におけるミッシングリングを埋める技術になりつつある。この解説では,セイコーエプソンで行ってきたPDPディスプレイと電子部品実装への適応例を紹介する。

インクジェット直描は前述したように微細化に関してはラインアンドスペースで30/20μm程度が限界である。さらなる微細化に対しても研究は進められている。一つにはフェムトリットルヘッドを利用したインクジェット直描であり[4],一つは液体の性質をフルに利用したアプローチである。後者において我々の行ってきた研究の幾つかを最後に紹介したい。

マイクロ液体プロセスの第一歩は機能性液体の作製である。液体金属の作成方法には大きく二通りある。一つは金属原子を含む分子,例えば金属錯体など用いる方法,もう一つは本書に詳しく述べられているような金属微粒子を液体中に分散させる方法である。前者は比較的緻密な金属膜を形成することができるが,液体中の金属成分の濃度は高くできない。従って膜の厚さを稼げない。後者は,濃度の高い金属液体を作製できるが作製した金属薄膜には最後まで粒子の痕跡が認められる。緻密な膜を作るのが課題になる。しかしながら,微粒子法によってもバルク金属とほぼ等しい抵抗値をもった薄膜も作成できるようになっており,微粒子法の進歩は目覚しい。

4 インクジェット直描による金属配線技術

4.1 PDPディスプレイのバス配線への応用[6]

ガラス上にITO透明薄膜が形成された基板上にAgの配線をインクジェット法で直接に描画した。Agインクはナノ粒子を分散したアルバック社製のものを使用した[7]。紙のような吸水性のある表面にインク滴を着弾させる場合と異なり,ある幅を有する細線をきれいに形成するにはマイクロ液体プロセス技術特有の技術である基板の表面状態,基板の表面エネルギーの大きさ,描

金属ナノ粒子ペーストのインクジェット微細配線

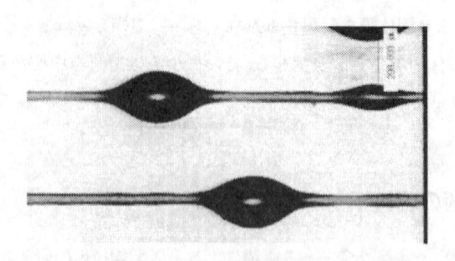

図5　細線形成に現れるバルジ

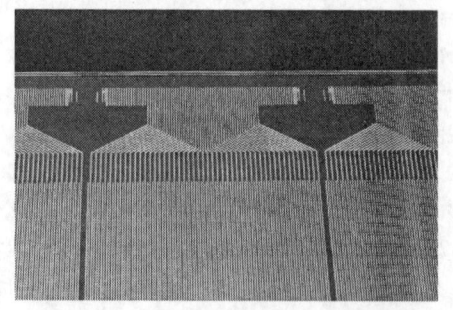

図6　Ag微粒子インクを用いてインクジェット法で直描したプラズマディスプレイ用バスライン

画法,乾燥等をコントロールする必要がある。例えば,全くの親液性の表面ではインクはかなりの大きさに濡れ広がってしまい,細い線は形成できない。反対に,撥液性の大きい表面では,インクは基板上に定着せず容易に移動してしまう。そこで我々は最適条件として基板の表面エネルギーをAgインクとの接触角で30°〜60°の範囲に調整した。描画方法に関していうと,着弾後の液滴と液滴の重なり具合も重要ポイントである。重なりが無いと線にならないし,重なり合いが大きいと図5に示すようなバルジが発生してしまう。これはAgインクに限らず,インクジェットで非吸水性基板に直接描画するときに良く観測される現象である。適当な重なり合いを選ぶとバルジ発生無しで細線が描画できる。このようにして線幅50μm,厚さ2μmの細線をプラズマディスプレイ用に形成できた(図6)。乾燥後に300℃で30分熱処理してバルク銀の値に近い2$\mu\Omega$cmの抵抗値が得られた。試作したPDPパネルの点灯も確認できた[6]。

4.2　フレキシブル多層配線基板への応用

インクジェット直描法によって20層にも及ぶフレキシブルな多層配線基板[8]を開発した。作製したフレキシブル基板を図7に示した。外形が20mm角で厚さは0.2mm(基材を除く)であ

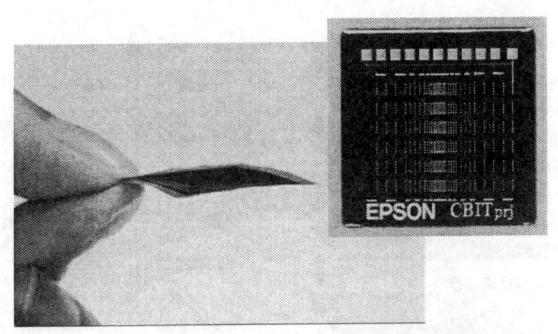

第3章　インクジェット法による金属配線ならびに液体プロセスによるナノ配線

図7　インクジェット直描法で作製したフレキシブル多層配線基板

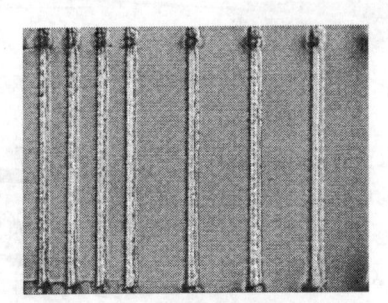

図8　フレキシブル多層配線基板のAg配線
配線の幅は約50μm

る。この中に20層の配線と層間絶縁膜が積層されている。配線にはAgインクを，層間絶縁膜にはエポキシ系樹脂を用い，インクジェット法のみを用いて作製した。配線の幅は50μm，厚さは4μm，最小ラインピッチは110μmで（図8）その総延長は5mにも及ぶ。図9に配線の構造と作成方法を示した。配線はまず二層のデージーチェーンを1セットとして作製し，それを10セット重ねた構造をしている。直線の部分を線素とすると，その数は2480にも及ぶ。一つの線素は二箇所の接点を持つので接点の数は約5000個所に及ぶ。長い配線の両端で伝導が確認された。これは全接点での導通を示している。

4.3　セラミックス多層配線基板への応用

　微粒子タイプのAgインクを用いたLTCC（Low Temperature Co-fired Ceramics）多層配線基板の作製例[9]を紹介する。作製したLTCC基板の表面からの写真を図10に示す。従来のLTCC基板の配線はスクリーン印刷で行われて，そのライン／スペースは60/60μmの配線が最小であった

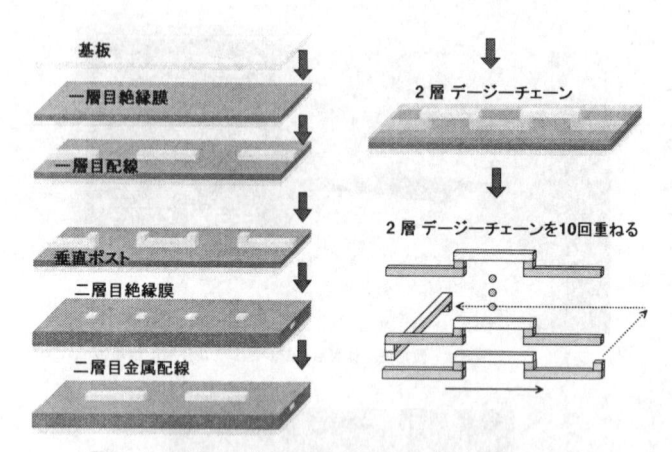

図9　インクジェット法による20層フレキシブル多層基板の作成法

が，インクジェット法では30/30μmの微細配線が実現できる。LTCC多層配線基板は，アルミナとホウ珪酸からなるガラスセラミックスのグリーンシート上にAg配線をインクジェットで描画して800℃の温度で焼成して作製した。焼成後のAg配線の抵抗値は2.3μΩcmであった。内層配線と表層配線の両方ともインクジェット法で形成した。技術課題としては，①多孔質のセラミックグリーンシートはインクの染み込みがよくAgインクが殆ど残らない，②インクジェット用インクはスクリーン印刷用に比べて可塑剤が少なく溶媒の乾燥時にクラックが発生しやすい，③表層配線の密着性の確保，等課題があった。課題①への対応としては，グリーンシートの表面に最適な撥液性を持たせることによりインクの染み込みを抑えることができた。課題②には，Ag薄膜の厚みの急激な変化をなくして応力が均一にかかるようにして解決した。課題③においては，Ag配線上にNi/Auメッキを施し十分な密着性を確認して部品搭載ができた。LTCCの焼成には，800℃の温度が必要でAgのセラミックス中への拡散が心配されたが，TEM-EDX法によって確認したところ拡散層の厚さは高々20nm程度であり実用上問題ないことが分かった。

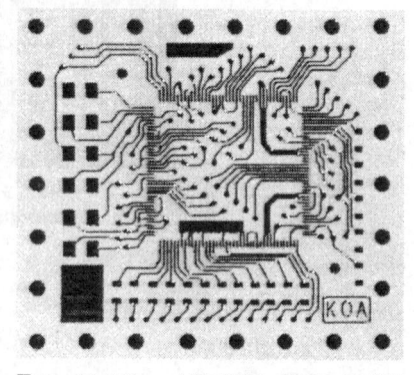

図10　インクジェット法で描画したLTCC多層基板の最表面

第3章 インクジェット法による金属配線ならびに液体プロセスによるナノ配線

4.4 ICボンディングへの応用[10]

軽量でフレキシブルな電子デバイスの研究開発が活発化している。そのために薄化ICの技術が利用されている。しかしながらシリコンを薄化すると割れやすくなり従来のワイヤーボンディングでの基板接合は困難になる。フレキシブル基板ではこの傾向はさらに顕著になる。これに代わり得るのが金属インクを用いたインクジェット法によるIC接合である。我々は図11に示すようなポリイミド基板上に電気泳動表示体（EPD）付きのRF-IDモジュールを形成した。図中のICはRF-ID機能とEPDドライバーの機能を有している。ICのピン数は80ピン、ピン間隔は140μmである。ICは研磨して60μmの厚さにした。図12の工程に従って、ICをポリイミド基板に実装した。まず、配線基板上にICを接着する。次にICと基板との間にスロープを形成し、密着性向上と絶縁性の確保のためにインクジェットで絶縁膜を塗布する。その後、インクジェット法でICと基板上の両金電極間をAg配線で接合した。Agは200℃、2時間の焼成で10$\mu\Omega$cmの抵抗値を持つ。Ag配線と金電極との密着性は良く、密着力は4500g/mm^{2}以上にも及ぶ。また電気的にも完全にオーミックコンタクトしている。オージェ分析により、AgがAu中に拡散して強固に結合していることが明らかになり、無加圧でも良好な結合が達成できることが実証された。

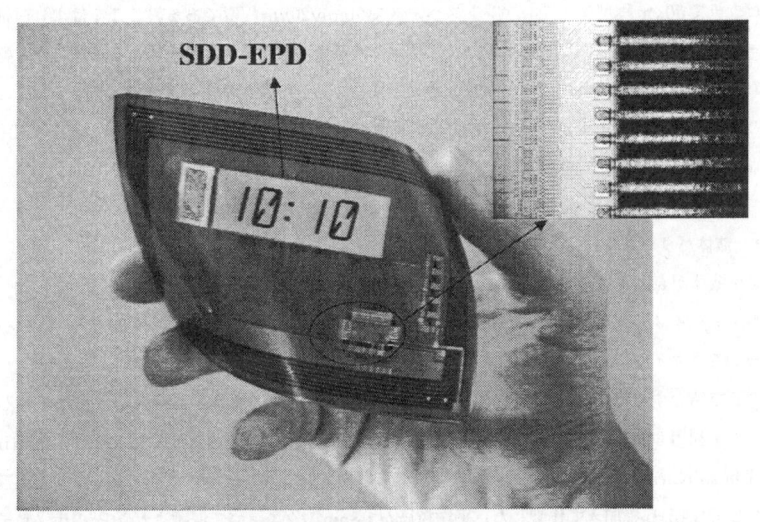

図11　ポリイミド基板上に形成した電気泳動表示体付きのRF-IDモジュールとインクジェットICボンディング（右肩）

金属ナノ粒子ペーストのインクジェット微細配線

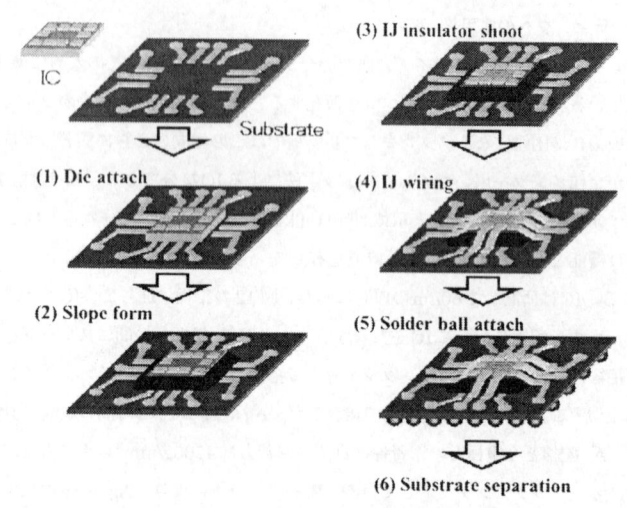

(1) Die attach
(2) Slope form
(3) IJ insulator shoot
(4) IJ wiring
(5) Solder ball attach
(6) Substrate separation

図12　インクジェットICボンディングのプロセスフロー

5　より微細化へ向けて

　上述したように現状工業的に手に入るインクジェットヘッドで直描したときの最小寸法は，配線ピッチで50μm程度，ラインアンドスペースで30μm/20μm程度である。ここではより微細化に向けて，マイクロ液体プロセスをフルに活用した基板の表面エネルギーによる微細化例と乾燥時の液滴内での微小流れによって微細配線が形成できる興味深い例を紹介する。図2ではこの二つの例はそれぞれ，工程3の(3-4)表面エネルギーパターニング（表面Eルート），そして工程4の(4-1)乾燥製膜，に対応する。

5.1　液体パターニングによる微細化

　微小液体が表面エネルギーによる力で自己組織化的にパターニングされる原理は，既に幾つかの電子デバイスの作製に利用されている。LCD用のカラーフィルター，有機ELディスプレイ，有機TFT，マイクロレンズ，等である。

　ここで紹介する微細金属配線形成は，Ptのナノ粒子からなる液体をLSMCD法で微細にしたミストを利用して行った。まず金属液体であるが，Pt金属の前駆体としてhexachloroplatinic acid hexahydrate（$H_2PtCl_6 \cdot 6H_2O$）を用い，これを3Naクエン酸塩水溶液に溶してから，還元剤として$NaBH_4$を加えて作製した。平均粒径が1.8nmのクエン酸で保護されたPtのナノ粒子が水溶液の状態で得られる[11]。LSMCDは直径が0.2μmの液滴を作製できるのでインクジェット

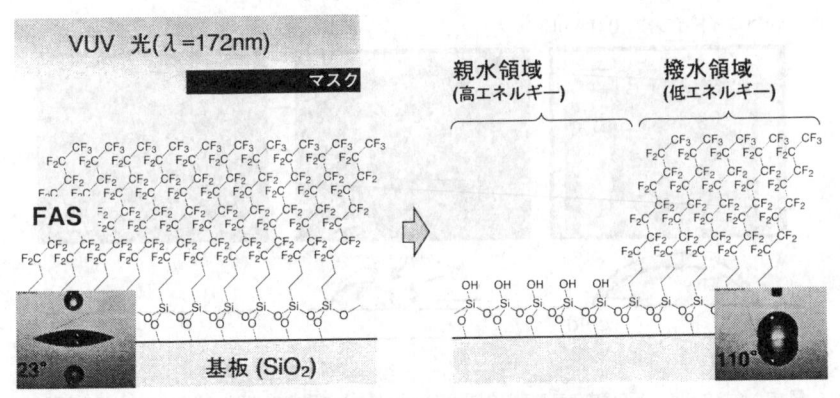

第3章 インクジェット法による金属配線ならびに液体プロセスによるナノ配線

図13 表面エネルギーを利用したパターニング
自己集積膜FASにより親液－撥液パターンを作製する方法

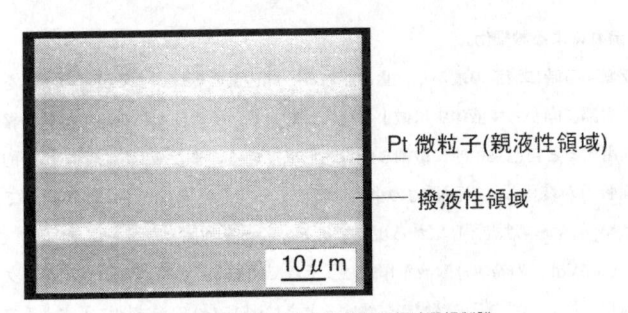

図14 LSMCD法によるPt薄膜の領域選択製膜

よりも微細なパターニングを行うことができる。最初に基板に親液／撥液のパターンを形成する。いろいろな方法があるが，今回は図13に示したように自己集積膜SAM（Self assembled monolayer）であるFAS（1H, 1H, 2H, 2H-Perfluorodecyltriethoxysilane）を用いて行った。FASをCVDで基板に蒸着させると，水との接触角が110°程度の撥液面を持った表面が実現できる。その後，波長λ＝172nmのVUV光を選択的に照射する。照射部のみSAMが取除かれて表面エネルギーの高い領域（親液性）が選択的に形成できる。照射部の水との接触角は23°まで低下した[12]。その基板に液体Ptのミスト化を堆積させると，図14に示すようにPt粒子は親液部のみに堆積し，メタルのパターン膜が形成できた[12]。このような手法でサブミクロンの微細細線の形成が可能になった。

金属ナノ粒子ペーストのインクジェット微細配線

Agコロイドインク 0.05vol%

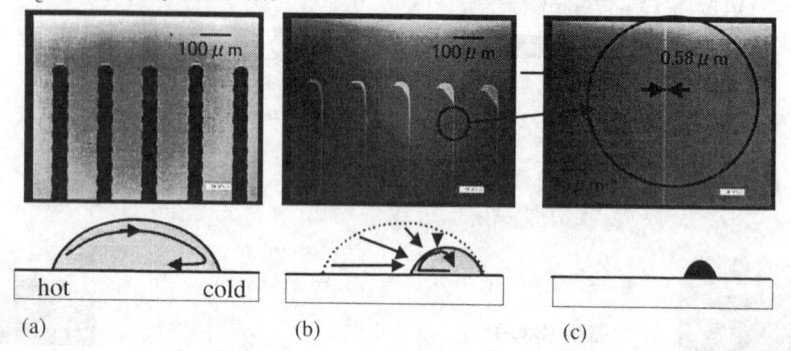

(a)　　　　　　　　(b)　　　　　　　　(c)

図15　インクジェット液滴内で起こるミクロ対流とディピニング現象を利用したAgコロイド細線の形成

5.2 微小流れによる微細化

　溶媒が乾燥する時に液滴の端がピン止めされる．周辺部の乾燥による液体の不足を補うために中心部から端部に向かって液体中に微小な流れが起きる．その流れに乗って溶質が移動する．この現象を利用すると自己集積的に微細な配線を形成できる．また液滴において部分的に温度差があると表面張力が変化して表面張力の小さいほうから大きいほうへ液体が移動して対流が起こる．これはマランゴニ対流と呼ばれる現象である．これを利用した例を紹介する．まず，Agのコロイドの0.05Vol％の希薄分散液を作成し，それで図15(a)の写真のようにインクジェット法で線を描画しておく．次にその溶媒が乾燥するときに図15(a)の模式図に示すように基板の一方から熱を与えて温度勾配を作った．すると，温度差によるマランゴニ対流が起り図15(b)に示したように液体は一方向に収縮して，最後には図15(c)に示すようなAgの細線が形成できた[13]．

6　最後に

　インクジェット法によっていとも簡単に電子デバイスができることは今では夢で無くなりつつある．種々の機能性インクが開発されてきて良い特性をもった機能性薄膜が液体から形成できるようになってきた．しかしながら，開発報告例に比べて実用化例となると昨年のセイコーエプソンでの液晶配向膜が最初で現在のところ唯一の例である．そこでこの章の最初に，今までの経験に基づいてこの技術固有の特徴を明らかにした．その結果，工業応用インクジェット技術は機能性微細液滴の生成と利用に関する技術ということに帰着でき，「マイクロ液体プロセス」と言う呼び名を関したほうがふさわしいことを述べた．つぎに，マイクロ液体プロセスとして整理したこ

第3章 インクジェット法による金属配線ならびに液体プロセスによるナノ配線

の技術の全体プロセスについて述べた。それらを土台として，セイコーエプソンでの金属配線の開発例を紹介した。具体的には，インクジェットの直接描画によるPDPディスプレイへの配線，多層フレキシブル配線基板，セラミックス多層基板，ICボンディングを紹介してこの技術が極めて実用に近いことを示した。また，さらなる微細化技術としてマイクロ液体プロセスの原理をフルに活用した微細金属配線形成法の基礎的な検討結果も紹介した。

文　　献

1) 下田達也，まてりあ「入門講座」，**44**(4)，p.324（2005）
2) 下田達也，まてりあ「入門講座」，**44**(5)，p.411（2005）
3) 下田達也，まてりあ「入門講座」，**44**(6)，p.510（2005）
4) 村田和広：マテリアルステージ，**2**，23（2002）
5) Primaxx社ホームページ，http://www.primaxxinc.com
6) M. Furusawa, T. Hashimoto, M. Ishida, T. Shimoda, H. Hasei, T. Hirai, H. Kiguchi, H. Aruga, M. Oda, N. Saito, H. Iwashige, N. Abe, S. Fukuta and K. Betsui：Technical Digest of SID02, 753（2002）
7) T. Suzuki, N. Imazeli, G.H. Yu, H. Ito and M. Oda：Proc. of the 9 th International Microelectronics Conference, 37（1996）
8) http://www.epson.co.jp/osirase/2004/041101_2.htm
9) 小岩井孝二，河村裕貴，永田久和，山口祥子，田中哲郎，佐久間敏幸，林琢夫，桜田和昭，小林敏之，和田健嗣，MES2005（第15回マイクロエレクトロニクスシンポジウム）論文集，245（2005）
10) Y. Hagio, H. Kurosawa, W. Ito and T. Shimoda, Proceedings of ICEP 2005（International Conference on Electronics Packaging），106-111（2005）
11) T. Teranishi：Metallic colloids, in Encyclopedia of Surface and Colloid Science, ed. by A. Hubbard and Marcel Dekker, New York, 3314（2002）
12) 西川尚男，寺西利治，大久保貴志，三谷忠興，下田達也：第63回応用物理学会学術講演会予稿集，160（2002）
13) 増田貴史，森井克行，川瀬達夫，下田達也：第65回応用物理学会学術講演会予稿集，1073（2004）

第4章　SiP

畑田賢造＊

　金属ナノ粒子ペーストとインクジェットプリンターを用い，多層配線基板やSiPを構成できるようになってきた[1]。例えば，多層配線基板では，20層の配線基板でその厚さは，200μm程度と極めて薄い基板が誕生しつつある[2]。さらにSiPでは，複数のLSIや受動部品を用い，配線層と絶縁層を交互に形成したモジュールを構成し，実動作試験を終えている[3]。
　この章では，SiPの構成例とSiPの実際の製作プロセスと展望を述べる。

1　SiPの構造

　ナノペーストとインクジェットプリンターとによるSiPのプロセスは，3種の構成が開発されている。ただし，現時点では，配線層や層間絶縁層は，インクジェットプリンターで形成できるが，C，R等の受動部品を構成するための材料は，開発されていないためにLSIチップを埋め込む構成について記述する。SiPの構成では，埋め込まれた部品と埋め込み樹脂との平坦度の形成の仕方と，多層配線間の絶縁をどのように形成するか，埋め込まれたLSIの電極をどのように開口するかの3つの課題がある。

1.1　構成例1

　LSIチップと埋め込み樹脂の境界近傍に1層目の絶縁樹脂を形成・硬化し，1層目の配線を形成する。1層目の絶縁樹脂層によりLSIチップと埋め込み樹脂間の隙間を埋め，膨張差によるギャップが形成され配線層が切断されるのを防ぐ事ができる。次いで，1層目の配線上に2層目の配線と交差する箇所に2層目の絶縁層を形成する。このようにして3層目以降の配線を順次行う。最上層では，外付け部品のはんだ付け領域を開口するパターンを絶縁樹脂材で描画させ，Ni無電解めっき処理を行い，部品のはんだ付け処理を行えば，SiPが完成する（図1）。
　配線層等での段差が形成されるが，ナノペーストとインクジェットプリンターによる描画では，三次元的な描画が行える特長があるので，問題とならない。また，配線層の交差部分にしか絶縁

＊　Kenzo Hatada　㈱アトムニクス研究所　代表取締役

第4章　SiP

A:チップ樹脂埋め込み固定　チップ電極
　　　　　　　　　　　　　　　　　　埋め込み樹脂
　　　　　　　　　　　　　LSIチップ

B:1層目絶縁樹脂層形成
　　　　　　　　　　　　　　　　1層目絶縁樹脂部分パターン

C:1層目配線層形成
　　　　　　　　　　　　　　　　1層目配線パターン

D:2層目絶縁樹脂層形成
　　　　　　　　　　　　　　　　2層目絶縁樹脂部分パターン

E:2層目配線層形成
　　　　　　　　　　　　　　　　2層目配線パターン

図1　SiPの構成例：1

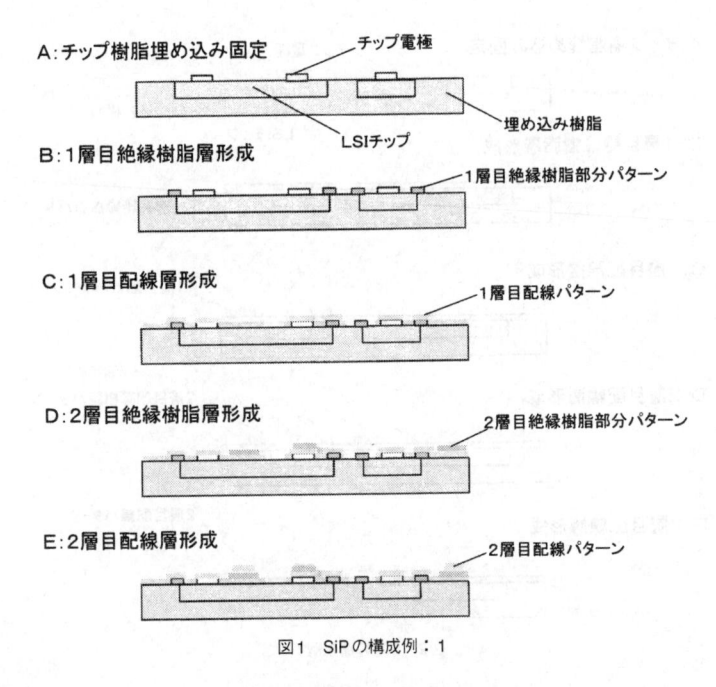

樹脂層を描画しないので，プロセス時間が短縮できる特徴がある。

1.2　構成例2

　LSIチップを樹脂に埋め込み，この表面にチップ電極のみを残した状態で，LSIチップ電極の厚さ相当分の絶縁樹脂層を形成する。この状態でチップ電極の表面が露出した絶縁樹脂パターンが形成され，平坦化が実現する。次いで1層目の配線層を形成し，この配線間同士を埋めるように配線層の厚さまで絶縁樹脂を形成させ，さらに2層目の配線と接続する電極領域のみを開口する絶縁樹脂パターンを形成させる。このようにして配線層間を配線層の厚さまで埋め，さらに配線上に絶縁樹脂層を形成し，次いで2層目以降の配線層を形成する。最上層は，構成例1と同じく，外付け部品のはんだ付け領域のみにNi無電解処理を行い，外付け部品のはんだ付けを行う（図2）。

　この構成では，絶縁樹脂層の描画回数が多いがその分，モジュール表面の平坦性は向上する。

1.3　構成例3

　LSIチップの電極面を粘着性を有するフィルムテープに貼り付け固定し，フィルムテープ側か

金属ナノ粒子ペーストのインクジェット微細配線

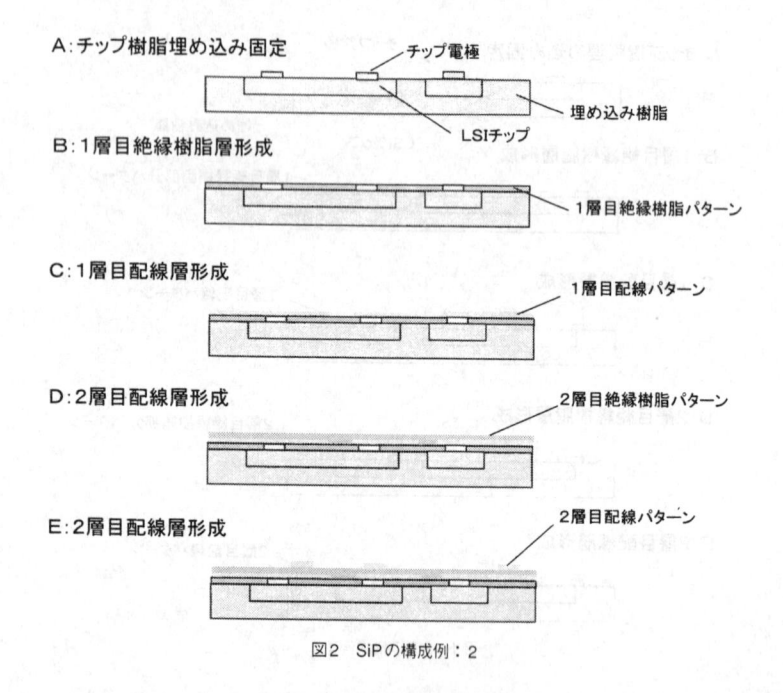

A：チップ樹脂埋め込み固定 — チップ電極／埋め込み樹脂／LSIチップ
B：1層目絶縁樹脂層形成 — 1層目絶縁樹脂パターン
C：1層目配線層形成 — 1層目配線パターン
D：2層目配線層形成 — 2層目絶縁樹脂パターン
E：2層目配線層形成 — 2層目配線パターン

図2　SiPの構成例：2

らLSIチップの電極領域をレーザ，スパッター等で開口し，LSIチップの電極を露出させる。LSIチップ表面は，フィルムテープに形成された粘着層によって固定されることになる。フィルムテープ材は，耐熱性を有するPIフィルムが適しており，PIフィルムにLSIチップを固定した後，チップ裏面よりエポキシ等の樹脂を注入し，チップとPIフィルムとを固定することも出来る。

　次いで，1層目の配線を描画し，この上に絶縁層を形成し，2層目以降の配線を行うものであるが，以降のプロセスは，構成例1もしくは構成例2のプロセスのいづれかを用いる事ができる。この構成では，チップ表面は，理想に近い平坦化が行われるが，PIフィルムの開口にレーザー，スパッター装置を用いるので，専用設備が必要になってくる（図3）。また，レーザー装置の場合は，マスクレスでの開口形成が行えるが，スパッター装置の場合は，開口部以外を覆うマスク形成が必要となる。

2　SiPの製作プロセス

この節では，ナノペーストでのSiPの製作例を述べる。この構成例では，ナノペーストおよび

第4章 SiP

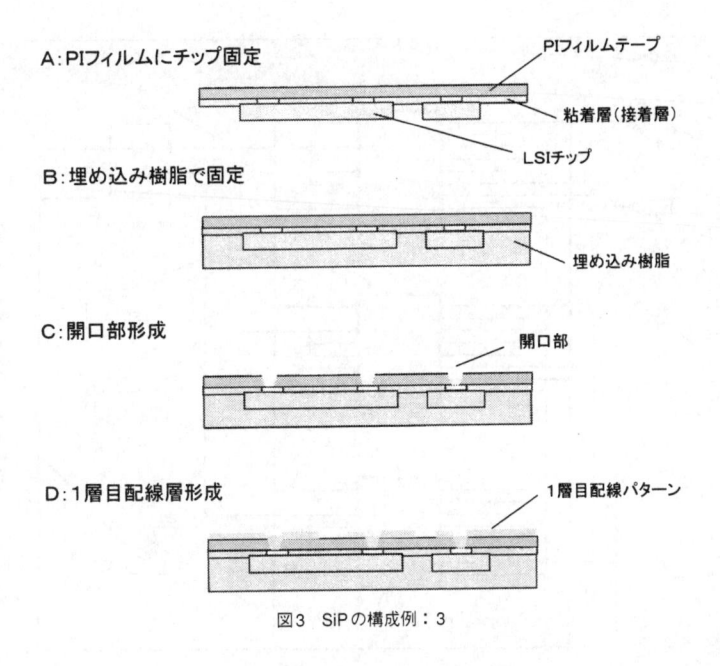

A: PIフィルムにチップ固定
- PIフィルムテープ
- 粘着層(接着層)
- LSIチップ

B: 埋め込み樹脂で固定
- 埋め込み樹脂

C: 開口部形成
- 開口部

D: 1層目配線層形成
- 1層目配線パターン

図3　SiPの構成例：3

インクジェットプリンター等の材料，プロセス上の課題を最大限，引き出すために，電流容量が大きく，受動部品数も多く，LSIチップとの段差等の課題が多い回路として，LED駆動モジュールを選択した．構成のプロセスは，前項の構成例1を用いている．

SiPの構成実例をLED駆動モジュールで行った（図4）．この構成では，RGB駆動用LSIチップ3個と受動部品であるチップ抵抗3個，チップコンデンサー7個の計10チップを埋め込み，絶縁樹脂層，配線層とを繰り返し行うプロセスを用いている（図5）．

SiPモジュールの枠体に粘着層を有したPIフィルムを貼り付ける．PIフィルムの貼り付けは，PIフィルムを伸ばした状態で加熱・加圧により，枠体に固着させる．次いで，チップマウンターを用い座標軸に従いLSIチップや受動部品をPIフィルムの粘着層に載置・固定させるが，この時に，PIフィルムのステージを150℃程度に加熱しておき，粘着効果を高め，載置したICチップ部品が位置ずれをおこさないように配慮している．LSIの電極は，ナノペーストで配線形成する際に界面抵抗を減少させるためにNi・Auバンプを形成してある．Ni・Auバンプは，無電解めっき法でICのAl電極上に直接形成している．LSI，部品チップの塔載時の加圧に於いては，IC電極のバンプがPIテープの粘着層に十分に埋め込まれ，さらにICの表面と粘着層とが接着する程度の圧力を加えた．

金属ナノ粒子ペーストのインクジェット微細配線

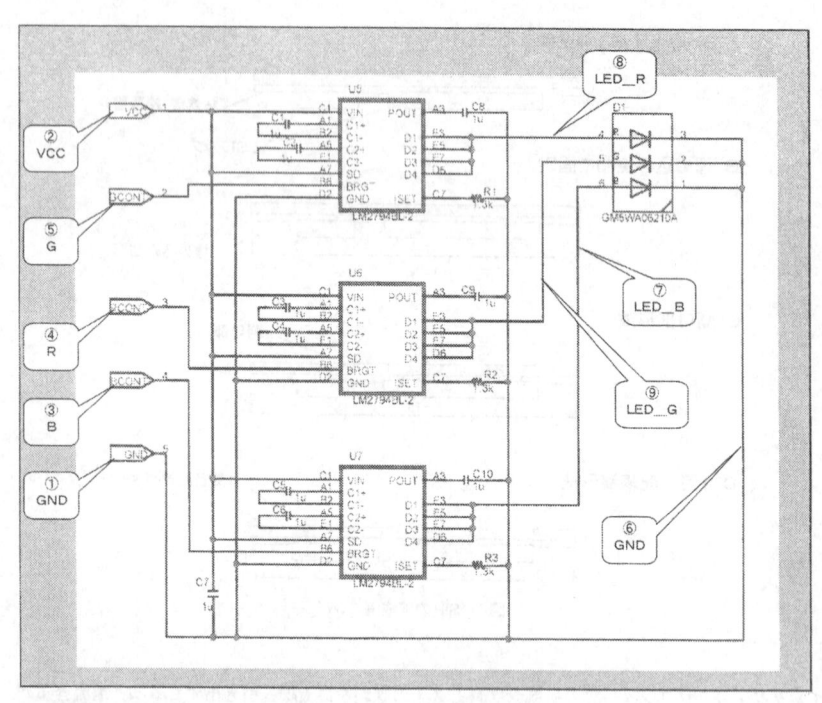

図4 LEDモジュールの回路図例

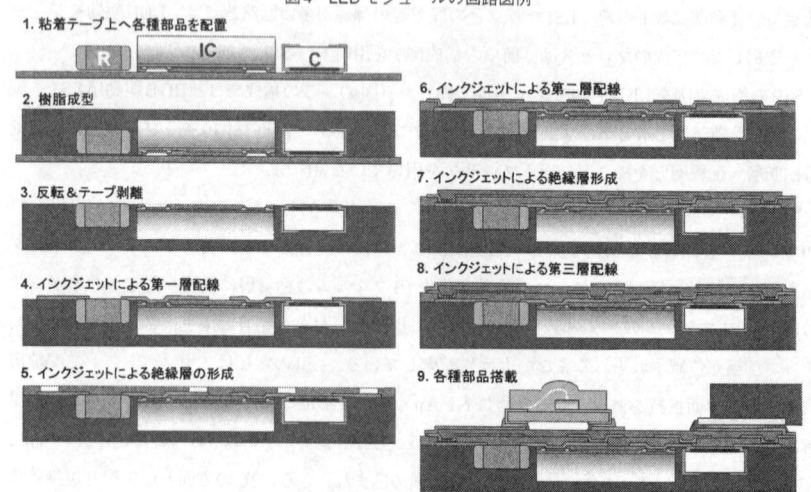

1. 粘着テープ上へ各種部品を配置
2. 樹脂成型
3. 反転＆テープ剥離
4. インクジェットによる第一層配線
5. インクジェットによる絶縁層の形成
6. インクジェットによる第二層配線
7. インクジェットによる絶縁層形成
8. インクジェットによる第三層配線
9. 各種部品搭載

図5 部品内蔵SIP製造工程例

第4章 SiP

　次にLSI，チップ部品の裏面よりエポキシー系の埋め込み樹脂を注入し，硬化させる．硬化温度は，150℃で約60分である．硬化が終われば，PIフィルムを剥し，IC，チップ部品と埋め込み用樹脂との境界を，インクジェットプリンターでエポキシー系樹脂で縁取りする．この工程は，IC，チップ部品と埋め込み樹脂との膨張差でクラックが生じるのを防ぐ目的がある．エポキシー樹脂は，光・熱の併用硬化の樹脂を用いた．

　一層目の配線をインクジェットプリンターを用い，Agナノペーストで描画させる．1回の描画で約2～3μm厚の配線が形成され，230℃でナノペーストを焼成させ，2層目の配線とクロスする1層目の配線領域に絶縁樹脂層（エポキシー系樹脂）を形成，硬化させる（写真1）．次いで2層目の配線層を描画，熱処理を行う．次に，同じように，3層目の配線層とクロスする1，2層目の配線上に絶縁樹脂層を描画，硬化させる．さらに3層目の配線を描画し，そして外付け部品であるLEDを接続するための電極のみを開口するパターンを絶縁樹脂で描画，硬化させる．

　外付け電極用の露出しているナノペーストの電極に無電解めっき法でNi・Au（フラッシュ）を形成させる．最後に外付け部品であるRGBのLEDチップをはんだ付けする．このようにして完成したモジュールに所定の電源を入力し，RGBのLEDを点灯させている（写真2）．

3　SiPの展望

　LED駆動用モジュールの製作から得られたナノペースト，インクジェットプリンターに関す

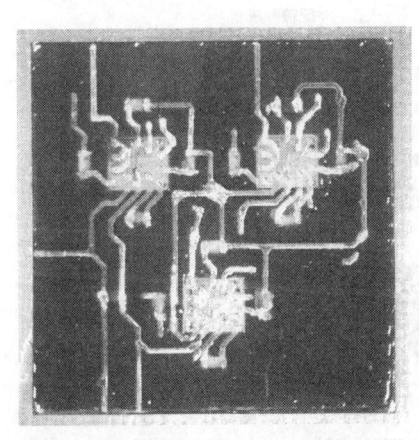

写真1　1層目配線層をインクジェットで形成した状態　　　写真2　搭載したLEDを点灯

る材料,プロセス等の課題を整理してみる。

3.1 受動部品の描画

将来的には,R:抵抗,C:コンデンサー等の受動部品を配線層,絶縁樹脂層を形成するプロセスで構成できるようになれば,ナノペーストの技術の用途もさらに拡大し,完全なプリンターによる描画一体プロセスが実現することになる(図6)。この実現のためには,C,R専用の低温化した材料や所定の抵抗,容量が得られる材料等の技術開発が重要となる。特にC:コンデンサーの材料開発は,低温焼成と面積当りの容量の点から,かなりの技術開発を要するものと推察されるが,重要な課題でもある。

しかしながら,現時点では,受動部品は,チップ状態でLSIと同じく埋め込むか,外付けになりはんだ付けとなる。

3.2 ナノペーストの低温化とCuナノペースト材料

現在は,ナノペーストの焼成温度は,ナノ粒子のサイズやナノ粒子を包むバインダー剤等の課題から230℃程度が用いられているが150℃焼成で配線層が形成できるようになり,下地基板材料の選択肢が拡がってきた。しかしながら低温化した膜の物理特性,機械的特性を詳細に分析評価する必要がある。バルク材料に近い,比抵抗,伸長性,屈曲性,めっき性等の数値を比較検討

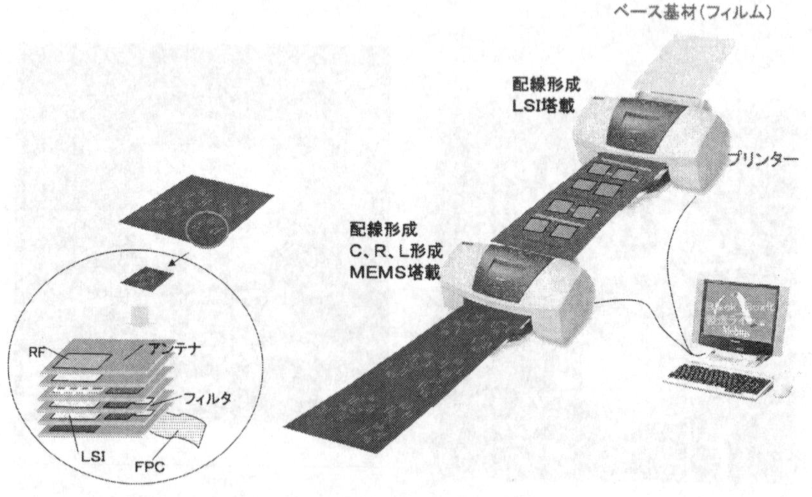

図6 将来のSiPの製造工程例

第4章　SiP

することが必要である。

　ナノペーストは，Ag，Pd，Au等が実用化されているが，Cuナノペーストも実用化されつつある。配線材料としては，Agよりも比抵抗が小さいCuが望ましいがモジュール程度の回路であれば，Ag配線で十分に実用的である。

　Ag配線で課題になるのは，マイグレーションの課題であるが，最近では，密着性の高い絶縁樹脂をオーバーコート材として適用すれば，この種の課題を軽減できるとされている。

3.3　ナノペーストの描画方式の選択

　ナノペーストを描画する方法としては，インクジェット法，スクリーン印刷法，転写法，ノズル法等が開発され実用化されているが，ナノペーストを使った製品での描画方式の使い分けが必要と思われる。あるいは，2～3種の描画方式を組み合わせたプロセスも考えられる。例えば，面積の広いパターンで精度が重要視されない領域は，スクリーン印刷で行い，微細領域のみを高精細度のインクジェットプリンターを使うこともできる。さらには，同じパターンを繰り返し製作する場合は，凸版，オフセット印刷方式等を用いることもできる。

3.4　新たな描画方式

　現状のナノペーストの描画方式は，速度や精度等を含めてナノペーストに合致した描画方式ではない。描画速度を含めてナノペーストの特性を活かした，ナノペースト特有の描画方式の技術開発が望まれる。また，近年では，Pd，Pt等の触媒材料をフィルム，基板上に描画し，これを種に，めっき処理で配線形成する方法も開発され始めている。

文　　　献

1) 畑田賢造，金属ナノペーストによるマイクロパターンニング技術，日本画像学会誌，145．P.44（2003）
2) 日経エレクトロニクス，pp.30，NO.887（2004）
3) 日経BPニュース（2004.9.5）

《CMCテクニカルライブラリー》発行にあたって

弊社は、1961年創立以来、多くの技術レポートを発行してまいりました。これらの多くは、その時代の最先端情報を企業や研究機関などの法人に提供することを目的としたもので、価格も一般の理工書に比べて遙かに高価なものでした。

一方、ある時代に最先端であった技術も、実用化され、応用展開されるにあたって普及期、成熟期を迎えていきます。ところが、最先端の時代に一流の研究者によって書かれたレポートの内容は、時代を経ても当該技術を学ぶ技術書、理工書としていささかも遜色のないことを、多くの方々が指摘されています。

弊社では過去に発行した技術レポートを個人向けの廉価な普及版《**CMCテクニカルライブラリー**》として発行することとしました。このシリーズが、21世紀の科学技術の発展にいささかでも貢献できれば幸いです。

2000年12月

株式会社　シーエムシー出版

金属ナノ粒子インクの配線技術
―インクジェット技術を中心に―

(B0970)

2006年 3月31日　初　版　第1刷発行
2011年 6月 8日　普及版　第1刷発行

監　修　菅沼　克昭　　　　　　　　　Printed in Japan
発行者　辻　　賢司
発行所　株式会社　シーエムシー出版
　　　　東京都千代田区内神田1-13-1
　　　　電話 03 (3293) 2061
　　　　http://www.cmcbooks.co.jp/

〔印刷　倉敷印刷株式会社〕　　　　　© K. Suganuma, 2011

定価はカバーに表示してあります。
落丁・乱丁本はお取替えいたします。

ISBN978-4-7813-0344-4 C3054 ¥4400E

本書の内容の一部あるいは全部を無断で複写（コピー）することは、法律で認められた場合を除き、著作者および出版社の権利の侵害になります。

CMCテクニカルライブラリー のご案内

ナノインプリント技術および装置の開発
監修／松井真二／古室昌徳
ISBN978-4-7813-0302-4　　　　B952
A5判・213頁　本体3,200円＋税（〒380円）
初版2005年8月　普及版2011年2月

構成および内容: 転写方式（熱ナノインプリント／室温ナノインプリント／光ナノインプリント／ソフトリソグラフィ／直接ナノインプリント・ナノ電極リソグラフィ 他）／装置と関連部材（装置／モールド／離型剤／感光樹脂）／デバイス応用（電子・磁気・光学デバイス／光デバイス／バイオデバイス／マイクロ流体デバイス 他）
執筆者: 平井義彦／廣島 洋／横尾 篤 他15名

有機結晶材料の基礎と応用
監修／中西八郎
ISBN978-4-7813-0301-7　　　　B951
A5判・301頁　本体4,600円＋税（〒380円）
初版2005年12月　普及版2011年2月

構成および内容:【構造解析編】X線解析／電子顕微鏡／プローブ顕微鏡／構造予測 他【化学編】キラル結晶／分子間相互作用／包接結晶 他【基礎技術編】バルク結晶成長／有機薄膜結晶成長／ナノ結晶成長／結晶の加工 他【応用編】フォトクロミック材料／顔料結晶／非線形光学結晶／磁性結晶／分子素子／有機固体レーザ 他
執筆者: 大橋裕二／植草秀裕／八瀬清志 他33名

環境保全のための分析・測定技術
監修／酒井忠雄／小熊幸一／本水昌二
ISBN978-4-7813-0298-0　　　　B950
A5判・315頁　本体4,800円＋税（〒380円）
初版2005年6月　普及版2011年1月

構成および内容:【総論】環境汚染と公定分析法／測定規格の国際標準／欧州規制と分析法【試料の取り扱い】試料の採取／試料の前処理【機器分析】原理・構成・特徴／環境計測のための自動計測法／データ解析のための技術【新しい技術・装置】オンライン前処理法／誘導体化法／オンラインおよびオンサイトモニタリングシステム 他
執筆者: 野々村 誠／中村 進／恩田宣彦 他22名

ヨウ素化合物の機能と応用展開
監修／横山正孝
ISBN978-4-7813-0297-3　　　　B949
A5判・266頁　本体4,000円＋税（〒380円）
初版2005年10月　普及版2011年1月

構成および内容: ヨウ素とヨウ素化合物（製造とリサイクル／化学反応 他）／超原子価ヨウ素化合物／分析／材料（ガラス／アルミニウム）／ヨウ素と光（レーザー／偏光板 他）／ヨウ素とエレクトロニクス（有機伝導体／太陽電池 他）／ヨウ素と医薬品／ヨウ素と生物（甲状腺ホルモン／ヨウ素サイクルとバクテリア）／応用
執筆者: 村松康行／佐久間 昭／東郷秀雄 他24名

きのこの生理活性と機能性の研究
監修／河岸洋和
ISBN978-4-7813-0296-6　　　　B948
A5判・286頁　本体4,400円＋税（〒380円）
初版2005年10月　普及版2011年1月

構成および内容:【基礎編】種類と利用状況／きのこの持つ機能／安全性（毒きのこ）／きのこの可能性／育種技術 他【素材編】カワリハラタケ／エノキタケ／エリンギ／カバノアナタケ／シイタケ／ブナシメジ／ハタケシメジ／ハナビラタケ／ブクリョウ／ブナハリタケ／マイタケ／マツタケ／メシマコブ／霊芝／ナメコ／冬虫夏草 他
執筆者: 関谷 敦／江口文national／石原光朗 他20名

水素エネルギー技術の展開
監修／秋葉悦男
ISBN978-4-7813-0287-4　　　　B947
A5判・239頁　本体3,600円＋税（〒380円）
初版2005年4月　普及版2010年12月

構成および内容: 水素製造技術（炭化水素からの水素製造技術／水の光分解／バイオマスからの水素製造 他）／水素貯蔵技術（高圧水素／液体水素）／水素貯蔵材料（合金系材料／無機系材料／炭素系材料 他）／インフラストラクチャー（水素ステーション／安全技術／国際標準）／燃料電池（自動車用燃料電池開発／家庭用燃料電池 他）
執筆者: 安田 勇／寺村謙太郎／堂免一成 他23名

ユビキタス・バイオセンシングによる健康医療科学
監修／三林浩二
ISBN978-4-7813-0286-7　　　　B946
A5判・291頁　本体4,400円＋税（〒380円）
初版2006年1月　普及版2010年12月

構成および内容:【第1編】ウエアラブルメディカルセンサ／マイクロ加工技術／触覚センサによる触診検査の自動化 他【第2編】健康診断／自動採血システム／モーションキャプチャーシステム 他【第3編】画像によるドライバ状態モニタリング／高感度匂いセンサ 他【第4編】セキュリティシステム／ストレスチェッカー 他
執筆者: 工藤寛之／鈴木正康／菊池良彦 他29名

カラーフィルターのプロセス技術とケミカルス
監修／市村國宏
ISBN978-4-7813-0285-0　　　　B945
A5判・300頁　本体4,600円＋税（〒380円）
初版2006年1月　普及版2010年12月

構成および内容: フォトリソグラフィー法（カラーレジスト法 他）／印刷法（平版、凹版、凸版印刷 他）／ブラックマトリックスの形成／カラーレジスト用材料と顔料分散／カラーレジスト法によるプロセス技術／カラーフィルターの特性評価／カラーフィルターにおける課題／カラーフィルターと構成部材料の市場／海外展開 他
執筆者: 佐々木 学／大谷薫明／小島正好 他25名

※ 書籍をご購入の際は、最寄りの書店にご注文いただくか、㈱シーエムシー出版のホームページ（http://www.cmcbooks.co.jp）にてお申し込み下さい。

CMCテクニカルライブラリー のご案内

水環境の浄化・改善技術
監修／菅原正孝
ISBN978-4-7813-0280-5　　　　B944
A5判・196頁　本体3,000円＋税（〒380円）
初版2004年12月　普及版2010年11月

構成および内容：【理論】環境水浄化技術の現状と展望／土壌浸透浄化技術／微生物による水質浄化（石油汚染海洋環境浄化 他）／植物による水質浄化（バイオマス利用 他）／底質改善による水質浄化（底泥置換覆砂工法 他）【材料・システム】水質浄化材料（廃棄物利用の吸着材 他）／水質浄化システム（河川浄化システム 他）
執筆者：濱崎竜英／笠井由紀／渡邉一哉 他18名

固体酸化物形燃料電池（SOFC）の開発と展望
監修／江口浩一
ISBN978-4-7813-0279-9　　　　B943
A5判・238頁　本体3,600円＋税（〒380円）
初版2005年10月　普及版2010年11月

構成および内容：原理と基礎研究／開発動向／NEDOプロジェクトのSOFC開発経緯／電力事業から見たSOFC（コージェネレーション 他）／ガス会社の取り組み／情報通信サービス事業における取り組み／SOFC発電システム（円筒型燃料電池の開発 他）／SOFCの構成材料（金属セパレータ材料 他）／SOFCの課題（標準化／劣化要因について 他）
執筆者：横川晴美／堀田照久／氏家孝 他18名

フルオラスケミストリーの基礎と応用
監修／大寺純蔵
ISBN978-4-7813-0278-2　　　　B942
A5判・277頁　本体4,200円＋税（〒380円）
初版2005年11月　普及版2010年11月

構成および内容：【総論】フルオラスの範囲と定義／ライトフルオラスケミストリー【合成】フルオラス・タグを用いた糖鎖およびペプチドの合成／細胞内糖鎖伸長反応／DNAの化学合成／フルオラス試薬類の開発／海洋天然物の合成【触媒・その他】メソポーラスシリカ／再利用可能な酸触媒／フルオラスルイス酸触媒反応 他
執筆者：柳日馨／John A. Gladysz／坂倉彰 他35名

有機薄膜太陽電池の開発動向
監修／上原赫／吉川遥
ISBN978-4-7813-0274-4　　　　B941
A5判・313頁　本体4,600円＋税（〒380円）
初版2005年11月　普及版2010年10月

構成および内容：有機光電変換の可能性と課題／基礎理論と光合成（人工光合成系の構築 他）／有機薄膜太陽電池のコンセプトとアーキテクチャー／光電変換材料／キャリアー移動材料と電極／有機ELと有機薄膜太陽電池の周辺領域（フレキシブル有機EL素子とその集積デバイスへの応用 他）／応用（透明太陽電池／宇宙太陽光発電 他）
執筆者：三室守／藤裕義／藤枝卓也 他62名

結晶多形の基礎と応用
監修／松岡正邦
ISBN978-4-7813-0273-7　　　　B940
A5判・307頁　本体4,600円＋税（〒380円）
初版2005年8月　普及版2010年10月

構成および内容：結晶多形と結晶構造の基礎―晶系，空間群，ミラー指数，晶癖―／分子シミュレーションと多形の析出／結晶化操作の基礎／実験と測定法／スクリーニング／予測アルゴリズム／多形間の転移機構と転移速度論／医薬品における研究実例／抗潰瘍薬の結晶多形制御／パミカミド塩酸塩水和物結晶／結晶多形のデータベース 他
執筆者：佐藤清隆／北村光孝／J. H. ter Horst 他16名

可視光応答型光触媒の実用化技術
監修／多賀康訓
ISBN978-4-7813-0272-0　　　　B939
A5判・290頁　本体4,400円＋税（〒380円）
初版2005年9月　普及版2010年10月

構成および内容：光触媒の動作機構と特性／設計（バンドギャップ狭窄法による可視光応答化 他）／作製プロセス技術（湿式プロセス／薄膜プロセス 他）／ゾル-ゲル溶液の化学／特性と物性（Ti-O-N系／層間化合物光触媒 他）／性能・安全性（生体安全性 他）／実用化技術（合成皮革処理／壁紙応用 他）／光触媒の物性解析／課題（高性能化 他）
執筆者：村上能規／野坂芳雄／旭良司 他43名

マリンバイオテクノロジー
―海洋生物成分の有効利用―
監修／伏谷伸宏
ISBN978-4-7813-0267-6　　　　B938
A5判・304頁　本体4,600円＋税（〒380円）
初版2005年3月　普及版2010年9月

構成および内容：海洋成分の研究開発（医薬開発 他）／医薬素材および研究用試薬（藻類／酵素阻害剤 他）／化粧品（海洋成分由来の化粧品原料 他）／機能性食品素材（マリンビタミン／カロテノイド 他）／ハイドロコロイド（海藻多糖類 他）／レクチン（海藻レクチン／動物レクチン）／その他（防汚剤／海洋タンパク質 他）
執筆者：浪越通夫／沖野龍文／塚本佐知子 他22名

RNA工学の基礎と応用
監修／中村義一／大内将司
ISBN978-4-7813-0266-9　　　　B937
A5判・268頁　本体4,000円＋税（〒380円）
初版2005年12月　普及版2010年9月

構成および内容：RNA入門（RNAの物性と代謝／非翻訳型RNA 他）／RNAiとmiRNA（siRNA医薬品 他）／アプタマー（翻訳開始因子に対するアプタマーによる制がん戦略 他）／リボザイム（RNAアーキテクチャと人工リボザイム創製への応用 他）／RNA工学プラットホーム（核酸医薬品のデリバリーシステム 他）／人工RNA結合ペプチド 他）
執筆者：稲田利文／中村幸治／三好啓太 他40名

※書籍をご購入の際は、最寄りの書店にご注文いただくか、㈱シーエムシー出版のホームページ（http://www.cmcbooks.co.jp/）にてお申し込み下さい。

CMCテクニカルライブラリー のご案内

ポリウレタン創製への道
―材料から応用まで―
監修/松永勝治
ISBN978-4-7813-0265-2　　　　B936
A5判・233頁　本体3,400円+税（〒380円）
初版2005年9月　普及版2010年9月

構成および内容：【原材料】イソシアナート/第三成分（アミン系硬化剤/発泡剤 他）【素材】フォーム（軟質ポリウレタンフォーム 他）/エラストマー/印刷インキ用ポリウレタン樹脂【大学での研究動向】関東学院大学-機能性ポリウレタンの合成と特性-/慶應義塾大学-酵素によるケミカルリサイクル可能なグリーンポリウレタンの創成-他

執筆者：長谷山龍二/友定 強/大原輝彦 他24名

プロジェクターの技術と応用
監修/西田信夫
ISBN978-4-7813-0260-7　　　　B935
A5判・240頁　本体3,600円+税（〒380円）
初版2005年6月　普及版2010年8月

構成および内容：プロジェクターの基本原理と種類/CRTプロジェクター（背面投射型と前面投射型 他）/液晶プロジェクター（液晶ライトバルブ 他）/ライトスイッチ式プロジェクター/コンポーネント・要素技術（マイクロレンズアレイ 他）/応用システム（デジタルシネマ 他）/視機能から見たプロジェクターの評価（CBUの機序 他）

執筆者：福田京平/菊池 宏/東 忠利 他18名

有機トランジスタ―評価と応用技術―
監修/工藤一浩
ISBN978-4-7813-0259-1　　　　B934
A5判・189頁　本体2,800円+税（〒380円）
初版2005年7月　普及版2010年8月

構成および内容：【総論】【評価】材料（有機トランジスタ材料の基礎評価 他）/電気物性（局所電気・電子物性 他）/FET（有機薄膜FETの物性 他）/薄膜形成【応用】大面積センサー/ディスプレイ応用/印刷技術による情報タグとその周辺機器【技術】遺伝子トランジスタによる分子認識の電気的検出/単一分子エレクトロニクス 他

執筆者：鎌田俊英/堀田 収/南方 尚 他17名

昆虫テクノロジー―産業利用への可能性―
監修/川崎建次郎/野田博明/木内 信
ISBN978-4-7813-0258-4　　　　B933
A5判・296頁　本体4,400円+税（〒380円）
初版2005年6月　普及版2010年8月

構成および内容：【総論】昆虫テクノロジーの研究開発動向【基礎】昆虫の飼育法/昆虫ゲノム情報の利用【技術各論】昆虫を利用した有用物質生産（プロテインチップの開発 他）/カイコ等の絹タンパク質の利用/昆虫の特異機能の解析とその利用/害虫制御技術や農業現場への応用/昆虫の体の構造，運動機能，情報処理機能の利用 他

執筆者：鈴木幸一/竹田 敏/三田和英 他43名

界面活性剤と両親媒性高分子の機能と応用
監修/國枝博信/坂下一民
ISBN978-4-7813-0250-8　　　　B932
A5判・305頁　本体4,600円+税（〒380円）
初版2005年6月　普及版2010年7月

構成および内容：自己組織化及び最新の構造測定法/バイオサーファクタントの特性と機能利用/ジェミニ型界面活性剤の特性と応用/界面制御とDDS/超臨界状態の二酸化炭素を活用したリポソームの調製/両親媒性高分子の機能設計と応用/メソポーラス材料開発/食べるナノテクノロジー―食品の界面制御技術によるアプローチ 他

執筆者：荒牧賢治/佐藤高彰/北本 大 他31名

キラル医薬品・医薬中間体の研究・開発
監修/大橋武久
ISBN978-4-7813-0249-2　　　　B931
A5判・270頁　本体4,200円+税（〒380円）
初版2005年7月　普及版2010年8月

構成および内容：不斉合成技術の展開（不斉エポキシ化反応の工業化 他）/バイオによるキラル化合物の開発（生体触媒による光学活性カルボン酸の創製 他）/光学活性体の光学分割技術（クロマト法による光学活性体の分離・生産 他）/キラル医薬中間体開発（キラルテクノロジーによるジルチアゼムの製法開発 他）/展望

執筆者：齊藤隆夫/鈴木謙二/古川喜朗 他24名

糖鎖化学の基礎と実用化
監修/小林一清/正田晋一郎
ISBN978-4-7813-0210-2　　　　B921
A5判・318頁　本体4,800円+税（〒380円）
初版2005年4月　普及版2010年7月

構成および内容：【糖鎖ライブラリー構築のための基礎研究】生体触媒による糖鎖の構築 他【多糖および糖クラスターの設計と機能化】セルロース応用/人工複合糖鎖高分子/側鎖型糖質高分子 他【糖鎖工学における実用化技術】酵素反応によるグルコースポリマーの工業生産/N-アセチルグルコサミンの工業生産と応用 他

執筆者：比能 洋/西村紳一郎/佐藤智典 他41名

LTCCの開発技術
監修/山本 孝
ISBN978-4-7813-0219-5　　　　B926
A5判・263頁　本体4,000円+税（〒380円）
初版2005年5月　普及版2010年6月

構成および内容：【材料供給】LTCC用ガラスセラミックス/低温焼結ガラスセラミックグリーンシート/低温焼成多層基板用ペースト/LTCC用導電性ペースト 他【LTCCの設計・製造】回路と電磁界シミュレータの連携によるLTCC設計技術 他【応用製品】車載用セラミック基板およびベアチップ実装技術/携帯端末用Txモジュールの開発 他

執筆者：馬屋原秀夫/小林吉伸/富田秀幸 他23名

※ 書籍をご購入の際は，最寄りの書店にご注文いただくか，
㈱シーエムシー出版のホームページ（http://www.cmcbooks.co.jp/）にてお申し込み下さい。

CMCテクニカルライブラリーのご案内

エレクトロニクス実装用基板材料の開発
監修／柿本雅明／高橋昭雄
ISBN978-4-7813-0218-8　　　　　B925
A5判・260頁　本体4,000円＋税（〒380円）
初版2005年1月　普及版2010年6月

構成および内容：【総論】プリント配線板および技術動向【素材】プリント配線基板の構成材料（ガラス繊維とガラスクロス　他）【基材】エポキシ樹脂銅張積層板／耐熱性材料（BTレジン材料他）／高周波用材料（熱硬化型PPE樹脂　他）／低熱膨張性材料-LCPフィルム／高熱伝導性材料／ビルドアップ用材料／受動素子内蔵基板　他
執筆者：高木　清／坂本　勝／宮里桂太　他20名

木質系有機資源の有効利用技術
監修／舩岡正光
ISBN978-4-7813-0217-1　　　　　B924
A5判・271頁　本体4,000円＋税（〒380円）
初版2005年1月　普及版2010年6月

構成および内容：木質系有機資源の潜在量と循環資源としての視点／細胞壁分子複合系／植物細胞壁の精密リファイニング／リグニン応用技術（機能性バイオポリマー　他）／糖質の応用技術（バイオナノファイバー　他）／抽出成分（生理機能性物質　他）／炭素骨格の利用技術／エネルギー変換技術／持続的工業システムの展開
執筆者：永松ゆきこ／坂　志朗／青柳　充　他28名

難燃剤・難燃材料の活用技術
著者／西澤　仁
ISBN978-4-7813-0231-7　　　　　B927
A5判・353頁　本体5,200円＋税（〒380円）
初版2004年8月　普及版2010年5月

構成および内容：解説（国内外の規格，規制の動向／難燃材料，難燃剤の動向／難燃化技術の動向　他）／難燃剤データ（総論／臭素系難燃剤／塩素系難燃剤／りん系難燃剤／無機系難燃剤／窒素系難燃剤，窒素-りん系難燃剤／シリコーン系難燃剤　他）／難燃材料データ（高分子材料と難燃材料の動向／難燃性PE／難燃性ABS／難燃性PET／難燃性変性PPE樹脂／難燃性エポキシ樹脂　他）

プリンター開発技術の動向
監修／高橋恭介
ISBN978-4-7813-0212-6　　　　　B923
A5判・215頁　本体3,600円＋税（〒380円）
初版2005年2月　普及版2010年5月

構成および内容：【総論】【オフィスプリンター】IPSiO Color レーザープリンタ　他【携帯・業務用プリンター】カメラ付き携帯電話用プリンターNP-1　他【オンデマンド印刷機】デジタルドキュメントパブリッシャー（DDP）【ファインパターン技術】インクジェット分注技術　他【材料・ケミカルスと記録媒体】重合トナー／情報用紙　他
執筆者：日高重助／佐藤眞澄／醒井雅裕　他26名

有機EL技術と材料開発
監修／佐藤佳晴
ISBN978-4-7813-0211-9　　　　　B922
A5判・279頁　本体4,200円＋税（〒380円）
初版2004年5月　普及版2010年5月

構成および内容：【課題編（基礎，原理，解析）】長寿命化技術／高発光効率化技術／駆動回路技術／プロセス技術【材料編（課題を克服する材料）】電荷輸送材料（正孔注入材料　他）／発光材料（蛍光ドーパント，共役高分子材料　他）／リン光用材料（正孔阻止材料　他）／周辺材料（封止材料　他）／各社ディスプレイ技術　他
執筆者：松本敏男／照元幸次／河村祐一郎　他34名

有機ケイ素化学の応用展開
―機能性物質のためのニューシーズ―
監修／玉尾皓平
ISBN978-4-7813-0194-5　　　　　B920
A5判・316頁　本体4,800円＋税（〒380円）
初版2004年11月　普及版2010年5月

構成および内容：有機ケイ素化合物群／オリゴシラン，ポリシラン／ポリシランのフォトエレクトロニクスへの応用／ケイ素を含む共役電子系（シロールおよび関連化合物　他）／シロキサン，シルセスキオキサン，カルボシラン／シリコーンの応用（UV硬化型シリコーンハードコート剤　他）／シリコン表面，シリコンクラスター　他
執筆者：岩本武明／吉良満夫／今　喜裕　他64名

ソフトマテリアルの応用展開
監修／西　敏夫
ISBN978-4-7813-0193-8　　　　　B919
A5判・302頁　本体4,200円＋税（〒380円）
初版2004年11月　普及版2010年4月

構成および内容：【動的制御のための非共有結合性相互作用の探索】生体分子を有するポリマーを利用した新規細胞接着基質　他【水素結合を利用した階層構造の構築と機能化】サーフェースエンジニアリング　他【複合機能の時空間制御】モルフォロジー制御　他【エントロピー制御と相分離リサイクル】ゲルの網目構造の制御　他
執筆者：三原久和／中村　聡／小畠英理　他39名

ポリマー系ナノコンポジットの技術と用途
監修／岡本正巳
ISBN978-4-7813-0192-1　　　　　B918
A5判・299頁　本体4,200円＋税（〒380円）
初版2004年12月　普及版2010年4月

構成および内容：【基礎技術編】クレイ系ナノコンポジット（生分解性ポリマー系ナノコンポジット／ポリカーボネートナノコンポジット　他）／その他のナノコンポジット（熱硬化性樹脂系ナノコンポジット／補強用ナノカーボン調製のためのポリマーブレンド技術）【応用編】耐熱，長期耐久性ポリ乳酸ナノコンポジット／コンポセラン　他
執筆者：祢宜行征／上田一恵／野中裕文　他22名

※ 書籍をご購入の際は、最寄りの書店にご注文いただくか、㈱シーエムシー出版のホームページ（http://www.cmcbooks.co.jp/）にてお申し込み下さい。

CMCテクニカルライブラリー のご案内

ナノ粒子・マイクロ粒子の調製と応用技術
監修／川口春馬
ISBN978-4-7813-0191-4　　　　　B917
A5判・314頁　本体4,400円＋税（〒380円）
初版2004年10月　普及版2010年4月

構成および内容：【微粒子製造と新規微粒子】微粒子作製技術／注目を集める微粒子（色素増感太陽電池）／微粒子集積技術【微粒子・粉体の応用展開】レオロジー・トライボロジーと微粒子／情報・メディアと微粒子／生体・医療と微粒子（ガン治療法の開発 他）／光と微粒子／ナノテクノロジーと微粒子／産業用微粒子 他

執筆者：杉本忠夫／山本孝夫／岩村 武 他45名

防汚・抗菌の技術動向
監修／角田光雄
ISBN978-4-7813-0190-7　　　　　B916
A5判・266頁　本体4,000円＋税（〒380円）
初版2004年10月　普及版2010年4月

構成および内容：防汚技術の基礎／光触媒技術を応用した防汚技術（光触媒の実用化例 他）／高分子材料によるコーティング技術（アクリルシリコン樹脂 他）／帯電防止技術の応用（粒子汚染への静電気の影響と制電技術 他）／実際の応用例（半導体工場のケミカル汚染対策／超精密ウェーハ表面加工における防汚 他）

執筆者：佐伯義光／髙濱孝一／砂田香矢乃 他19名

ナノサイエンスが作る多孔性材料
監修／北川 進
ISBN978-4-7813-0189-1　　　　　B915
A5判・249頁　本体3,400円＋税（〒380円）
初版2004年11月　普及版2010年3月

構成および内容：【基礎】製造方法（金属系多孔性材料／木質系多孔性材料 他）／吸着理論（計算機化学 他）【応用】化学機能材料への展開（炭化シリコン合成法／ポリマー合成への応用／光応答性メソポーラスシリカ／ゼオライトを用いた単層カーボンナノチューブの合成 他）／物性材料への展開／環境・エネルギー関連への展開

執筆者：中嶋英雄／大久保達也／小倉 賢 他27名

ゼオライト触媒の開発技術
監修／辰巳 敬／西村陽一
ISBN978-4-7813-0178-5　　　　　B914
A5判・272頁　本体3,800円＋税（〒380円）
初版2004年10月　普及版2010年3月

構成および内容：【総論】【石油精製用ゼオライト触媒】流動接触分解／水素化分解／水素化精製／パラフィンの異性化【石油化学プロセス用】芳香族化合物のアルキル化／酸化反応【ファインケミカル合成用】ゼオライト系ピリジン塩基類合成触媒の開発【環境浄化用】NO_x 選択接触還元／Co-β による NO_x 選択還元／自動車排ガス浄化【展望】

執筆者：窪田好浩／増田立person／岡崎 肇 他16名

膜を用いた水処理技術
監修／中尾真一／渡辺義公
ISBN978-4-7813-0177-8　　　　　B913
A5判・284頁　本体4,000円＋税（〒380円）
初版2004年9月　普及版2010年3月

構成および内容：【総論】膜ろ過による水処理技術 他【技術】上水・廃水処理システム【応用】膜型浄水システム／用水・下水・排水処理システム（純水・超純水製造／ビル排水再利用システム／産業廃水処理システム／廃棄物最終処分場浸出水処理システム／膜分離活性汚泥法を用いた畜産廃水処理システム 他）／海水淡水化施設 他

執筆者：伊藤雅喜／木村克輝／住田一郎 他21名

電子ペーパー開発の技術動向
監修／面谷 信
ISBN978-4-7813-0176-1　　　　　B912
A5判・225頁　本体3,200円＋税（〒380円）
初版2004年7月　普及版2010年3月

構成および内容：【ヒューマンインターフェース】読みやすさと表示媒体の形態的特性／ディスプレイ作業と紙上作業の比較と分析【表示方式】表示方式の開発動向（異方性流体を用いた微粒子ディスプレイ／摩擦帯電型トナーディスプレイ／マイクロカプセル型電気泳動方式 他）／液晶と EL の開発動向【応用展開】電子書籍普及のためには 他

執筆者：小清水実／眞島 修／高橋泰樹 他22名

ディスプレイ材料と機能性色素
監修／中澄博行
ISBN978-4-7813-0175-4　　　　　B911
A5判・251頁　本体3,600円＋税（〒380円）
初版2004年9月　普及版2010年2月

構成および内容：液晶ディスプレイと機能性色素（課題／液晶プロジェクターの概要と技術課題／高精細 LCD 用カラーフィルター／ゲスト-ホスト型液晶用機能性色素／偏光フィルム用機能性色素／LCD 用バックライトの発光材料 他）／プラズマディスプレイと機能性色素／有機 EL ディスプレイと機能性色素／LED と発光材料／FED 他

執筆者：小林駿介／鎌倉 弘／後藤泰行 他26名

難培養微生物の利用技術
監修／工藤俊章／大熊盛也
ISBN978-4-7813-0174-7　　　　　B910
A5判・265頁　本体3,800円＋税（〒380円）
初版2004年7月　普及版2010年2月

構成および内容：【研究方法】海洋性 VBNC 微生物とその検出法／定量的 PCR 法を用いた難培養微生物のモニタリング 他【自然環境中の難培養微生物】有機性廃棄物の生分解処理と難培養微生物／ヒトの大腸内細菌叢の解析／昆虫の細胞内共生微生物／植物の内生窒素固定細菌 他【微生物資源としての難培養微生物】EST 解析／系統保存化 他

執筆者：木暮一啓／上田賢志／別府輝彦 他36名

※ 書籍をご購入の際は、最寄りの書店にご注文いただくか、
㈱シーエムシー出版のホームページ（http://www.cmcbooks.co.jp/）にてお申し込み下さい。